アンケート分析入門

Excelによる集計・評価・分析

菅 民郎 ●著

Ohmsha

本書に掲載されている会社名・製品名は，一般に各社の登録商標または商標です．

本書を発行するにあたって，内容に誤りのないようできる限りの注意を払いましたが，本書の内容を適用した結果生じたこと，また，適用できなかった結果について，著者，出版社とも一切の責任を負いませんのでご了承ください．

本書は，「著作権法」によって，著作権等の権利が保護されている著作物です．本書の複製権・翻訳権・上映権・譲渡権・公衆送信権（送信可能化権を含む）は著作権者が保有しています．本書の全部または一部につき，無断で転載，複写複製，電子的装置への入力等をされると，著作権等の権利侵害となる場合があります．また，代行業者等の第三者によるスキャンやデジタル化は，たとえ個人や家庭内での利用であっても著作権法上認められておりませんので，ご注意ください．

本書の無断複写は，著作権法上の制限事項を除き，禁じられています．本書の複写複製を希望される場合は，そのつど事前に下記へ連絡して許諾を得てください．

出版者著作権管理機構
（電話 03-5244-5088，FAX 03-5244-5089，e-mail：info@jcopy.or.jp）

JCOPY ＜出版者著作権管理機構 委託出版物＞

はじめに

　アンケートデータは、とても多くのことを分析者に語りかけています。そして、分析者はアンケートデータの中から「宝物」を見出す発掘者といえます。

　アンケートにおける「宝物」とは、分析者が知りたいこと（目的）に対する「答え」です。したがって、アンケート調査とは、知りたいこと（目的）を明確にし、その目的を解明するために、調査企画、調査票の作成、集計、推定・検定、多変量解析を行います。目的を解明するためには、それらのどの工程も非常に重要で、またその工程それぞれに、分析者が最低限知っておかなければならないことが多くあります。そこで本書は、それぞれの工程に対する実務的知識が理解できるように、一般的なニーズを鑑みつつ、多くの事例を用いて、できるだけ噛み砕いて解説しました。以下に本書の大きな特徴を列挙します。

　まず、インターネットの普及によって、近年はWeb上でアンケート調査が容易にできるようになりました。しかし、便利になった一方で、アンケートの質問文は自ら作成しなければならないため、調査票のつくり方がわからずに困っている人が多くいることでしょう。そこで、2章では**調査票のつくり方**を詳しく解説しました。

　また、「アンケートはクロス集計に始まってクロス集計で終わる」といわれるように、「クロス集計」が非常に重要となります。私もその考えの信奉者ですので、4章では**クロス集計**について、より詳しく解説しています。

　最後に、現場で利用でき、実践的な内容とするために、7章〜12章では**CS調査、一対比較法調査、コンジョイント調査、因果関係解明調査、消費者セグメンテーション調査**における調査の仕方や解析方法について解説しました。

　なお、この書籍に掲載したほとんどの解析結果は、アイスタット社のExcelアドインフリーソフトで出力しました。

　以上が、本書の大きな特徴となります。アンケート調査の入門者、実務者にはとっておきの教科書になることを信じて執筆しましたので、ご愛読のほど、よろしくお願いいたします。

　本書の発行にあたり種々のご尽力を頂いた株式会社アイスタットの姫野尚子様には心から感謝いたします。また、執筆の機会を与えてくださった株式会社オーム社の皆様にはお礼申し上げます。

　2018年5月

菅　民郎

目次
CONTENTS

はじめに iii

第1章 ◆ アンケート調査の基本と準備　　　1

アンケート調査の目的とプロセス 2

調査設計 5

項目関連図と質問項目 10

第2章 ◆ 調査票のつくり方と質問内容　　　13

調査票の基本 14

質問順序と調査票のレイアウト 16

プリコード回答法 22

自由回答法 28

段階評価 30

一対比較法と SD 法 34

間接質問や回答者属性の聞き方 36

調査票の見本 38

第3章 ◆ アンケートデータの集計　　　43

調査集計とは 44

調査データのタイプ 46

単純集計 49

回答割合 51

平均値・中央値・最頻値 55

偏差平方和・分散・標準偏差 59

度数分布 61

段階評価の集計方法 63

単純集計のグラフ 65

ディテール集計 69

第4章 ◆ クロス集計　71

クロス集計 72

クロス集計の加工・編集 76

クロス集計のグラフ 82

クロス集計表作成・活用のための5ヵ条 84

母集団補正集計・母集団拡大集計 85

第5章 ◆ アンケートデータの解析　91

基準値・偏差値 92

正規分布 96

正規分布のあてはめ 100

価格決定分析 105

相関分析 109

クラメール連関係数 111

単相関係数 116

相関比 120

スピアマン順位相関係数 125

第6章 ◆ アンケート調査による母集団の把握　127

統計的推定 128

母比率の推定 130

母平均の推定 132

統計的検定 134

母比率の差の検定の種類 137

母比率の差の検定／タイプ1の検定 139

母比率の差の検定／タイプ2の検定 141

母比率の差の検定／タイプ3の検定 143

母比率の差の検定／タイプ4の検定 145

母平均の差の検定の種類 147

対応のない、対応のあるとは 148

母平均の差の検定／対応のない場合のz検定 149

母平均の差の検定／対応のない場合のt検定 151

母平均の差の検定／ウエルチのt検定 153

母平均の差の検定／対応のある場合のt検定 155

両側検定、片側検定 157

サンプルサイズ決定法 158

サンプル抽出法と標本割り当て 161

第7章 ◆ CS 調査と分析方法 163

CS 分析とは 164

満足度と重要度 167

CS グラフ 170

改善度指数 171

第8章 ◆ 一対比較法の調査と分析方法 175

一対比較法調査とは 176

サーストンの一対比較法 177

シェッフェの一対比較法 179

シェッフェの原法 183

浦の変法 188

芳賀の変法 192

中屋の変法 195

第9章 ◆ コンジョイント調査と分析方法 199

コンジョイント分析とは...200

コンジョイントカードに対する評価方法..202

部分効用値、重要度、全体効用値とは..204

コンジョイントカードの作成方法...207

コンジョイント分析の計算方法..211

直交表..213

具体例..218

第10章 ◆ 因果関係解明調査と因子分析 223

因果関係解明調査における因子分析の役割..224

因子分析で把握できる内容と因子分析の手順.....................................227

因子分析の仕方と結果の見方...228

因子得点の活用方法..233

因子分析の事例..235

第11章 ◆ 因果関係解明調査と共分散構造分析 241

共分散構造分析とは..242

共分散構造分析から把握できる内容..246

共分散構造分析の統計指標の見方・活用方法.....................................248

潜在変数のある共分散構造分析..256

共分散構造分析の事例...259

第12章 ◆ 消費者セグメンテーション調査と数量化3類・クラスター分析 263

消費者セグメンテーションとは..264

消費者セグメンテーションの手順と解析方法.....................................265

消費者セグメンテーション調査の事例...269

第13章 ◆ Excel アドインフリーソフト 「統計解析ソフトウェア」の活用 279

Excel アドインフリーソフトで行える解析手法..280
Excel アドインフリーソフト「統計解析ソフトウェア」のダウンロード方法..........282
Excel アドインフリーソフト「統計解析ソフトウェア」起動と終了方法.................288
Excel アドインフリーソフト「統計解析ソフトウェア」の操作方法............................291

巻末資料 ◆ 313

索引 321

第 **1** 章

アンケート調査の基本と準備

アンケート調査の目的、プロセス、調査設計のこと
を知り、調査設計の立て方について学びます。

KEYWORDS

- 調査目的
- 把握内容
- 調査設計
- 調査対象
- 調査地域
- 標本抽出法
- サンプルサイズ
- サンプル台帳
- 調査方法
- 項目関連図
- 質問項目

調査目的と調査プロセスについて知ろう
アンケート調査の目的とプロセス

アンケート調査とは何か、アンケート調査における調査目的と調査プロセスの内容について学びます。

◆ アンケート調査とは

アンケート調査とは、調査目的を解決するために、質問項目が記載されたアンケート用紙と呼ばれる調査票（質問紙）を用いて、複数の人に回答してもらい、データを収集する方法のことです。

◆ 調査目的と把握内容

アンケート調査は、知りたい事柄や解決したい問題があるから実施します。なんとなく調査をするのでなく、**調査目的**や**把握内容**を明確にしてから行わなければなりません。

したがって、まず最初にすべきことは調査目的と把握内容を明確にすることです。

アンケート調査の企画段階から報告書作成までのプロセスで、迷いが生じたとき原点に戻ります。アンケート調査における原点とは調査目的、把握内容に書かれていることです。したがって、アンケート調査が全て終了するまで、「調査目的、把握内容」は見えるところに置いておき、いつでも確認できるようにしましょう。

調査目的の内容は、色々ありますが、代表的な調査目的を4つ示します。

---
① 問題の発見
例：競合製品へ買い換える人はどのような人で、その理由は何かを明らかにしたい

---
② 問題の解決
例：旅館の満足度を上げるために、改善すべき要素を明らかにしたい

---
③ 実態を表す指標の定量化
例：製品の市場への浸透度やマインドシェアを定量化したい

---
④ 因果関係の解明
例：性別、年齢、所得水準と購入意向率の関係を解明したい

◆ 具体例

旅館における満足度調査で、調査目的と把握内容を示してみましょう。

【調査目的】

　宿泊者減少の原因を顧客満足度の観点から探り、今後のリピート宿泊者数増大の一助とすることを目的とする。

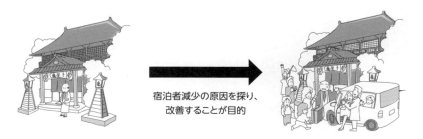

宿泊者減少の原因を探り、改善することが目的

【把握内容】

- どのような宿泊者（性別、年代、利用形態など）がどのような理由で旅館を選んだか。
- どのような宿泊者でどのような施設やサービスの満足度が低いか。
- 総合的評価（再度宿泊したい、他人に紹介したいなど）を上げるためにはどのような要素を改善すればよいか。

◆ アンケート調査のプロセス

　データの収集からデータを情報に換えるまでには、色々なプロセスがあります。どのプロセスも調査目的や把握内容を解明するためのものでなければなりません。アンケート調査のプロセスと概要を示します。

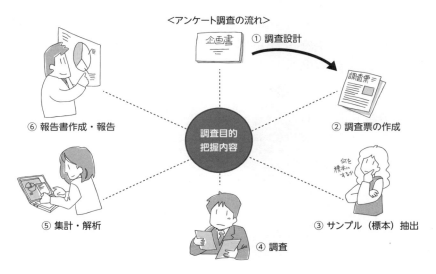

<アンケート調査の流れ>

① 調査設計
② 調査票の作成
③ サンプル（標本）抽出
④ 調査
⑤ 集計・解析
⑥ 報告書作成・報告

調査目的 把握内容

◆ アンケート調査プロセスの概要

① 調査設計（Survey design）
調査目的や把握内容を明確にすること、問題解決のために「どのような人々に、どのような地域で、どのような調査方法で、どのような質問内容で調査するか」を具体的に決めることを調査設計といいます。

② 調査票の作成（Questionnaire）
調査票の作成は、調査目的を解決するための質問内容を、質問しやすい順番に並べ替えて、質問文をつくる作業のことです。質問での用語の言い回しがまずいと、信頼できる回答結果が得られません。質問文は正しく慎重に作成しなければなりません。

③ 標本抽出（Sampling）
標本抽出は、調べたい集団（母集団という）について全てのデータの収集ができないとき、その一部をサンプルとして抽出することをいいます。サンプルを通して母集団全体の姿を正確に捉えるためには、サンプルは母集団を代表している必要があります。そのためには抽出方法は無作為抽出（ランダム抽出）でなければなりません。

④ 調査（実査）（Fieldwork）
データを収集する方法を調査（実査ともいう）といいます。調査の方法には、個人面接法、郵送法、電話法、Web法、特殊な調査方法としては、街頭調査、観察法、グループインタビュー（グルインともいう）などがあります。

⑤ 集計（Tabulation） 解析（Analysis）
集計・解析は、調査票一枚一枚の回答を問題解決に役立つ情報にする作業です。集計・解析はデータを情報に変換する手段であるといえます。

⑥ 報告書作成（Reporting） 報告（Presentation）
集計や解析した結果を要約してレポートにして、報告します。

アンケート調査のおおまかな流れを知っておこう。

調査設計とは、調査設計で検討する内容は何かを知ろう
調査設計

　調査目的や把握内容を明確にして、具体的にどのように調査を行うかを検討するのが調査設計です。

調査設計とは

　誰しもが解決したいことを抱えています。例えば旅館経営者の立場で考えてみましょう。この旅館は宿泊者数が減少しています。この悩みを解決するための方法は、宣伝を強化する、施設やサービスを改善する、など色々あるかと思いますが、宿泊者の満足度を上げることに重点を置くことにします。そこで宿泊者の満足度を調べるためにアンケート調査を実施します。

　アンケート調査は調査票をつくって、施設やサービスについての満足度を宿泊者に聞けば解決できると考えていませんか。アンケート調査をなめてもらってはいけません。考えるべき事柄は沢山あります。この例では、宿泊者の誰に質問をするか、いくつぐらい調査票を集めれば解析できるか、回答記入は旅館滞在中、帰宅後どちらがよいか、記念品などを贈呈し回答協力を上げる方法はないか、良い調査票をつくる方法は何か、などが考えられます。これが調査設計です。

調査設計で検討すべき内容

- 調査目的
- 把握内容
  ※3ページ参照

↓

- 調査実施の計画　　① 調査対象
　　　　　　　　　　② 調査地域
　　　　　　　　　　③ 標本抽出法
　　　　　　　　　　④ サンプルサイズ
　　　　　　　　　　⑤ サンプル台帳
　　　　　　　　　　⑥ 調査方法
　　　　　　　　　　※6ページ参照

↓

- 項目関連図、質問項目
  ※10ページ参照

アンケート調査は準備が大切だよ。

◆ 調査対象

「どのような集団について情報を得たいのか」を明確にし、対象者を決めます。「かっこいい青年」「性格が明るい人」といったように、集団の定義が曖昧であると、調査する対象者を抽出することができません。

<例> 個人　消費者、主婦、医師、20～29才の独身男性、来場者、平成△△年1～12月に乗用車を購入したユーザー
世帯　勤労世帯、農家世帯、自営業世帯、世帯主が60才以上の夫婦のみ世帯、過去1年間に結婚した世帯主が20代の世帯
企業　従業員が10～99人の事業所、病院、コンビニ

◆ 調査地域

どのような地域を調査するかを明確にします。調査地域の例を示します。

<例>　東名阪、大都市（人口150万人以上）
首都圏（東京駅を起点とする半径50km圏）
東京都、東京23区内

◆ 標本抽出法（サンプル抽出法ともいう）

調査は、標本調査と全数調査に大別されます。

- **標本調査**
  調査対象の一部を一定の手続きにより抽出したサンプルについて調査し、その結果から全体（母集団という）を推測します。標本調査における標本抽出は、無作為抽出と有意抽出に大別されます。
- **全数調査**
  調査対象全員について調査します。
  →標本抽出の詳細は第6章161ページ参照。

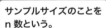
サンプルサイズのことをn数という。

◆ サンプルサイズ

標本調査は抽出したサンプルから母集団のことを推測するのですから、予算や日程の許す範囲で、**サンプルサイズ**（調査回答者数）はできるだけ多くします。サンプルサイズが小さいと母集団の推測において誤差が生じます。誤差のことを考慮してサンプルサイズを決める統計学的方法があります。
→統計学的サンプルサイズの決定方法は第6章158ページ参照。

◆ サンプル台帳（標本台帳ともいう）

調査対象者をどの台帳（リスト、名簿）から抽出するかを決めます。よく用いる台帳を紹介します。

<例>　住民基本台帳、選挙人名簿、電話帳、販売店名簿、情報サービス企業が保有するデータベース

◆ 調査方法

　調査方法には、個人面接法、郵送法、電話法、Web法、特殊な調査方法としては、街頭調査、観察法、グループインタビュー（グルインともいう）などがあります。
　近年ではWeb技術の進展により、Webページ上での調査が主流となっています。
　よく使われる調査方法の種類およびメリット、デメリットを示します。

<調査方法の種類と特徴>

個人面接法	
調査方法概要	調査員が面接
回答記入者	調査員
調査地域	狭い
質問内容の量	30問
調査期間	やや短い
調査費用	高い
回収率	高い
回答信頼性	高い

郵送法	
調査方法概要	郵便で調査
回答記入者	回答者
調査地域	広い
質問内容の量	40問
調査期間	長い
調査費用	やや高い
回収率	やや高い
回答信頼性	やや高い

電話法	
調査方法概要	電話で調査
回答記入者	調査員
調査地域	やや広い
質問内容の量	10問
調査期間	短い
調査費用	安い
回収率	低い
回答信頼性	低い

Web法	
調査方法概要	インターネット調査
回答記入者	回答者
調査地域	広い
質問内容の量	40問
調査期間	短い
調査費用	安い
回収率	高い
回答信頼性	高い

※ Web法は情報サービス企業が提供のデータベースを利用した場合

> インターネット調査は入力作業が発生しない、誤入力がない、入力費がかからない、調査期間が短いため、今は主流です。

◆ 調査設計の概要の書き方

アンケート調査の全ての工程の終わりは報告書の作成です。報告書の構成は調査設計の概要、要約、調査結果です。ここでは報告書に記述する「調査設計の概要」の書き方について示します。

調査設計の概要で記述する主な内容は以下の通りです。

1. 背景
2. 調査目的
3. 把握内容
4. 調査対象
5. 調査地域
6. 調査時期
7. 調査対象者の名簿
8. 調査方法
9. 標本抽出方法
10. サンプルサイズ
11. 質問項目
12. その他特記事項

調査設計の概要は、簡潔に、そしてポイントを押さえて書くことが大切だよ！

2つの例を示します。

＜旅館満足度調査における調査設計の概要＞

1. 背景
   旅館の宿泊者数が減少しているのでリピート顧客数を増やしたい。
2. 調査目的　省略　→3ページ参照
3. 把握内容　省略　→3ページ参照
4. 調査対象
   宿泊した顧客（複数の宿泊者は2人まで回答させる。選人は任せる）
5. 調査方法
   調査票、依頼状、返信用封筒を同封した袋をチェックイン時に渡す。回収はチェックアウト時、時間的に記入できない場合は帰宅後の郵送返信を可とする。
6. サンプルサイズ
   半年間で締め集計。半年間の回収見込み数は350人。
7. 謝礼品
   500円図書券（A）、500円相当の記念品（B）を回答者に選択させ渡す。
   帰宅後返信の場合は図書券とし、後日郵送する。

調査設計　9

<医薬品評価調査における調査設計の概要>

1. 背景
   我が社のY薬剤は高血圧症治療薬市場で1位のシェアであるが、1年前に発売された2位のA薬剤に急追され1位シェアを奪われる危機にさらされている。A薬剤の急成長がどのような要因によってもたらされているかを明らかにしたい。この展開を打開するためのY薬剤の戦略を見出したいということで当調査を実施した。

2. 調査目的
   高血圧症治療薬の使用状況、使用満足度、処方増量意向、使用理由等を調べ、Y薬剤がA薬剤に劣る点を把握し、医師へのメッセージ項目の見直しを図ることを目的とする。

3. 把握内容
   省略

4. 調査対象
   高血圧症の患者に降圧薬を処方している医師

5. 調査地域
   日本全国

6. 調査時期
   20‥年‥月‥日～5日間

7. 調査対象者の名簿
   データベースを保有している会社の名簿

8. 調査方法
   インターネット調査

9. 標本抽出方法
   無作為抽出法

10. サンプルサイズ

	母集団医師数	登録医師数	配信数	サンプルサイズ	回収率
勤務医	168,000	43,800	1,100	200	18.2%
開業医	110,000	35,200	1,400	200	14.3%

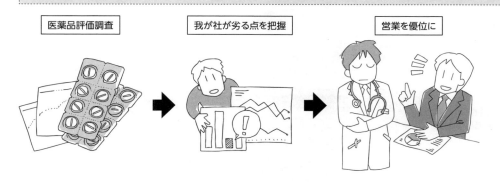

医薬品評価調査 → 我が社が劣る点を把握 → 営業を優位に

アンケートの質問項目を検討する
項目関連図と質問項目

　質問すべき属性、実態、意識などの項目を決定し、これらの項目の関連を図にしたフローチャートを項目関連図といいます。

◆　項目関連図とは

　先に示した「旅館満足度調査」の把握内容を要約すると、「どのような宿泊者がどのような理由で旅館を選びどのように評価しているか」となります。この把握内容に沿って、宿泊者の属性と選定理由、評価の関係を具体的に書き出します。書き出しは次に示すフローチャートにするのがよいでしょう。このフローチャートを**項目関連図**といいます。

　項目関連図を作成しておくと調査すべき質問項目が容易に見つけられ、また質問しなければならない項目の見落としを防げます。

◆　旅館満足度調査における項目関連図

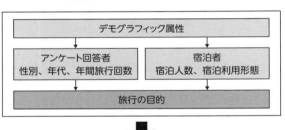
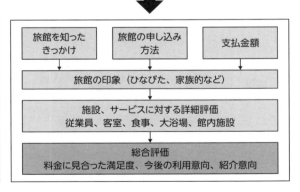

◆ 乗用車購入実態・評価調査における項目関連図

別の項目関連図を示します。

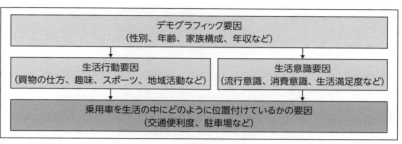

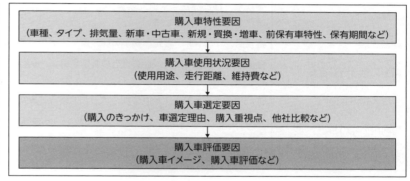

2つの項目関連図を示しましたが、書き方の決まった形式はありません。あなたが調査票の作成において質問項目を検討する場合、あなたの独自の書き方で項目関連図を作成してください。把握する内容が分かり、質問項目を挙げやすいものであればよいのです。

質問項目に対応する選択肢も検討しておくと調査票の作成が容易になるよ。

旅館満足度調査における質問項目

旅館満足度調査の質問関連図から検討した質問項目と選択肢の具体例を紹介しておきましょう。

アンケート回答者属性	性別、年齢、未既婚、家族人数、居住地、この1年間の旅行回数
宿泊者属性	宿泊日数、宿泊人数、支払い金額、この旅館の利用回数、食事（朝食・夕食付き、夕食のみ、朝食のみ、なし）
利用形態	家族・親族、友人、職場、1人、夫婦、ビジネス
申込方法	旅館に直接、代理店を通して、ツアー
知ったきっかけ	代理店、知人・友人、テレビ、カタログ、雑誌、新聞、インターネット
旅行目的	観光、温泉、食事、ゴルフ・スキーなどのスポーツ、海水浴・遊園地などの遊び、ハイキング・登山
旅館の印象	豪華な、ひなびた、一流、家族的、高級な、伝統的、洗練された、落ち着いた、時代を先取りした新しさ
詳細評価	客室係、フロント、客室、食事の味・量、大浴場、館内施設
料金に見合う満足度	金額以上の満足を得た、金額相当の満足を得た、金額に見合う満足は得られなかった
今後の利用意向	また利用すると思う、今度は別の施設に泊まってみたい、分からない
再利用の際の希望	食事・部屋の内容を下げても安く泊まりたい、多少高くても食事・部屋を上げたい、今回同様でよい
知人友人への推薦意向	ぜひ推薦したい、推薦するかもしれない、推薦しない

第2章

調査票のつくり方と質問内容

調査目的、把握内容に沿った調査票の作成方法について学びます。

KEYWORDS

- 調査票
- 調査票作成手順
- 親元項目
- 限定項目
- 質問の順番
- 調査票のレイアウト
- 質問文
- 選択肢
- SA 回答法
- MA 回答法
- 順位回答法
- 自由回答法
- 段階評価表
- 一対比較法
- SD 法
- 生活態度・価値観
- 回答者属性

調査票作成の手順と回答の取り方を知ろう

調査票の基本

アンケート調査における調査票とは「調査目的を解決するための質問で対象者からの回答を取るための形式」のことです。

◆ 調査票とは

調査票の作成は、項目関連図に沿って検討した質問項目を、回答しやすい順番に並べ替えて質問紙を作成する作業です。

良い調査票は、調査目的や把握内容を解明するためのデータが正しく取れる形式となっています。

悪い調査票は、

- 調査拒否、回答中に記入中止が発生する
- 無回答が多くなる
- 記入ミス、勘違いや嘘の回答が多くなる

などが発生し、調査目的や把握内容を解明することができません。

◆ 調査票作成の手順

調査票作成の手順を示します。

① 質問項目について、質問の仕方を決める

> ＜質問の仕方で決める主な内容＞
> - 回答タイプ　　　　　→詳細は次ページ参照
> - 親元質問、限定質問　→詳細は次ページ参照
> - 質問文　　　　　　　→詳細は 22 ～ 37 ページ参照
> - 選択肢　　　　　　　→詳細は 22 ～ 37 ページ参照

② 質問の順番を決める
　　→詳細は 17 ページ参照

③ 調査票のレイアウトを決める
　　→詳細は 18 ページ参照

良い調査票をつくるためには、質問の仕方はもちろん、質問の順番やレイアウトもよく検討しよう。

◆ 回答タイプ

質問に対する回答の取り方を**回答タイプ**といいます。

回答タイプには、自由回答法とプリコード回答法の2つがあります。

<自由回答法>

自由回答法とは、文字どおり質問に対して、文章や数値で自由に答えてもらう方法で、**FA回答法**（Free Answer）、または**OA回答法**（Open Answer）ともいいます。数値で回答させる方法を数量回答法といいます。

<プリコード回答法>

プリコード回答法の「プリコード」とは、予想される回答内容を選択肢としてあらかじめ用意しておき、それぞれにコードNo.をつけておくという意味です。プリコード回答法では、該当するコードNo.を選択してもらうことになります。

プリコード回答法には、3つの回答形式があります。

① **単数回答法／SA回答法**（Single Answer の略）
選択肢の中から1つだけ選んでもらう方法

② **複数回答法／MA回答法**（Multiple Answer の略）
選択肢の中から該当するものをいくつでも選んでもらう方法

③ **順位回答法**
全てあるいは一部の選択肢に順位をつけてもらう方法

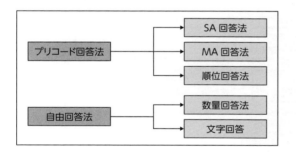

◆ 親元項目、限定項目

調査対象者の一部の人に回答してもらう質問項目を**限定項目**といい、下記の問1と問2の関係において問1を**親元項目**といいます。

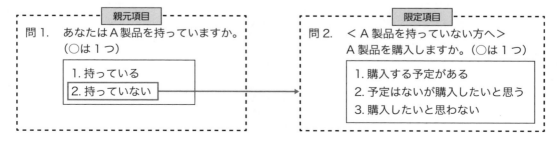

回答しやすい回収率のよい調査票をつくる
質問順序と調査票のレイアウト

調査票の良し悪しは、回収率や回答の信頼度に大きく影響します。質問順序やレイアウトを工夫し、読みやすく回答しやすい調査票を作成しましょう。

◆ **実態質問・意識質問、直接質問・間接質問とは**

項目関連図のところで示した乗用車購入実態・評価調査を取り上げ、調査票を作成するときの、質問の順番を考えてみます。

質問項目を次の観点から2つに分けてみました。

① 実態について聞く**実態質問**と意識について聞く**意識質問**とに分ける。
　　※実践枠内は実態質問・点線枠内は意識質問
② 購入車について聞く**直接質問**と、購入車以外のことについて聞く**間接質問**とに分ける。

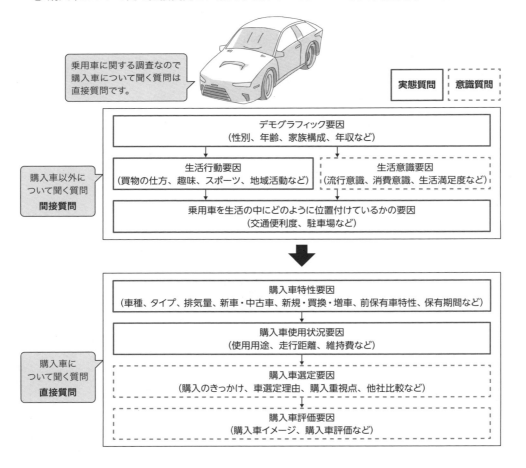

◆ 実態質問と意識質問の順番

　回答しにくい質問を最初にすると回答拒否をされたり、回答拒否がなくても嫌気が起こり、後の質問を正しく回答してもらえません。質問の仕方は回答しやすい質問から聞くのが原則です。

　「購入した車は新車、中古車のどちらですか」という実態について聞かれれば、回答者は「新車か中古車」の事実を回答すればよいので回答は簡単にできます。「購入した車の選定理由は」という意識について聞かれたとき、回答者はその理由を考えて回答しますので、実態質問よりは回答しにくい質問といえます。したがって意識質問より実態質問を先にします。

◆ 直接質問と間接質問の順番

直接質問を先に間接質問を後にします。

質問は回答しやすい質問から聞くのが原則。

◆ 質問の順番

質問項目の中に、実態質問、意識質問がある場合は次の順にします。

① 直接・実態　　② 直接・意識　　③ 間接・実態　　④ 間接・意識

下記表は項目関連図に記載されている要因を聞く順番で並べ替えたものです。

聞く順番	要因名	実態質問か？意識質問か？	直接質問か？間接質問か？
1番	購入車特性要因	実態	直接
2番	購入車使用状況要因	実態	直接
3番	購入車選定要因	意識	直接
4番	購入車評価要因	意識	直接
5番	乗用車生活位置付け要因	実態	間接
6番	生活行動要因	実態	間接
7番	生活意識要因	意識	間接
8番	デモグラフィック要因	実態	間接

◆ デモグラフィック要因の位置

　年齢や年収などのデモグラフィック要因は、回答者にとって答えたくない質問です。何でこんな失礼なことを聞くのかと怒らせてしまう可能性があります。デモグラフィック要因を最初の方に置くと後の質問に影響を与えますので、調査票の最後にするのが通常です。

◆ 調査票のレイアウト

次に示すことに留意し、回答しやすいレイアウトの調査票を作成しましょう。

- 選択肢を枠などで囲み、選択肢と質問文の違いを明確にします。
  選択肢のコード No. は、データ入力・集計のことを考えると、英字、カタカナなどの文字より、数値のほうが適しています。
- 限定質問がある場合、誰がどの質問に答えるかを、矢印や補足説明を書き加え指示します。

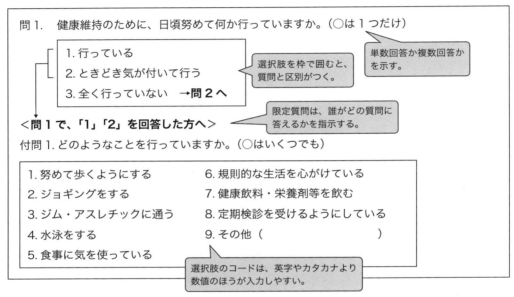

- 質問文の末尾に、(○は1つ)、(○はいくつでも)をつけます。
- 数値で回答させる質問は、枠を設け、1つの枠に1つの数値を記入させます。
- 5段階評価は1列（1行）に並べ折り返しをしないほうがよいでしょう。
- 選択肢のコードNo.は1,2,3,4,…の昇順とし、…,4,3,2,1の降順にはしません。
  降順、昇順の選択肢が混在していると、回答者は混乱し回答の流れが悪くなります。
- 5段階評価で満足を5点、不満を1点としたいため、「5.満足、4.やや満足、3.どちらともいえない、2.やや不満、1.不満」としている調査票をよく見かけます。
  「1.満足、2.やや満足、3.どちらともいえない、4.やや不満、5.不満」で質問し、集計時に満足を5点、不満を1点とします。
  どうしても満足のコードNo.を5としたい場合、「1.不満、2.やや不満、3.どちらともいえない、4.やや満足、5.満足」の順としてください。

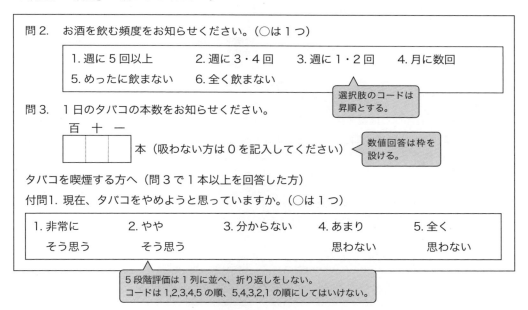

※インターネット調査の質問紙は、ラジオボタンやチェックボックスを使うので上記のレイアウトと異なります。しかし、企画段階では上記のレイアウトで作成するのがよいです。

◆ 用いてはいけない質問文

- 1つの質問に2つの情報があってはいけない
    - <例> 「○○党は消費税を上げずに頑張っていますが、あなたはこの政党を支持しますか。」
    「○○党を支持しますか」「消費税を上げないことに賛成ですか」の2つの質問を兼ねている。

> 「○○党を支持しますか」「消費税を上げないことに賛成ですか」の2つの質問を兼ねているので、1つの質問として不適切。

- 質問で誘導してはいけない
    - <例> 「一番最近の調査結果で、○○党は△△党より高い支持率となっていますが、今度の選挙ではどちらの政党に票を入れますか。」

> 回答を誘導するような質問は、アンケートの目的に影響を及ぼすので避けるようにしましょう。

- 犯罪経験の有無などは直接質問してはいけない
  犯罪経験有無などの聞きにくい質問は細かい配慮をすること。
    - <例>

> 聞きにくい質問は、直接的な表現は避ける。

目的　会社でのセクハラの実態を知りたい

☒　問．あなたは職場でセクハラをしたことがありますか。

　　　1. ある　　2. ない

◯　問．あなたの職場でセクハラ行為をしている人がいますか。

　　　1. 職場でセクハラをしている人を見たことがある
　　　2. 職場でセクハラをしている人を見たことはないが、セクハラをしている人はいると思う
　　　3. 職場でセクハラをしている人はいないと思う

> 会社でセクハラをしている人の割合が分かればよい。上記の正しい聞き方で得たデータを集計すれば会社でのセクハラ割合は分かる。

調査票作成方法 12 ヵ条

- 質問する順番を配慮する
- 見やすい、回答しやすいレイアウトを心がける
- 親元質問、限定質問の関係を明確にする
- 選択肢コードは数値で昇順とする
- 「○は1つ」「○はいくつでも」を質問末尾に表記する
- 聞きにくい質問はしない
- 難しい言葉は使わない
- 質問量は多くしない
- 調査目的に無関係の質問はしない
- 1つの質問に2つの情報があってはいけない
- 質問しても誘導してはいけない
- 犯罪経験の有無などは直接質問してはいけない

選択肢によって回答してもらう
プリコード回答法

　プリコード回答法は回答内容を選択肢としてあらかじめ用意して、該当する選択肢を選ばせる質問で、SA回答法、MA回答法、順位回答法があります。

◆ SA回答法
SA回答法は選択肢の中から1つだけ選んでもらう方法で、二項選択法と多項選択法があります。

◆ 二項選択法
二項選択法は2つの回答選択肢から1つを選んでもらう方法です。

＜例＞

問．あなたはパソコンをお持ちですか。（○は1つ）
1. 持っている　　2. 持っていない

◆ 多項選択法
多項選択法は3つ以上の回答選択肢から1つ選んでもらう方法です。

＜例＞

問．色々な車の中から、その車を選んだ理由はなんですか。最も重視した理由を1つだけお知らせください。（○は1つ）
1. スタイル・外観の良さ　　2. ちょうどよい車体の大きさ 3. 室内の広さ　　　　　　4. 性能の良さ 5. 燃費の良さ　　　　　　6. メーカーへの信頼

二項選択法も多項選択法も、質問文末尾に「○は1つ」と書くことを忘れないでね！

◆　MA 回答法

　MA 回答法は選択肢の中から該当するものをいくつも選んでもらう方法で、無制限法と制限法があります。

◆　無制限法

　無制限法は選択肢の個数に制限をつけないで選んでもらう方法です。

<例>

> 問．あなたは化粧品を買うとき、どのようなことを重視しますか。
> 　　次に示した内容の中で重視するものをいくつでもお知らせください。（○はいくつでも）
>
> 　　1. できるだけ安いものを選んで買う
> 　　2. 多少高くても品質やデザインのすぐれたものを買う
> 　　3. よく広告しているものを買う
> 　　4. 有名なメーカーのものを買う
> 　　5. いつも使いなれているものを買う
> 　　6. 店の人がすすめるものを買う
> 　　7. インターネット、カタログなどで色々検討した上で買う
> 　　8. まわりの人が使っているものや、評判の良いものを買う
> 　　9. その他（具体的　　　　　　　　　　　　　　　　）
> 　　10. 化粧品は買わない

　上記例において、選択肢 1 〜 8 以外の回答が予想される場合、「その他」の選択肢を設け、その内容が何かを具体的に記入させます。また、化粧品を買わない人はこの質問に回答できないので、選択肢 10 を設けます。

> 無制限法の場合は、回答者がいくつでも選択肢を選べるように、質問文末尾に「○はいくつでも」と、つけておくんだ。

◆ 制限法

制限法は選択肢の個数に制限をつけて選んでもらう方法です。選択する個数が多いと想定される場合、選択個数を制限します。選択個数をいくつにするという統計学的基準はありませんが、一般的には3つとします。

<例>

> 問．お宅様で、今まで乗用車をお持ちにならなかったのは、どのような理由からですか。次の理由のうち最も大きなものを3つ以内でお知らせください。（○は3つまで）
>
> 1. 価格・維持費などの経済的な理由
> 2. 交通難・駐車難のため
> 3. 車庫などの保管場所がない
> 4. 免許がない
> 5. ぜいたくで身分不相応である
> 6. 交通事故が恐い
> 7. 他の交通機関を利用したほうが便利
> 8. 他人の車などが容易に利用できる
> 9. 使い途がない
> 10. 自動車は嫌い
> 11. その他（具体的に　　　　　　　　）
> 12. 特にない

上記例で、乗用車を持たない理由が特にない人もいるので、そのことを考慮した選択肢を設けるのがよいでしょう。

◆ SA 回答法の二項選択法を MA 回答法で質問

SA 回答法の二項選択法で聞く質問が複数ある場合、MA 回答法で質問することができます。

| SA 回答法の二項選択法で質問 1 |
| SA 回答法の二項選択法で質問 2 | ＝ | 1つの MA 回答法で質問が可能 |
| SA 回答法の二項選択法で質問 3 |

どちらの質問の仕方でも、同じ回答結果が得られるよ。

◆ SA 回答法（二項選択法）を MA 回答法で質問

回答タイプが SA 回答法の二項選択法で聞いた複数個の質問を MA 回答法で質問することができます。

<例>

① SA 回答法（二項選択法）で質問する場合

問．車を買う場合、人によって色々な考え方、選び方が違っていると思いますが、以下にあげるそれぞれの意見について、あなたの考えを、「そう思う」「そうは思わない」でお知らせください。（各々○は1つだけ）

	そう思う	そうは思わない
a. できるだけ内装の豪華な車を買いたい	1	2
b. 通勤よりレジャーに向いた車を買いたい	1	2
c. 後席で子供が遊べる車を買いたい	1	2
d. 車は必要最小限の装置があればよい	1	2

② MA 回答法で質問する場合

問．車を買う場合、人によって色々な考え方、選び方があると思いますが、以下に挙げる意見について、あなたがそう思うものを全てお知らせください。（○はいくつでも）

1. できるだけ内装の豪華な車を買いたい
2. 通勤よりレジャーに向いた車を買いたい
3. 後席で子供が遊べる車を買いたい
4. 車は必要最小限の装置があればよい

①は選択肢が2つの質問が4個、②は選択肢が4つの質問が1個で、質問の仕方は異なりますが、質問から得られる回答結果は同じになります。

①は質問ごとに「そう思う」「そう思わない」を考え回答、②は該当するものだけを選び回答しますので、回答者にとって負担が軽いのは②の聞き方です。とても重要な質問で4つの質問文を丁寧に、飛ばさずに読んでもらいたい場合は①の聞き方をします。

◆ MA回答の質問が複数個ある場合の聞き方

MA回答の質問が複数個ある場合、表形式（マトリックス形式）で調査票を作成します。表形式は質問スペースが小さく見やすくなり、回答者にとって回答しやすいレイアウトといえます。

下記質問文のコードNo.は、上側が縦方向、下側が横方向です。回答者はコードNo.の順に沿って回答しますので、コードNo.のつけ方には留意してください。

＜例＞

問．あなたは次に示すコンビニについてどのような印象をお持ちですか。コンビニごとに該当する印象を全てお知らせください。該当する番号に○をつけてください。○はいくつつけてもかまいません。

	A店	B店	C店	D店	E店
品切れがない	1	1	1	1	1
新鮮である	2	2	2	2	2
味がよい	3	3	3	3	3
処理時間が早い	4	4	4	4	4
きれいな店舗が多い	5	5	5	5	5
従業員態度がよい	6	6	6	6	6
レイアウトがよい	7	7	7	7	7
品揃えが豊富	8	8	8	8	8
取次サービスが充実	9	9	9	9	9

問．コンビニの印象を示す要素を9つ示しました。印象ごとに該当すると思われるコンビニを全てお知らせください。該当する番号に○をつけてください。○はいくつつけてもかまいません。

	A店	B店	C店	D店	E店
品切れがない	1	2	3	4	5
新鮮である	1	2	3	4	5
:	:	:	:	:	:
品揃えが豊富	1	2	3	4	5
取次サービスが充実	1	2	3	4	5

縦方向、横方向どちらで回答させるかによって○のつけ方が違うよ。

◆ 順位回答法

順位回答法は選択肢に順位をつけてもらう方法です。

<例>

> 問．色々な車の中から、その車を選んだ理由はなんですか。次の5つの中から重要と思われる順に、その順位を [ ] 内に記入してください。
>
> [ ] スタイル・外観の良さ
> [ ] ちょうどよい車体の大きさ
> [ ] 室内の広さ
> [ ] 性能の良さ
> [ ] 燃費の良さ
> [ ] メーカーへの信頼

　順位回答法は、選択肢の数が多いと全ての選択肢に順位をつけることは時間がかかり、回答者にとって辛い質問となります。回答者個々において、選択肢の順位を知りたければ順位回答法を用いなければなりません。集団において、どの選択肢が重視されているかを知りたいならば、各選択肢に対する回答率が分かればよいので、順位回答法でなくMA回答法あるいはSA回答法を用いることをお薦めします。

<順位回答法の使い方>

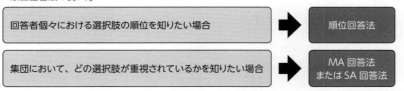

※順位回答は、全ての選択肢に順位をつける完全順位法と一部の選択肢に順位をつける一部順位法があります。

> 重要な要素は何かを知りたい場合、順位回答法でなくMA回答法あるいはSA回答法で聞き、これを集計すれば分かるよ。

文字や数値で回答してもらう
自由回答法

自由回答法は、質問に対して、文字や数値で自由に回答者に答えてもらう方法です。

◆ 文字回答

<例>

問．あなたが今年最も活躍したと思われるタレントを3人まで選び、その名前を記入してください。
回答欄 ⎕ ⎕ ⎕

　回答者にとって、自由回答法はプリコード回答法に比べ答えにくい質問です。今年活躍したと予想されるタレントを選択肢として挙げ、プリコード回答法で回答させるのがよいでしょう。ただし、あらかじめタレント名を表記したプリコード法は回答を助成してしまいます。何のヒントもなしに純粋に想起させたい場合は自由回答法を用いなければなりません。

　ブランド名（タレント名など）を想起させるとき、文字で書かせる方法を純粋想起、選択肢を選ばせる方法を助成想起といいます。純粋想起で想起されるブランドは、ブランド力が強いといえます。

純粋想起、助成想起、両方で質問するのがいいよ。その場合、純粋想起を先に聞くこと。

◆ 数値回答

数値回答は枠を設け、1つの枠に数値1つを記入させます。

年収、年齢などの質問は、自由回答、SA回答法のどちらでも聞くことができます。自由回答法は回答拒否の割合が高くなるのでSA回答法で聞くことをお薦めします。

<例>

- 数値回答法で質問する場合

  問．お宅様のこの1年間でのご家族全部の税込み収入は、いくら位ですか。

  　万円

- SA回答法で質問する場合

  問．お宅様のこの1年間でのご家族全部の税込み収入は、いくら位ですか。次の中からお知らせください。（○は1つだけ）

  1. 200万円未満
  2. 200～400万円未満
  3. 400～600万円未満
  4. 600～900万円未満
  5. 900万円以上

年収を聞く目的は次の2つが考えられます。

① 年収の実態を数値（平均値、伸び率）で把握する。
② 年収で消費者を分類（低所得層、中間所得層、高所得層）して、分類別の購買行動、商品選択理由などを把握する。

それぞれの目的に対する回答法を考えた場合、①は自由回答法の数値回答にせざるを得ませんが、②はSA回答法で十分対応できます。

年収における数値回答法は回答拒否もあるから、特別な理由がない限りは、SA回答法で聞いたほうがいいよ。

満足の度合いを回答してもらう
段階評価

段階評価の質問は、「満足、やや満足、どちらともいえない、やや不満、不満の中からあてはまるもの」といった形式で評価される質問のことです。

◆ 段階評価の種類

段階評価には以下のものがあります。

段階評価方法に対して集計方法が異なるので、どの段階評価方法を用いるかは集計方法と絡めて判断します。

→段階評価の集計法は第3章63ページ参照

【通常の段階評価（対称型段階評価）】
- 7段階評価　● 5段階評価　● 3段階評価

「どちらともいえない」の選択肢を真ん中にして、肯定的選択肢と否定的選択肢が対称

【目的によって用いる段階評価】
- 非対称型段階評価＝「どちらともいえない」の選択肢を真ん中に置かない
- 中間的意見を置かない段階評価
- 10段階評価

◆ 対称型段階評価

<例>　1. 満足　　2. やや満足　　3. どちらともいえない　　4. やや不満　　5. 不満

「どちらともいえない」を「普通」として聞くこともあります。

先頭選択肢（あるいは後尾選択肢）に強い修飾語、「非常に」「十分」「全く」などを使うと、その選択肢の回答率は使わない場合よりも低くなります。

◆ 非対称型段階評価

<例>　1. 非常に満足　　2. 満足　　3. やや満足　　4. どちらともいえない　　5. 不満

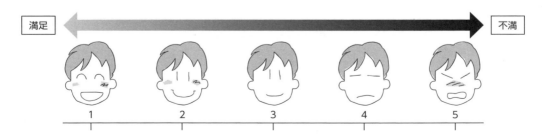

◆ 中間的意見を置かない段階評価

<例> 1. 満足　　2. どちらかといえば満足　　3. どちらかといえば不満　　4. 不満

「どちらともいえない」という中間的意見を外す場合には、真ん中の2つの選択肢には「どちらかといえば」をつけましょう。

◆ 10段階評価

10段階評価の選択肢は0点から10点の11個とし、真ん中を5点にします。

◆ 段階評価の質問が複数個ある場合の聞き方

5段階評価の質問が複数個ある場合、表形式（マトリックス形式）で作成します。表形式は質問スペースが小さく見やすくなり、回答者にとって回答しやすいレイアウトといえます。

<例>

問．次に挙げる洗濯機の各機能についてどのように思われますか。
　　それぞれお答えください。（○は各々1つずつ）

	非常に良い	やや良い	普通	やや悪い	非常に悪い
a. 洗いあがり具合	1	2	3	4	5
b. 取扱説明書	1	2	3	4	5
c. 洗剤量目安表示	1	2	3	4	5
d. 外観・デザイン	1	2	3	4	5
e. 節水・省洗剤	1	2	3	4	5
f. 洗濯機高さ	1	2	3	4	5
g. 糸クズ除去機能	1	2	3	4	5
h. 動作音	1	2	3	4	5
i. 黒カビ防止装置	1	2	3	4	5

項目名の先頭のa,b,c,…を数値にすると選択肢と間違えられることがあるので、この例のように英字にしましょう。

この形式の聞き方をマトリックス質問というんだ。

◆ 7段階評価

よく用いる7段階評価の選択肢を示します。

```
非常に満足
満足
やや満足
どちらともいえない
やや不満
不満
非常に不満
```

```
非常に満足している
満足している
やや満足している
どちらともいえない
やや不満である
不満である
非常に不満である
```

```
非常に満足
かなり満足
やや満足
どちらともいえない
やや不満
かなり不満
非常に不満
```

```
大変満足
かなり満足
やや満足
どちらともいえない
やや不満
かなり不満
大変不満
```

```
十分満足
かなり満足
まあ満足
どちらともいえない
やや不満
かなり不満
大変不満
```

```
大変重要だ
かなり重要だ
やや重要だ
どちらともいえない
それほど重要でない
ほとんど重要でない
全く重要でない
```

```
大変そう思う
そう思う
ややそう思う
どちらともいえない
あまりそう思わない
そう思わない
全くそう思わない
```

```
全くそのとおり
かなりそのとおり
ややそのとおり
どちらともいえない
やや違う
かなり違う
全く違う
```

7段階は5段階に比べて、きめ細かい評価ができるけど、回答者によってはやや面倒な質問。

◆ 5段階評価

よく用いる5段階評価の選択肢を示します。

満足 やや満足 どちらともいえない やや不満 不満	非常に満足 やや満足 どちらともいえない やや不満 非常に不満	十分満足している 一応満足している どちらともいえない まだまだ不満だ きわめて不満だ
とても満足 まあ満足 どちらともいえない 少し不満 とても不満	十分満たされている かなり満たされている どちらともいえない あまり満たされていない 全く満たされていない	重要である やや重要である どちらともいえない あまり重要でない 重要でない
非常にそう思う そう思う どちらともいえない そう思わない 全くそう思わない		

どちらかといえば、7段階より5段階評価のほうがよく使われているよ。

◆ 非対称型の段階評価

非常に満足 かなり満足 満足 やや満足 **どちらともいえない** 不満	ぜひとも利用したい かなり利用したい 利用したい 少し利用したい ほんの少し利用したい **どちらともいえない** 利用したいとは思わない	とても良い 良い まあまあ良い **どちらともいえない** 悪い
強くそう思う そう思う 少しそう思う **どちらともいえない** そうは思わない		

非対称型の場合は、肯定的選択肢が多くなったり、あるいは否定的選択肢が多くなったりするんだ。

比較する手法の質問形式で回答してもらう

一対比較法とSD法

　一対比較法、SD法は相反する選択肢を対比させて聞いた質問について、統計処理する方法です。味覚調査、官能調査でよく用いられます。

◆ 一対比較法

　いくつかの食品を試食させて、味のテストを行うとき、1人の対象者が複数個の食品を同時に試食することは困難です。仮に行えたとしても、得られたデータの信憑性は薄いものでしょう。

　今3つの食品A、B、Cがあるとします。この中から2つ、例えばAとBを取り出し、どちらの味がよいか評価させます。少し時間をおいてBとC、さらにCとAというように、全ての組み合わせについて評価します。

　このような方法でなら、同時に行うことが困難な評価テストのデータを収集することができます。この方法を**一対比較法**といいます。

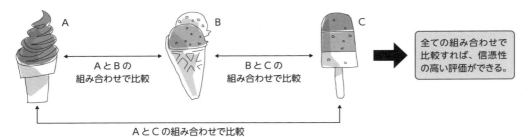

評価の方法には、次の2つがあります。

① 全ての組み合わせについて、二項選択法（22ページ参照）でどちらがよいかを判定させる。

```
問1.　AとBどちらのアイスクリームがおいしかったですか。（○は1つ）
     1. A    2. B

問2.　AとCどちらのアイスクリームがおいしかったですか。（○は1つ）
     1. A    2. C

問3.　BとCどちらのアイスクリームがおいしかったですか。（○は1つ）
     1. B    2. C
```

② 全ての組み合わせについて、段階評価（30ページ参照）でどちらがどの程度よいかを判定させる。

問．2回目に試食したアイスクリームに比べ、1回目に試食したアイスクリームのおいしさは、
　　どの程度でしたか。（各々○は1つずつ）

1回目に 試食した アイスクリーム	かなり 不味かった	少し 不味かった	差を 感じなかった	少し おいしかった	かなり おいしかった	2回目に 試食した アイスクリーム
A	1	2	3	4	5	B
A	1	2	3	4	5	C
B	1	2	3	4	5	C

　評価の方法によって解析方法は異なり、①は**サーストンの一対比較法**、②は**シェッフェの一対比較法**によって分析します。

※一対比較の解析方法→第8章177ページ以降を参照。

◆ SD 法

　SD 法（semantic differential scale method）はセマンティック・ディファレンシャル法、略してエスディー法といいます。「鋭い：鈍い」「陽気な：陰気な」「粋な：やぼな」などの対立する形容詞の対を用いて、商品、銘柄などの与える感情的なイメージを、段階評価法を用い、質問する方法です。

　対立語の例を示します。

鋭い	鈍い	陽気な	陰気な
粋な	やぼな	明るい	暗い
のびのびとした	俊敏な	洗練された	やぼったい
純粋な	不純な	活動的な	冷静な
押しが強い	気配りのある	新鮮な	古くさい
清楚な	華やかな	上品な	下品な
澄んだ	濁った	鮮やかな	くすんだ
頼もしい	頼りない	開放的な	物静かな
柔和な	迫力のある	暖かい	冷たい
落ち着いた	浮わついた	消極的	積極的
頼りがいのある	親しみやすい	硬い	柔らかい
成熟した	こどものような	派手な	地味な
特徴のある	平凡な	動的な	静的な
ひょうきんな	まじめな	おだやかな	激しい
情熱的な	理知的な	キリッとした	さばさばした

価値観、生活態度、回答者属性を質問する
間接質問や回答者属性の聞き方

　製品の実態調査や評価調査で、調査結果に影響を及ぼすと思われる生活行動、消費意識、価値観などの間接質問をすることが多々あります。

◆ 生活態度・価値観の聞き方

　製品の選定や購買行動はその人の生活態度や価値観に影響を受けると考え、調査票に生活態度や価値観の質問を入れることがあります。調査票でよく使われる生活態度や価値観について選択肢の表現をいくつか紹介しましょう。

　詳細は巻末資料をご参照ください。

生き方・暮らし方・価値観	心の豊かさやゆとりのある生活をしたい 平凡でも穏やかな人生を送りたい はっきりとした自分の人生目標を持っている 今の社会では地位や名声を得ることが最も重要だ
生活態度・コミュニティー	休日は家族と過ごすことが多い 日常生活の中でイライラやストレスを感じる ボランティアや地域の活動に積極的に参加している 世間体を気にするほうだ
家族や仕事、趣味に対する考え方	多少嫌な仕事でも収入が多ければ我慢する 家庭を大切にし、仕事のために家庭を犠牲にすることはしたくない 趣味やスポーツは生きがいの1つだ 何か流行すると、すぐに自分でもしたくなるほうだ
買い方・流行意識・消費意識	カタログや人の話などで、色々検討した上で買うことが多い 好きなブランドにこだわる 世の中の流行やまわりの動きに敏感である 買ってから、後悔したり失敗したと感じたことがよくある
性格タイプ	人の不幸を黙って見ていられないほうである 人からものを頼まれると断りきれないほうである 相手の気持ちに対して敏感なほうである 新しいグループや会に入っても、すぐに慣れることができる

◆ 回答者属性の聞き方

　回答者の属性を聞くときには、次の点に留意するとよいでしょう。

● 年齢や年収を質問する場合

　年齢や年収などの回答者属性は、回答者にとって答えたくない質問です。何でこんな失礼なことを聞くのかと怒らせてしまってはまずいので、調査票の最後にするのが通常です。最後に置いたからといって回答拒否を防げるわけではないので、年齢や年収を聞く前で、次の文章を記載し無回答をできるだけなくす配慮をしてください。

「結果は統計としてまとめ、あなたの個人情報は使いませんので、以下の質問にぜひご回答ください。」

● 製品購入実態調査における質問の場合

　製品購入実態調査では、製品使用者、アンケート回答者、誰の属性について聞くかを明確にします。

● 子供の人数を質問する場合

　「ご家族にはお子様が何人いますか」の聞き方は不適切です。「12才以下」とか「18才以下」とかを明記します。

● 職業を質問する場合

　職業の聞き方は調査対象者によって異なります。対象者のことを考慮し作成してください。下記は1つの例です。

＜例＞

問．あなたの職業をお知らせください。（○は1つ）

　＜自由業・自営業・企業経営者＞
　　1. 自由業、または9人以下の従業員を持つ自営業・経営者
　　2. 10人以上の従業員を持つ自営業・経営者

　＜企業の勤め人もしくは公務員＞
　　3. 管理職　　4. 事務職　　5. 技術職・技能職・工員
　　6. 専門職（弁護士・会計士・勤務医）　　7. 販売員
　　8. 公務員　　9. その他の勤め人

　＜その他＞
　　10. 専業主婦　　11. 学生　　12. 年金生活者・退職者
　　13. その他

調査票の見本

よい質問文と選択肢

8ページの調査設計、12ページの質問項目に沿って調査票を作成してみました。質問文と選択肢を作成する際に参考としてください。

旅館満足度調査

問1. アンケートご回答のお礼として謹呈する粗品はどちらにしますか。（○は1つ）

　　1. A（500円図書券）　　2. B（記念品）　　← 帰宅後返送される方は図書券とし、後日郵送させていただきます。

問2. この旅館をご利用した宿泊数をお知らせください。

　　[　　　]泊

問3. 今回この旅館をご利用したときの人数は何人ですか。

　　[　　　]人

問4. 今回のご利用形態は次の中のどれにあたりますか。（○は1つ）

1. ご家族、ご親族との旅行	4. お一人での旅行
2. ご友人との旅行	5. ご夫婦2人だけの旅行
3. 職場の同僚との旅行	6. ビジネス、ご接待での旅行
	7. その他（　　　）

　↓＜問4で1.2.3を回答した方へ＞　　　　　↓＜問5へ＞

付問. 宿泊した方の中に12才以下の子どもはいますか。（○は1つ）

　　1. いる（　　）人　　2. いない

問5. この旅館の申し込み方法は次のどれですか。（○は1つ）

1. この旅館に直接申し込んだ	2. 旅行代理店を通して申し込んだ	3. ツアー旅行なので申し込みは自分でない

　↓＜問5で1.2を回答した方へ＞　　　　　↓＜問6へ＞

付問. この旅館を知ったきっかけを次の中から全てお知らせください。（○はいくつでも）

1. 旅行代理店のすすめ	2. 人から聞いて	3. テレビを見て
4. インターネットを見て	5. カタログを見て	6. 旅行情報誌を見て
7. 前に宿泊して良かったので	8. その他（　　　　　　　　　）	

問 6.　今回の旅行の目的は何ですか、特に重要視したものを 1 つだけお知らせください。（○は 1 つ）

1. 名所めぐりなどの観光　　2. スポーツ（釣り、ゴルフ、スキー、テニスなど）
3. 遊び（遊園地、フィールドアスレチック、海水浴など）　　4. ハイキング、登山
5. 温泉　　　　　　　　6. 旅館での食事　　　　　　7. その他（　　　　　　　　　　　）

問 7.　今回宿泊した旅館で特に満足したことを 1 つだけお知らせください。（○は 1 つ）

1. 係員のサービス　　2. 客室　　3. 食事　　4. 大浴場　　5. 館内設備
6. その他（　　　　　　　　　　　　　　　　　）

問 8.　今回ご利用した旅館の印象を次の中から全てお知らせください。（○はいくつでも）

1. 豪華な　　　　　2. ひなびた　　3. 若々しい　　4. 派手な　　5. 一流
6. 家族的　　　　　7. 時代を先取りした新しさ　　8. 高級な　　9. 伝統的
10. 洗練された　　11. 落ち着いた　　　　　　12. その他（　　　　　　　　　　　）

問 9.　サービス・施設等についての満足度をお知らせください。（各々○は 1 つ）

		不満	やや不満	どちらともいえない	やや満足	満足
a.	第一印象	1	2	3	4	5
	チェックインのスムーズさ	1	2	3	4	5
	チェックインの順序の公平さ	1	2	3	4	5
	フロント係の言葉遣いや態度	1	2	3	4	5
到着時のサービス	フロント係の対応	1	2	3	4	5
	案内係の態度	1	2	3	4	5
	客室係の対応	1	2	3	4	5
	客室係の態度	1	2	3	4	5
	到着時のサービス総合評価	1	2	3	4	5

どのような点を改善するかを把握するためには、評価内容を詳細に聞くこと。

		不満	やや不満	どちらともいえない	やや満足	満足
b. 部屋	部屋の印象	1	2	3	4	5
	部屋の広さ	1	2	3	4	5
	部屋の眺望	1	2	3	4	5
	部屋の清潔さ	1	2	3	4	5
	部屋のにおい	1	2	3	4	5
	部屋の温度	1	2	3	4	5
	照明の明るさ	1	2	3	4	5
	備品の装備	1	2	3	4	5
	バス・トイレ・洗面台	1	2	3	4	5
	寝具の清潔さ・寝心地	1	2	3	4	5
	部屋での物音や声	1	2	3	4	5
	係員の部屋への出入り	1	2	3	4	5
	部屋に関する総合評価	1	2	3	4	5
c. 夕食	夕食を運ぶ係員の態度	1	2	3	4	5
	係員の迅速さ	1	2	3	4	5
	係員の要望に対する対応	1	2	3	4	5
	夕食の量	1	2	3	4	5
	味付け	1	2	3	4	5
	素材の質	1	2	3	4	5
	郷土性	1	2	3	4	5
	食器の清潔さ	1	2	3	4	5
	夕食の総合評価	1	2	3	4	5
d. 大浴場	大浴場の清潔さ・居心地	1	2	3	4	5
	洗い場の清潔さ・備品装備	1	2	3	4	5
	脱衣所洗面台の備品装備	1	2	3	4	5
	脱衣所全体の清潔さ・居心地	1	2	3	4	5
	大浴場の総合評価	1	2	3	4	5

（夕食の量への注記）量が多（少な）くて不満か満足か分からないので問 16.d と絡めて解析。

			不満	やや不満	どちらともいえない	やや満足	満足
e.	館内・施設全体	館内の案内表示	1	2	3	4	5
		売店や飲食施設係員の態度	1	2	3	4	5
		売店や飲食施設係員の公平	1	2	3	4	5
		外観や施設の見栄え	1	2	3	4	5
		館内全般の雰囲気・センス	1	2	3	4	5
		設備の最新さ	1	2	3	4	5
		館内・施設全体の評価	1	2	3	4	5
f.	従業員のサービス	従業員の信頼性	1	2	3	4	5
		従業員の身なり	1	2	3	4	5
		従業員から進んでのサービス	1	2	3	4	5
		従業員の安心性	1	2	3	4	5
		従業員の礼儀正しさ	1	2	3	4	5
		サービスの正確さ	1	2	3	4	5
		サービスの迅速さ	1	2	3	4	5
		客一人一人への注意	1	2	3	4	5
		要望のくみとり	1	2	3	4	5
		従業員・サービスの総合評価	1	2	3	4	5

問10. 今回ご利用した旅館で最も満足したことを1つだけお知らせください。（○は1つ）

1. 到着時のサービス	2. 部屋	3. 夕食	4. 大浴場
5. 館内・施設全体	6. 従業員のサービス	7. ない	

問 11. 今回のご利用は何度目かをお知らせください。（それぞれ○は 1 つ）

| この旅館のある場所を訪問したのは | 1. はじめて | 2. 二度目 | 3. 三度目以上 |
| この旅館に宿泊したのは | 1. はじめて | 2. 二度目 | 3. 三度目以上 |

問 12. 今後のご利用意向をお知らせください。（それぞれ○は 1 つ）

| この場所への訪問意向は | 1. ある | 2. ない | 3. 分からない |
| この旅館への利用意向は | 1. ある | 2. ない | 3. 分からない |

問 13. 今後旅行を計画されているご親戚やご友人がいらっしゃいましたら、今回宿泊した旅館をご紹介いただけますか。（○は 1 つ）

| 1. ぜひ紹介したい　　2. 紹介してもよい　　3. あまり紹介したくない　　4. 紹介しない |

問 14. お支払いになった料金に見合った満足を得ることができましたか。（○は 1 つ）

| 1. 支払った金額以上の満足を得ることができた
2. 支払った金額と同等の満足であった
3. 支払った金額に見合った満足を得ることができなかった |

問 15. 仮にこの旅館に再び宿泊するとしたら、次のどちらを選択しますか。（○は 1 つ）

| 1. 食事の質、部屋の格を下げても、今回支払った金額より安くなるほうがよい
2. 今回支払った金額より少し高くなっても、食事の質、部屋の格を上げたい
3. 今回と同じでよい |

問 16. 一般的な旅館サービスについてお伺いします。（各々○は 1 つ）

a. 客室係によるお茶入れは	1. あったほうがよい	2. なくてもよい
b. 部屋での食事サービスは	1. あったほうがよい	2. なくてもよい
c. 布団敷サービスは	1. あったほうがよい	2. なくてもよい
d. 食事の量は	1. どちらかといえば少なめのほうがよい 2. どちらかといえば多めのほうがよい	

省略：回答者属性の質問（性別、年代、家族構成、居住地等）

アンケートのご回答ありがとうございました。

第3章

アンケートデータの集計

アンケート調査における集計方法の種類を知り、その中でも代表的な単純集計の計算方法、結果の見方、活用方法について学びます。

KEYWORDS

- 調査集計
- 単純集計
- カテゴリーデータ
- 数量データ
- 質的データ
- 量的データ
- 連続量データ
- 離散量データ
- カテゴリー数
- 回答人数
- 回答割合
- 回答人数ベース
- 回答個数ベース
- %ベース
- 無回答
- 無回答除き
- 無回答含み
- 非該当除き
- 非該当含み
- 代表値
- 平均値
- 中央値
- 最頻値
- 0除き平均値
- 0含み平均値
- 偏差
- 偏差平方和
- 分散
- 標準偏差
- 不偏分散
- 1,0データの分散
- 度数
- 度数分布
- 階級幅
- 度数分布表
- 相対度数
- 累積度数
- ディテール集計

調査集計の目的と集計の種類を知ろう
調査集計とは

調査集計は、アンケート調査の個人データを集団情報に変換する手段です。
調査集計には単純集計とクロス集計があります。

◆ 調査集計とは

　回答がぎっしり書きこまれた調査票が、何百枚あるいは何千枚もあったとします。この一枚一枚の回答結果から、問題解決に役立つ情報をできるだけ多く、しかも正確に引き出すためにはどうすればよいでしょうか。一枚一枚の調査票を丹念に眺める方もいらっしゃるでしょう。残念ながら、この作業だけでは、データが何を訴えているかを読み取ることは難しく、重要な情報を引き出すことはできません。

　これを解決してくれるのが**調査集計**です。調査集計をすることによって、集団における回答の件数や割合が計算され、「誰がどんな意見を持っている」ではなく、「このような意見を持つ人が何人あるいは何％いる」ということが明らかにされます。つまり調査集計は、アンケート調査の個人データを集団情報に変換する手段であると言えます。

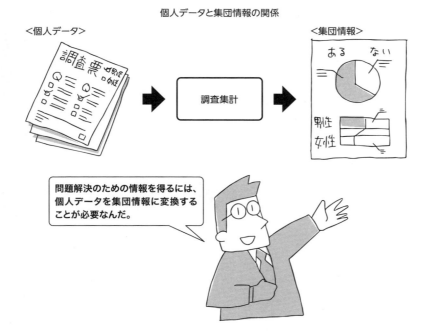

◆ 調査集計の種類

　ある本を書いた著者が、読者のことについて知りたく、出版社に返信された読者はがきアンケートを見せてもらうことにしました。

　著者の知りたいことは次の2点です。

---
① この本の読者層や評価について知りたい。

　読者層は若い人が多いか年配の人が多いか、この本について満足の人が多いか不満の人が多いか、など。

② どのような読者層がどのような評価をしているかを知りたい。

　若い人では満足の人が多いか不満の人が多いか、年配の人では満足の人が多いか不満の人が多いか、など。

---

　①の疑問点を明らかにするために、評価では満足や不満を回答した人の数を数え、年齢では平均値を計算します。これが**単純集計**です。

　単純集計は質問項目ごとに回答者の人数を数えたり平均値を算出して、集団の特色や傾向を把握する方法です。

　②の疑問点を解決するために、若い人、年配の人それぞれについて満足や不満を回答した人の数を数えます。これが**クロス集計**です。

　クロス集計は2つの質問のデータを絡めて集計し、2つの事柄の関係を把握する方法です。

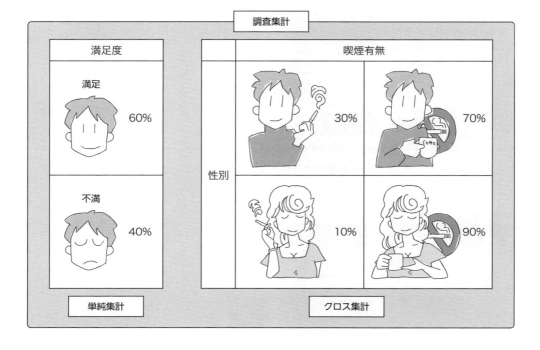

データ入力方法とデータの種類を知ろう
調査データのタイプ

集計のためのデータは「カテゴリーデータ」と「数量データ」のデータタイプに大別されます。どのような集計をするかはデータタイプで決まります。

◆ データ入力の仕方

集計はソロバンや電卓を使っての手計算で行えますが、手計算は時間がかかる、間違いが発生するなどから、Excelや集計ソフトを用いて行います。ソフトを使っての集計で、最初にすることは回答データの入力です。

下記例はサンプル1人の調査票です。調査票の回答をそのまま入力してしまいますと、集計ができなくなることがありますので、集計のことを考慮したデータ入力の仕方を知っておかねばなりません。この例でデータ入力の仕方を説明します。

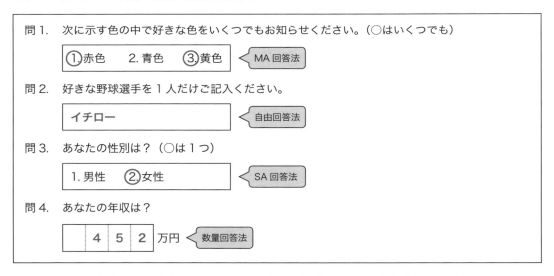

集計ソフトの入力画面では、回答データを設けられた枠（セル）に入力します。下記はExcelでデータを入力した画面です。

<Excelでデータを入力した画面>

◆ MA回答の入力方法

MA回答の入力方法は次の3つが考えられます。

① それぞれの選択肢について該当すれば「1」、該当しなければ「0」を入力

	A	B	C	D	E	F	G
1	回答者No.	好きな色:赤色	好きな色:青色	好きな色:黄色	好きな野球選手	性別	年収
2	1	1	0	1	イチロー	2	452
3	2						
4	3						

Excelで集計する場合はこの形式がよい。

② 全ての選択肢の枠を設け、回答データを左枠から入力

	A	B	C	D	E	F	G
1	回答者No.	好きな色:seq1	好きな色:seq2	好きな色:seq3	好きな野球選手	性別	年収
2	1	1	3		イチロー	2	452
3	2						
4	3						

集計しにくいのでこの形式は好ましくない。

③ 1つの枠に全ての回答データをカンマで区切り入力

	A	B	C	D	E
1	回答者No.	好きな色	好きな野球選手	性別	年収
2	1	1,3	イチロー	2	452
3	2				
4	3				

パソコン用アンケート専門ソフトはこの形式が多い。

　自由回答は文字で入力します。自由回答について集計する場合、文字で入力されたデータは集計できないので、文字の入力とは別に定めたアフター・コード（例えば、イチローは1、松井は2…）を入力します。

◆ カテゴリーデータ、数量データ

下記表は入力した回答データの一部を示したものです。

<回答データ>

回答者	性別	年収
木村	1	580
桜井	1	393
柴崎	2	424
二宮	1	283
宮里	2	623

性別の列：カテゴリーデータ　　年収の列：数量データ

> このデータを集計することで、どんなことが分かるのかを考えてみよう。

年収のデータを見ると、「二宮君は283万円で宮里さんの623万円より低い」ということがいえます。また全回答者の年収を合計し、総人数で割ることにより平均年収を求めることができます。

性別についても同じようなことができるでしょうか。性別のデータは男性を1、女性を2とコード化し、コード番号を回答させたので数値で表されているだけです。「二宮君の1（男性）は宮里さんの2（女性）より小さい」といったり、性別の平均値を算出したりすることには意味がないことがお分かりいただけるでしょう。

入力したデータは年収のような「**数量データ**」と性別のような「**カテゴリーデータ**」の**データタイプ**に大別されます。数量データのことを**量的データ**、カテゴリーデータのことを**質的データ**ともいいます。

数量データはデータ間の大小関係を比較したり、合計や平均の集計を行ったりするときに意味のあるデータです。一方、カテゴリーデータは、データ間の大小比較や合計や平均の集計をすることは無意味であり、単なる分類の意味しか持ちません。しかし各分類が全体の中で何％かという割合を計算することはできます。性別であれば男性は5人中3人で、割合は60％ということです。

平均、割合のどちらの集計をするかはデータタイプで決まってしまうということです。

回答タイプとデータタイプの関係を示すと、SA回答法やMA回答法に対するデータはカテゴリーデータ、数量回答法に対するデータは数量データです。

SA回答法やMA回答法の選択肢の個数を**カテゴリー数**といいます。

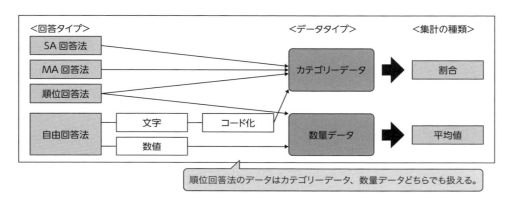

順位回答法のデータはカテゴリーデータ、数量データどちらでも扱える。

単純集計によって集団の特色や傾向を把握する
単純集計

単純集計は質問項目ごとに回答者の人数を数えたり平均値を算出して、集団の特色や傾向を把握する方法です。

単純集計の種類

単純集計は Grand total tabulation の頭文字をとって **GT**（GT 集計）とも呼ばれています。

単純集計の方法は、カテゴリーデータ、数量データのデータタイプで決まります。カテゴリーデータの集計方法は**回答人数**と**回答割合**です。数量データの集計方法は**要約統計量**と**度数分布**があります。要約統計量には**代表値**と**ばらつき**があります。

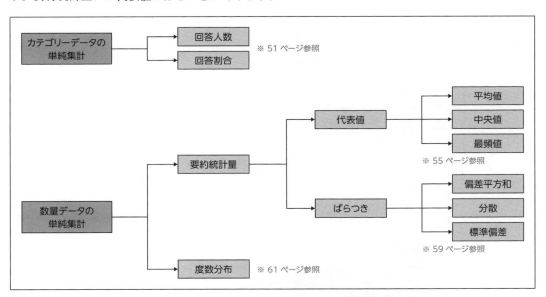

数量データの単純集計はたくさんあるんですね。

◆ 単純集計から把握できること

単純集計の結果から色々なことが明らかにできます。代表的な例を示しましょう。

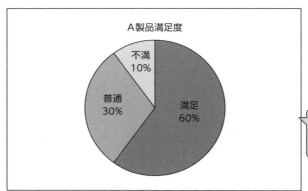

集団の特徴や傾向を明らかにする。

A製品に対する満足度は、満足と思う人が全体の60%を占め、不満の10%を大きく上回っている。

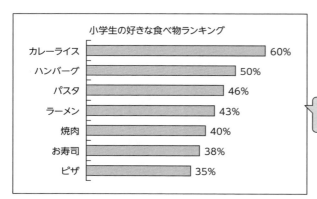

回答率の大きい順にカテゴリーを並べ、ランキングを明らかにする。

小学生の好きな食べ物の1位はカレーライス、次にハンバーグ、パスタが続く。

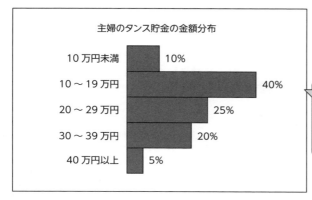

グラフの形状から集団の特徴や傾向を明らかにする。

主婦のタンス貯金額は10万円台が最も多く全体の4割を占めている。貯金額が10万円未満の主婦は10%、40万円以上は5%で、貯金額は少ない主婦もいれば多い主婦もいて、貯金額の変動は大きい。

集計結果をグラフで表すとよく分かります。

回答割合

カテゴリーデータを単純集計する

回答割合は回答人数の全回答人数（調査対象者全員）に占める割合です。
回答人数は、選択肢を選んだ人の数を数えた値です。

◆ 回答人数

選択肢に対して回答した人の数を**回答人数**といいます。統計学では回答人数を度数といいますが、この本では回答人数と呼ぶことにします。回答人数を英字「n」で表すことがあります。

次の例で、各選択肢の回答人数を数えてみましょう。

<回答データ>

回答者	好きな色	性別
木村	1,3	1
桜井	1	1
柴崎	2	2
二宮	1,2	1
宮里	1	2

<項目名と選択肢>

項目名	選択肢名
好きな色	1. 赤色　2. 青色　3. 黄色
性別	1. 男性　2. 女性

好きな色	性別
1→4人	1→3人
2→2人	2→2人
3→1人	

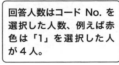

回答人数はコード No. を選択した人数、例えば赤色は「1」を選択した人が4人。

◆ 回答割合

回答割合は各選択肢について求められます。ある選択肢の回答割合は、その選択肢の回答人数の全回答人数に占める割合です。

> 回答割合＝回答人数÷全回答人数

上記例について回答割合を示します。

項目名	選択肢名	回答割合
好きな色	1. 赤色	4人÷5人＝80%
	2. 青色	2人÷5人＝40%
	3. 黄色	1人÷5人＝20%

項目名	選択肢名	回答割合
性別	1. 男性	3人÷5人＝60%
	2. 女性	2人÷5人＝40%

回答人数ベース、回答個数ベース

回答割合は「全回答人数に占める割合」で求めましたが、MA 回答法の場合「全回答個数に占める割合」で求めることもできます。前者を「**回答人数ベース**の回答割合」、後者を「**回答個数ベース**の回答割合」といいます。

回答人数ベースの回答割合＝回答人数 ÷ 全回答人数
回答個数ベースの回答割合＝回答人数 ÷ 全回答個数

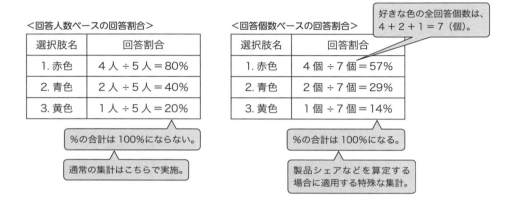

無回答がある場合の回答割合の計算方法

アンケート調査で得られるデータには、**無回答**は付きものです。

無回答とは、プリコード質問では、あらかじめ設けられているコードをどれも選択しないことです。

回答者が無回答にする理由は色々考えられますが、いくつか例を挙げてみます。

< SA 回答で質問（例えば血液型）>
- 自分の血液型が分からないので無回答とした。
- 自分の血液型は既知だが回答したくないので無回答とした。

< MA 回答で質問（例えば好きな色）>
- 自分の好きな色がこの中にはなく無回答とした。
- 回答したくないので無回答とした。

◆ 無回答に対しての集計方法

無回答に対しての集計方法は次の2つが考えられます。

① 無回答は曖昧なデータと判断し、この回答者を除外して集計する。
② 無回答もその人の意見と判断し、無回答を1つの選択肢として集計する。

具体的には、回答割合を計算するところで計算方法が異なります。

① 全回答人数から無回答人数を差し引いた数値を分母、各選択肢の回答人数を分子として回答割合を算出する。
② 全回答人数を分母、各選択肢の回答人数を分子として回答割合を算出する。

回答割合を計算するための分母を％ベースといいます。
集計する際、％ベースは次のいずれにするかを決めなければいけません。

① 全回答人数から無回答人数を除く（「無回答除き」と呼ぶ）。
② 無回答人数を含んだ全回答人数（「無回答含み」と呼ぶ）。

<SA回答のデータ>

回答者	性別
木村	1
桜井	1
柴崎	-
二宮	1
宮里	2

<回答人数ベースの回答割合>

選択肢名	無回答除き 回答人数	無回答除き 回答割合	無回答含み 回答人数	無回答含み 回答割合
1. 男性	3	75%	3	60%
2. 女性	1	25%	1	20%
無回答	-	-	1	20%
合計	4	100%	5	100%
％ベース	4		5	

<MA回答のデータ>

回答者	好きな色
木村	1,3
桜井	1
柴崎	-
二宮	1,2
宮里	1

<回答人数ベースの回答割合>

選択肢名	無回答除き 回答人数	無回答除き 回答割合	無回答含み 回答人数	無回答含み 回答割合
1. 赤色	4	100%	4	80%
2. 青色	1	25%	1	20%
3. 黄色	1	25%	1	20%
無回答	-	-	1	20%
合計	6	150%	7	140%
％ベース	4		5	

合計7でなく％ベースの5で割る。
赤色 4÷5＝80%

◆ 限定項目における回答割合

15 ページで解説した限定項目がある場合、どのように回答割合を求めるか見ていきましょう。

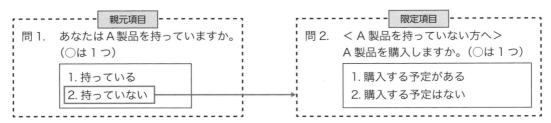

上記質問の親元項目、限定項目について、下記に示す回答人数の結果を得たとします。限定項目の回答割合の求め方は、次に示すように A、B の 2 つの方法があります。

A：全回答人数から非該当人数を除いた値を％ベースとする　←非該当除き
B：非該当人数を含んだ全回答人数を％ベースとする　←非該当含み

<限定項目における回答割合>

	A 製品	回答人数	回答割合
親元項目	1. 持っている	40	20%
	2. 持っていない	160	80%
	全体	200	100%

	購入予定有無	回答人数	回答割合 A：非該当除き	回答割合 B：非該当含み
限定項目	1. 購入の予定がある	48	30%	24%
	2. 購入する予定はない	112	70%	56%
	非該当	40	-	20%
	合計	200	100%	100%
	％ベース		200−40＝160 人	200 人

A 製品非保有者の内の購入予定割合は、「A：非該当除き」を適用。

近未来の A 製品の保有率は、非該当（保有者）＋購入予定者＝20％＋24％＝44％「B：非該当含み」を適用。

数量データを単純集計する
平均値・中央値・最頻値

　平均値、中央値、最頻値の手法は1つの指標で集団の特色を表すことができるので、これらの手法を代表値といいます。

◆ 平均値（Mean）

平均値は、データを合計し、全回答人数で割った値です。
次は1日に喫煙するタバコの本数を調査したデータです。

＜1日の喫煙本数＞

回答者	A	B	C	D	E
喫煙本数	12	5	18	15	50

全回答人数＝5（人）、合計＝12＋5＋18＋15＋50＝100（本）、平均＝合計÷全回答人数＝100÷5＝20（本）

◆ 中央値（Median）

中央値は、データを数値の大きい（小さい）順番に並べたとき、データ個数が奇数の場合は真ん中の数値、偶数の場合は中央にくる2つのデータの平均です。1日の喫煙本数について中央値を算出します。

＜1日の喫煙本数の並べ替え＞

回答者	B	A	D	C	E
喫煙本数	5	12	15	18	50

中央値＝15（本）

◆ 最頻値（Mode）

最頻値は、回答人数の最も多いデータです。次は1年間の旅行回数を調査したものです。

＜1年間の旅行回数＞

回答者	A	B	C	D	E	F	G	H	I	J
旅行回数	1	3	1	2	2	0	2	3	2	5

0回→1人、1回→2人、2回→4人、3回→2人、5回→1人で最頻値は2回です。

◆ 無回答がある場合の平均値、中央値、最頻値

無回答がある場合は、無回答データを除き平均値、中央値、最頻値を算出します。

前ページの喫煙本数のデータでEが無回答（−と表記）であったとします。

◆ 平均値

＜無回答がある場合の1日の喫煙本数＞

回答者	A	B	C	D	E
喫煙本数	12	5	18	15	-

平均値＝合計÷無回答除き回答人数＝（12本＋5本＋18本＋15本）÷4（人）＝50÷4＝12.5（本）

◆ 中央値

＜1日の喫煙本数の並べ替え＞

回答者	B	A	D	C
喫煙本数	5	12	15	18

無回答のEを除いて並べ替える。

中央値＝（12本＋15本）÷2
　　　＝13.5（本）

◆ 最頻値

前ページの旅行回数のデータでGが無回答（−と表記）であったとします。

＜1年間の旅行回数＞

回答者	A	B	C	D	E	F	G	H	I	J
旅行回数	1	3	1	2	2	0	-	3	2	5

0回→1人、1回→2人、2回→3人、3回→2人、5回→1人で最頻値は2回です。

◆ 「0（ゼロ）」データがある場合の平均値

前ページの例はタバコの喫煙者に質問したものです。タバコを喫煙しない人にも質問した回答データを示します。非喫煙者のデータは0本となります。

	喫煙者					非喫煙者			
回答者	A	B	C	D	E	F	G	H	I	J
喫煙本数	12	5	18	15	50	0	0	0	0	0

データに0（ゼロ）がある場合の計算方法は2つあります。

A：0本（非該当）を除いて平均値を算出する　←**0除き平均値**

B：0本（非該当）を含めて平均値を算出する　←**0含み平均値**

A：0除き平均値＝合計÷喫煙者数＝100（本）÷5（人）＝20（本）

B：0含み平均値＝合計÷全回答者数＝100（本）÷10（人）＝10（本）

◆ 「0 データがある場合の平均値」の具体例

医師を対象とした薬剤使用実態調査を示します。

<質問>

降圧薬を処方している患者さんの人数を薬剤別にお知らせください。
該当する患者さんがいなければ 0 人と記入してください。

<調査データと結果>

	医師 No.	A 薬剤	B 薬剤	C 薬剤
患者数	1	20	5	7
	2	0	3	10
	3	0	2	0
	⋮	⋮	⋮	⋮
	150	10	8	9
	合計	300	900	600
医師数	患者 1 人以上	15	100	120
	患者 0 人	135	50	30
	全医師	150	150	150
平均値	0 含み	300÷150＝2	900÷150＝6	600÷150＝4
	0 除き	300÷15＝20	900÷100＝9	600÷120＝5

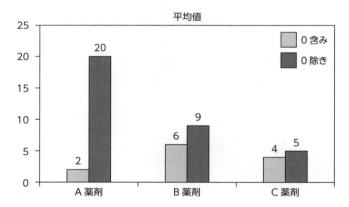

　市場全体で薬剤がどの程度処方されているかを見る場合は「0 含み平均値」、市場を限定（この例では薬剤処方医師）してみる場合は「0 除き平均値」を適用します。この例について見ると、市場全体では B 薬剤の処方患者人数が 6 人で他薬剤を上回っています。薬剤処方医師に限定すると A 薬剤の処方患者人数が 20 人で他薬剤を上回っています。

◆ 平均値と中央値の使い分け

平均値と中央値のどちらを使うのがよいかではなく、目的に応じ使い分けるのがよいと思われます。

1日の喫煙本数においてEの50本を100本に変更して平均値と中央値を計算し直してみます。平均値は喫煙本数が増えればその分、平均値は大きくなります。

一方、中央値はデータを並べ替えたときの真ん中の値ですから、喫煙本数が増えても中央値は15本で変わりありません。

回答者	B	A	D	C	E
喫煙本数	5	12	15	18	50
喫煙本数	5	12	15	18	100

平均値	中央値
20本	15本
30本	15本

集団の中で異常に大きいデータがある場合、平均値は異常データの影響を受けますが、中央値は影響を受けません。異常データがある場合、集団の代表的特色を示す値としては平均値より中央値を使うほうがよさそうです。しかし小さいときから親しんでいる平均値を適用したいという方もいると思います。平均値と中央値のどちらを使うかは分析者が決めることですが、もし迷われたら次に示す考え方を参考にして決めてください。

※異常値のことを統計学では外れ値といいます。

数量データは平均値だけでなく中央値も計算します。
- 平均値と中央値を比較する。
- 平均値と中央値がほぼ等しい場合は、異常データが存在しないので、昔から親しんでいる平均値を適用する。
- 平均値と中央値が異なる場合は、中央値を適用する。
- 中央値を適用することに抵抗がある方は、異常値を除外してから平均値を適用する。

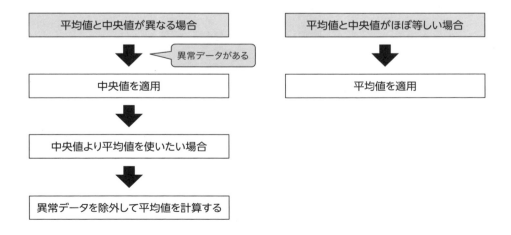

偏差平方和・分散・標準偏差

単純集計でデータのばらつき具合を把握する

集団のデータにはばらつき（変動）があります。そのばらつきを把握する解析手法をここで紹介します。

◆ データの「ばらつき」を知る理由

例えばゴルフでは、毎回安定したスコアの人もいれば、毎回不安定な荒れたスコアを出す人もいます。そこで、ゴルフの実力を調べる場合、平均的スコアだけでなく、スコアのばらつきを調べる必要があります。

アンケート調査で、趣味にかける金額がどのくらいかを聞きました。趣味にかける金額は男性と女性で異なるかを知りたい場合、平均的金額だけでなく、金額のばらつきを調べると、両者の違いが明確になります。

◆ 偏差平方和（Sum of squares）

集団の中の個々のデータから平均値を引いた値を**偏差**といいます。
個々の偏差を平方（2乗）した値を**偏差平方**といいます。
個々の偏差平方の和を**偏差平方和**といいます。
偏差平方和は集団のデータのばらつきを1つの値で表したものです。

> 偏差　　　＝個人データの値－全データの平均
> 偏差平方　＝（個人データの値－全データの平均）^{2}
> 偏差平方和＝全員の偏差平方の合計

1日の喫煙本数の偏差平方和を求めてみましょう。

<1日の喫煙本数>

回答者	A	B	C	D	E
喫煙本数	12	5	18	15	50

<喫煙本数の偏差平方和>

回答者	データ	偏差	偏差平方
A	12	12−20 = −8	64
B	5	5−20 = −15	225
C	18	18−20 = −2	4
D	15	15−20 = −5	25
E	50	50−20 = 30	900
合計	100	0	1218
平均値	20		

偏差平方和

いかなる場合も偏差の合計は0。

◆ 分散（Variance）

分散は偏差平方和を全回答人数で割った値です。偏差平方和は全回答人数が多くなるほど値は大きくなります。全回答人数が異なる集団のばらつきを比較する場合は分散を用います。

分散＝偏差平方和÷全回答人数
$$= 1218（本^2）÷ 5（人）= 243.6（本^2）$$

> 分散の単位は計算過程で2乗しているので本²です。

◆ 標準偏差（Standard deviation）

分散の平方根を**標準偏差**といいます。

分散は計算過程でデータを2乗しているので、分散の単位は元のデータの単位の2乗になります。元のデータの単位は「本」ですから、算出された分散の単位は「本²」です。集団のばらつきを見るだけであれば、このままでもかまわないのですが、元のデータの単位に戻して扱いたいときは、分散の平方根を用います。この値を標準偏差といいます。

標準偏差 $= \sqrt{分散} = \sqrt{243.6} = 15.6（本）$

> 値が大きいほどデータのばらつきは大きい。

◆ 不偏分散（Unbiased estimate of variance）

6ページで示しましたが、調査は標本調査と全数調査に大別されます。標本調査は調査対象の一部を一定の手続きにより抽出したサンプルについて調査し、その結果から全体（母集団という）を推測します。

標本調査における分散は偏差平方和を全回答人数から1を引いた値で割って求めます。この分散を**不偏分散**といいます。

不偏分散＝偏差平方和÷$(n - 1)$　ただし、nは全回答人数

◆ 1,0 データの分散

下記は22ページで示したSA回答法／二項選択法の質問に対する回答データです。パソコンを持っていると回答した人を1点、持っていないと回答した人を0点として分散を求めてみます。

回答者	A	B	C	D	E
パソコン保有有無	1	0	1	1	0

合計 = 3　平均値 = 3 ÷ 5 人 = 0.6（点）

偏差平方和 $= (1 - 0.6)^2 + (0 - 0.6)^2 + (1 - 0.6)^2 + (1 - 0.6)^2 + (0 - 0.6)^2 = 1.2$

分散 = 1.2 ÷ 5 = 0.24

1,0 データの平均値は回答割合（P とする）に一致します。

回答割合（P）= 持っている人の回答人数÷全回答人数 = 3 ÷ 5＝0.6（60%）

1,0 データ分散は、$P × (1 - P)$ で求められます。

$P × (1 - P) = 0.6 × (1 - 0.6) = 0.6 × 0.4 = 0.24$

> カテゴリーデータでも選択肢の個数が2個の場合は、「1,0」データに変換して、回答割合だけでなく平均値と分散が計算できる。

単純集計で回答人数の分布を把握する

度数分布

度数分布は数量データを階級に分け、各階級ごとの回答人数を表の形式で表したものです。

◆ 度数分布とは (Frequency Distribution)

　数量データをいくつかの階級に分け、回答者がどの**階級**に属するかを調べ、階級ごとの回答人数を数えます。階級に属する回答人数をその階級の**度数**、各階級の度数を表の形にしたものを**度数分布表**といいます。度数が全度数に占める割合をその階級の**相対度数**といいます。各階級の度数を順々に足し合わせて、それぞれの階級までの和を求めておくと便利です。この和を、その階級までの**累積度数**といい、各階級の累積度数の全体に占める割合を、その階級の**累積相対度数**といいます。

　自由回答で質問した年収に対して 200 人の回答があります。200 人の数量データについて階級幅200 万円、階級数 7 個の度数分布表を作成しました。

<年収の度数分布表>

階級（単位：万円）	度数	相対度数	累積度数	累積相対度数
200 未満	10	5%	10	5%
200 以上　400 未満	20	10%	30	15%
400 以上　600 未満	34	17%	64	32%
600 以上　800 未満	66	33%	130	65%
800 以上　1000 未満	50	25%	180	90%
1000 以上　1200 未満	14	7%	194	97%
1200 以上	6	3%	200	100%
合計	200	100%		

　度数分布から次のことがいえます。

　年収は「600 万円以上 800 万円未満」が最も多く全体の 1/3 を占めています。年収が 400 万円未満の人は 15％、1,000 万円以上は 10％で、年収は少ない人もいれば多い人もいて、年収のばらつきは大きいといえます。

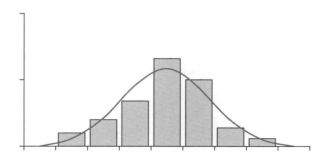

◆ 度数分布の階級幅の決め方

度数分布の作成は2つの目的があります。

① 分布の様子から集団の特色や傾向を明らかにする。
② 回答者をグルーピングし、グループ別の購買行動や商品の選定理由を調べる。

それぞれの目的に対し度数分布の**階級幅**の決め方が異なります。

①の場合

度数分布表の階級数が多すぎる（少なすぎる）と各階級に属する人数の割合が小さくなり（大きくなり）、分布の特徴は分かりにくくなります。全体の回答人数（全度数）を考慮して階級数を決めますが通常は5～9ぐらいの間で設定します。階級幅は先頭階級、末尾階級を除いてどの階級も同じ値とします。日本人は10進法に慣れていますので階級幅の数値は10や100の倍数にするのがよいでしょう。

数量データは年収や身長などの「量」で計って得る**連続量データ**と、年齢やテスト得点を数えて得る**離散量データ**があります。連続量データと離散量データでは階級幅の決め方が異なります。

連続量データの階級値の例	離散量データの階級幅の例
200万円以上 **400万円**未満	20才以上 **29**才以下
数値は同じ	数値は異なる
400万円以上 600万円未満	**30**才以上 39才以下

②の場合

階級数は3～5とします。階級幅は階級ごとに異なっていてかまいませんが、各階級に属する回答人数はできるだけ同じにします。

<例　所得階層によるグルーピング>

階級	階級幅	度数
200万円未満	200万円	75
200万円以上　500万円未満	300万円	74
500万円以上　1,000万円未満	500万円	76
1,000万円以上		75
全度数		300

階級幅は異なるが、各階級の度数はほぼ同じ。

段階評価のデータから集団の傾向を把握する
段階評価の集計方法

　段階評価で得たデータはカテゴリーデータ、数量データのどちらでも取り扱うことができます。カテゴリーデータの場合は回答割合、数量データの場合は平均値を適用します。

◆ カテゴリーデータとして扱う場合／回答割合

　各選択肢における回答人数を全回答人数で割り、回答割合を求めます。5段階評価でトップの2つを合計した回答割合を **2top 割合** といいます。
　次はA製品、B製品の満足度を調べたものです。

<回答割合による製品満足度の比較>

	A製品 回答人数	A製品 回答割合	B製品 回答人数	B製品 回答割合
非常に満足	10	5%	10	5%
満足	30	15%	40	20%
どちらともいえない	110	55%	70	35%
不満	40	20%	50	25%
非常に不満	10	5%	30	15%
合計	200	100%	200	100%

満足率 2top 割合	
A製品	B製品
20%	25%

　上記結果から次のことがいえます。

A製品の満足度を見ると、非常に満足は5%、満足は15%で両方合わせた満足率は20%、非常に不満は5%、不満は20%で両方合わせた不満率は25%である。不満率が満足率を5ポイント上回った。	B製品の満足度を見ると、非常に満足は5%、満足は20%で両方合わせた満足率は25%、非常に不満は15%、不満は25%で両方合わせた不満率は40%である。不満率が満足率を15ポイント上回った。

A製品とB製品の比較 満足率はB製品（25%）がA製品（20%）を上回った。

◆ 数量データとして扱う場合／平均値

　各選択肢の回答人数に分析者が定めたウエイト値を掛け、求められた値の合計を全回答人数で割り平均値を求めます。通常用いられている5段階評価のウエイト値は評価の高い方から5点、4点、3点、2点、1点（あるいは2点、1点、0点、−1点、−2点）とします。31ページで示した中間的意見を置かない段階評価はウエイト値を与えて平均値を算出するのは好ましくありません。この場合はカテゴリーデータとして扱い回答割合を用いて分析しましょう。

　前ページの製品評価について平均値を算出します。

＜平均値による製品満足度の比較＞

	ウエイト	A 製品	B 製品
非常に満足	5点	5 × 10 = 50	5 × 10 = 50
満足	4点	4 × 30 = 120	4 × 40 = 160
どちらともいえない	3点	3 × 110 = 330	3 × 70 = 210
不満	2点	2 × 40 = 80	2 × 50 = 100
非常に不満	1点	1 × 10 = 10	1 × 30 = 30
a. 合計		590	550
b. 全回答人数		200	200
a÷b 平均値		2.95	2.75

（ウエイト×度数）

　上記結果から次のことがいえます。

> A 製品の平均値は 2.95 点、B 製品の平均値は 2.75 点で A 製品は B 製品を 0.2 ポイント上回った。

◆ 段階評価の回答割合と平均値の使い分け

　回答割合では、B 製品のほうが評価は高く、平均値では A 製品のほうが評価は高くなっています。使用する解析手法によって結果が異なる原因を調べてみましょう。

　回答割合は5つある選択肢のうち、「片側の満足を選んだ回答人数」を全回答人数で割り求められています。一方、平均値は全ての人のデータを合計し全回答人数で割り求められています。すなわち、回答割合は集団の片側を示す代表値、平均値は集団の真ん中を示す代表値です。この違いから、例題における結論が異なったということです。満足率を上げる（あるいは不満率を下げる）ためにはどうすればよいかといった分析をする場合は、回答割合を用いるのがよいでしょう。

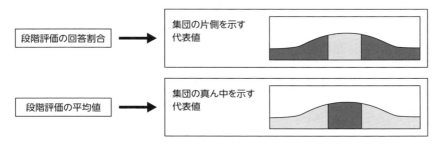

集団の特色や傾向をグラフで表す
単純集計のグラフ

単純集計のグラフは、種類や内容など決まったものはありませんが、集団の特色や傾向を把握しやすいものでなければなりません。

◆ 単純集計のグラフの作成方法

単純集計のグラフは、種類や内容など決まったものはありませんが、以下に示す方法で作成することをお薦めします。この方式で作成するグラフは、集団の特色や傾向を把握しやすいものになるでしょう。

選択肢のことについて考えてみます。「購入意向は？」に対する選択肢、「ある・ややある・ない」は意向の度合いを聞くためのもので、選択肢の並びは**順序性がある**といえます。「好きな色は？」に対する選択肢、「赤色・青色・黄色」は順番を変えて聞いても差しさわりなく、選択肢の並びは**順序性がない**といえます。

「製品の満足度は？」に対する選択肢、「満足・やや満足・普通・やや不満・不満」は順序性のある選択肢です。この選択肢は左右対称で等間隔であるといえますが、購入意向の選択肢は左右対称でなく**等間隔性がある**とはいい切れませんので、**等間隔でない**ということにします。

単純集計のグラフの種類は選択肢の順序性有無、等間隔有無とカテゴリー数によって決めるのがよいでしょう。

◆ 単純集計のグラフの見本（1）

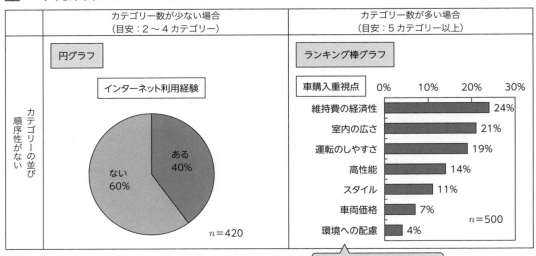

単純集計のグラフの見本 (2)

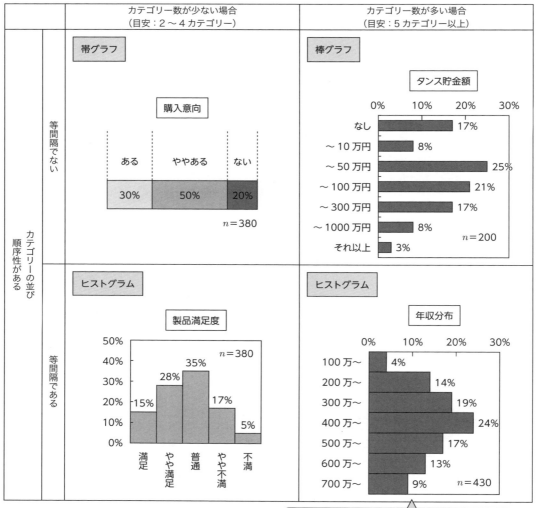

◆ 単純集計のグラフの見本（3）

　5段階評価は複数の質問で聞くことが多いでしょう。複数個の5段階評価のグラフは、前ページで示したヒストグラムでなく帯グラフにします。

　選択肢は 2top 割合（あるいは 1top）の降順で並べ替えます。

<複数個の5段階評価のグラフ例>

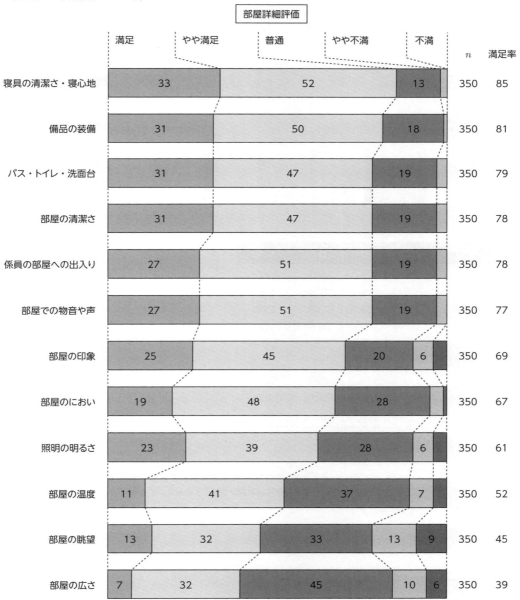

◆ 単純集計のグラフの見本（4）

　複数店舗の複数項目の評価についてのグラフは折れ線グラフにするのがよいでしょう。基準の店舗（この例ではA店）の回答割合の降順で選択肢を並べ替え、A店の回答割合を表記します。

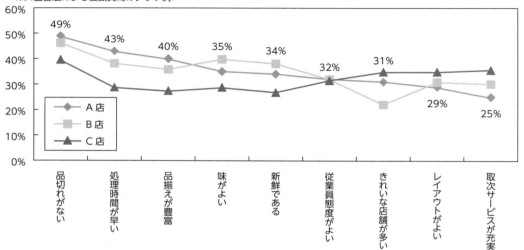

＜MA回答法による複数質問のグラフ例＞

	A店	B店	C店
品切れがない	49%	46%	40%
処理時間が早い	43%	38%	29%
品揃えが豊富	40%	36%	28%
味がよい	35%	40%	29%
新鮮である	34%	38%	27%
従業員態度がよい	32%	32%	32%
きれいな店舗が多い	31%	22%	35%
レイアウトがよい	29%	31%	35%
取次サービスが充実	25%	30%	36%
n	200	175	148

まずは回答割合の降順で選択肢を並べ替えてから、その後に折れ線グラフ化するんだ。

ディテール集計について知ろう

ディテール集計

　世帯調査で家族の個々人に、ある製品、例えばスマホの保有有無を聞き、世帯ベースでなく個人ベースの保有率を集計します。この集計を**ディテール集計**といいます。このディテール集計について学びます。

◆ ディテール集計とは

　ディテール集計とはどのような集計なのか、「乗用車保有世帯の車使用用途に関する調査」の例を参考にしながら解説していくことにします。

＜質問＞

＜乗用車を保有されている方にお聞きします。＞

問1.　お宅様では乗用車を何台お持ちですか。

| 1.1台　　2.2台　　3.3台以上 |

問2.　乗用車をどのような用途にお使いですか。

問3.　車が複数ある方は、全ての車についてお知らせください。

	一番最近買った車	二番目に近く買った車	三番目に近く買った車
仕事・商用	1	1	1
通勤・通学	2	2	2
レジャー	3	3	3
買い物・用足し	4	4	4

＜回答データ＞

世帯	保有台数	一番目車用途	二番目車用途	三番目車用途
世帯1	2	1	3	-
世帯2	1	1	-	-
世帯3	1	2	-	-
世帯4	3	1	2	3
世帯5	1	3	-	-
世帯6	2	2	4	-
世帯7	1	4	-	-
世帯8	1	1	-	-
世帯9	1	2	-	-
世帯10	1	1	-	-

　回答した世帯数は10です。

　保有台数を見ると、1台の世帯は7世帯、2台は2世帯、3台は1世帯です。

　回答のあった延べの保有台数は、

1台×7世帯＋2台×2世帯＋3台×1世帯＝14台です。

　使用用途は14台についてきいています。

　乗用車がどのような用途で使われているかは、車14台について集計します。

　サンプルベース（世帯）でなく、延べの回答個数（保有台数）について集計する方法を、**ディテール集計**といいます。

◆ 回答個数ベースのデータ

世帯ベースのデータを車ベースのデータに変換します。
10世帯を車14台のデータに変換します。

<世帯ベースのデータ>

世帯	保有台数	一番目車用途	二番目車用途	三番目車用途
世帯1	2	1	3	-
世帯2	1	1	-	-
世帯3	1	2	-	-
世帯4	3	1	2	3
世帯5	1	3	-	-
世帯6	2	2	4	-
世帯7	1	4	-	-
世帯8	1	1	-	-
世帯9	1	2	-	-
世帯10	1	1	-	-

<車ベースのデータ>

世帯	保有台数	使用用途
世帯1	一番目車	1
	二番目車	3
世帯2	一番目車	1
世帯3	一番目車	2
世帯4	一番目車	1
	二番目車	2
	三番目車	3
世帯5	一番目車	3
世帯6	一番目車	2
	二番目車	4
世帯7	一番目車	4
世帯8	一番目車	1
世帯9	一番目車	2
世帯10	一番目車	1

◆ ディテール集計の結果

車ベースのデータの集計をディテール集計といいます。

	回答個数	割合
仕事・商用	5	35.7%
通勤・通学	4	28.6%
レジャー	3	21.4%
買い物・用足し	2	14.3%
計	14	100.0%

10世帯では延べ14台の車が使用されています。14台の使用用途を見ると、仕事・商用が35.7%で最多、次に通勤・通学の28.6%、レジャーの21.4%が続きます。

◆ ディテール集計の別の事例

ビールが好きな人を対象によく飲むビールのブランド名は何か、ブランドに対する印象がどのようなものであるかを聞きました。

対象者は100人でしたが、よく飲むビールブランドの延べ数は145でした。

145ブランドについてビールの印象を集計したとき、この集計をディテール集計といいます。

第**4**章

クロス集計

クロス集計とはどのような解析方法かを知り、その
計算方法、結果の見方、活用方法について学びます。

KEYWORDS

- クロス集計
- 目的変数 / 結果変数
- 説明変数 / 原因変数
- 属性別クロス集計
- 質問間クロス集計
- 表頭項目 / 集計項目
- 表側項目 / 分類項目
- 横%表 / 縦%表
- 併記表 / 分離表
- n数
- 彩色クロス集計表
- 並べ替えクロス表
- 母集団補正集計
- 母集団拡大集計

集計によって2つの質問項目の関係を把握する
クロス集計

クロス集計は、2つの質問項目間の関係を調べる解析手法です。
2つの質問項目のデータタイプがカテゴリーデータの場合に用いられます。

◆ 2つの質問項目間の関係を調べる解析手法

3章で単純集計の解析手法はカテゴリーデータなら回答割合、数量データなら平均値を適用することを示しました。2つの質問項目間の関係を調べる解析手法も同様に、データタイプによって決まります。

<データタイプに応じた3つの解析手法>

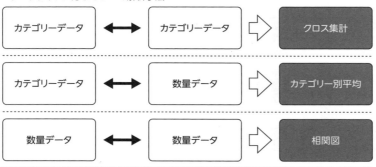

例として、解析のテーマを4つ示します。

① 血液型と性格は関係があるか。
② 血液型とタンス貯金額は関係があるか。
③ 年齢と支持する政党は関係があるか。
④ 年齢とインターネット利用時間は関係があるか。

データタイプが分かれば上記表からどの解析手法を選べばよいか分かります。

データのタイプ	解析手法
① 血液型→カテゴリーデータ　性格→カテゴリーデータ	クロス集計
② 血液型→カテゴリーデータ　タンス貯金額→数量データ	カテゴリー別平均
③ 年齢→数量データ　支持する政党→カテゴリーデータ	カテゴリー別平均
④ 年齢→数量データ　インターネット利用時間→数量データ	相関図

◆ クロス集計とは

単純集計で回答割合を算出することにより、インターネット利用経験の割合や、製品満足率が分かります。しかし、どのような人でインターネット利用経験の割合、製品満足率が高いか、といったことまでは分かりません。このことを解決してくれるのがクロス集計です。**クロス集計**は、カテゴリーデータである2つの質問項目をクロスして集計表を作成することにより、質問項目相互の関係を明らかにする解析手法です。

クロス集計はアンケート調査において役割が大きく、最も使われる解析手法です。詳しく説明するので、しっかりマスターしてください。

統計学的知識

目的変数と説明変数

インターネット利用経験の割合、製品満足率など明らかにしたいことを**目的変数**（または**結果変数**）といいます。これに対し、どのような属性（性別、年代、地域など）の人で満足率が高いか、どのような理由（製品の機能、アフターケアなど）で満足率が高いかを明らかにしたいとき、人々の属性や理由を目的変数に対して**説明変数**（または**原因変数**）といいます。

◆ クロス集計は因果関係を解明する手法

クロス集計は説明（原因）変数と目的（結果）変数との関係を明らかにする手法です。原因と結果の関係、すなわち因果関係を解明する手法ともいえます。

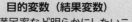

回答者の属性と目的変数との集計を属性別クロス集計、理由を明らかにする質問と目的変数との集計を質問間クロス集計というよ。

◆ クロス集計の作成方法

2つの質問項目のそれぞれのカテゴリーデータで同時に分類し、表の該当するセル（升目）に回答人数および回答割合を記入した表のことを、**クロス集計表**といいます。

クロス集計表において、表の上側に位置する項目のことを**表頭項目**（ひょうとうこうもく）あるいは**集計項目**、表の左側に位置する項目を**表側項目**（ひょうそくこうもく）あるいは**分類項目**といいます。

クロス集計表を作成するとき、「表側項目と表頭項目をクロス集計する」、あるいは「表頭項目を表側項目でブレイクダウンする」ということもあるんだ。

◆ クロス集計の計算方法

地域とインターネット利用経験のクロス集計表を示します。

各セルに2個の数値がありますが、上側は回答人数、下側は回答割合です。

分類項目 \ 集計項目		全体	インターネット利用経験 ある	インターネット利用経験 ない
全体		300 100%	135 45%	165 55%
地域	東京	200 100%	102 51%	98 49%
地域	大阪	100 100%	33 33%	67 67%

表頭項目 or 集計項目

表側項目 or 分類項目

全体の135人、165人はインターネット利用経験の単純集計の結果です。

このセルに着目してください。上段は東京に居住する人でインターネット利用経験が「ある」を回答した人が102名いることを示し、下段は東京居住者200名に対する「ある」を回答した102名の割合51%を示しています。

◆ 横％表、縦％表

上記のクロス集計表は一番左側の列の回答人数に対する割合を計算しているので、横の割合の合計が100％になります。この表のことを**横％表**といいます。一番上側の行の回答人数に対する割合を計算した表は**縦％表**といいます（下記の左表）。

通常、クロス集計表は横％表を適用します。縦％を求めたい場合、表側をインターネット利用経験、表頭を地域と逆転させて横％を算出します（下記の右表）。

＜クロス集計表：縦％＞

		全体	インターネット利用経験 ある	インターネット利用経験 ない
全体		300 100%	135 100%	165 100%
地域	東京	200 67%	102 76%	98 59%
地域	大阪	100 33%	33 24%	67 41%

＜クロス集計表：横％＞

		全体	地域 東京	地域 大阪
全体		300 100%	200 67%	100 33%
インターネット利用経験	ある	135 100%	102 76%	33 24%
インターネット利用経験	ない	165 100%	98 59%	67 41%

- 無回答がある場合の％の算出　→第3章52ページ参照
- 限定項目における％の算出　→第3章54ページ参照

通常、クロス集計表は横％表を適用するよ。下記の左表の縦％を求めたい場合、表側をインターネット利用経験、表頭を地域に逆転させて横％を算出するんだ。

◆ 併記表、分離表

目的によっては回答割合のみの表を作成することがあります。その場合、%ベースの回答人数を欄外に表記します。

回答人数と回答割合を併記した表を**併記表**、回答割合のみを表記する表を**分離表**といいます。

<分離表>

		全体	インターネット利用経験 ある	インターネット利用経験 ない	n
		100%	45%	55%	300
地域	東京	100%	51%	49%	200
地域	大阪	100%	33%	67%	100

nは%ベースの回答人数です。
nは必ず表記します。

◆ 表頭項目、表側項目の決め方

クロス集計表を横%表で作成する場合、クロス集計表の表頭は「結果変数（目的変数）」の項目、表側は「原因変数（説明変数）」の項目とします。

◆ クロス集計表の見方

横%表に対する見方は、表頭項目の任意のカテゴリーに着目し、そのカテゴリーの割合を縦に比較します。

上記のクロス集計表では、インターネット利用経験がある人の割合（目的となる項目）は、東京 51%、大阪 33%で東京が大阪を上回ったと解釈できるよ。

◆ %ベースのn数

%ベースの回答数をn数あるいはnといいます。n数が30人未満の場合、回答割合のブレが大きくなるので、回答割合は参考値としてみてください。

例えばnが20人で、回答数が1人変化すると、%が5%も変化します。nが30人の場合は3.3%変化します。

n	ある	ない
20	10	10
100%	50%	50%
20	11	9
100%	55%	45%

差 5%

n	ある	ない
30	15	15
100%	50.0%	50.0%
30	16	14
100%	53.3%	46.7%

差 3.3%

見やすく解釈のしやすいクロス集計表をつくる
クロス集計の加工・編集

クロス集計表の選択肢を並べ替えたり、彩色するなどの加工・編集をすることで、見やすく解釈しやすいクロス集計表をつくることができます。

◆ 彩色クロス集計表

縦に見て、表側項目の中で最大の回答割合に彩色します。

属性別クロス		購入意向 ある	購入意向 ない	n
全体		45%	55%	455
性別	男性	54%	46%	200
	女性	38%	62%	255
年代	20〜39才	54%	46%	160
	40〜59才	48%	52%	145
	60才以上	33%	67%	150

購入意向「ある」の割合は男性、20〜39才で高いことが彩色ですぐ分かるね。

縦に見て回答割合1位に濃い彩色、2位に薄い彩色をします。

質問間クロス		購入したい車 A車	B車	どちらでもない	n
全体		21%	23%	56%	400
購入重視点	車体の大きさ、室内の広さ	33%	21%	46%	70
	運転のしやすさ	30%	23%	47%	121
	維持費の経済性	23%	19%	58%	64
	出足、加速、高性能	18%	37%	45%	111
	スタイル、外観のよさ	19%	35%	46%	96
	車両価格	15%	14%	71%	52
	環境への配慮	7%	12%	81%	85

彩色を見れば、「車体の大きさ、室内の広さ」「運転のしやすさ」を重視する人はA車を、「出足、加速、高性能」「スタイル、外観のよさ」を重視する人はB車を購入したいという傾向が見られる。

並べ替えクロス集計表

　表頭項目のカテゴリー数が多い場合、並べ替えクロス集計表を作成すると、2質問間の関係が把握しやすくなります。

　並べ替えクロス集計表の作成方法を示します。

① 縦に見て最大の回答割合を彩色する。

	この1週間の社員食堂で選んだ昼食メニュー											
	かつ丼	天丼	うな丼	牛丼	さしみ定食	焼き魚定食	ラーメン定食	生姜焼き定食	そば定食	カレーライス	にぎり寿司	n
全体	13%	14%	13%	7%	20%	15%	10%	10%	10%	14%	30%	400
20～39才	22%	11%	10%	15%	17%	10%	9%	10%	5%	21%	29%	120
40～59才	10%	18%	12%	6%	20%	15%	15%	15%	10%	15%	30%	135
60才以上	7%	13%	17%	2%	22%	20%	7%	6%	15%	8%	31%	145

② 年代ごとに彩色されたメニューをまとめ、メニューを3つの群に分ける。

③ 全体と最大値の差を計算する。

④ 群ごとに、差の降順でメニューを並べ替える。

⑤ 差の値が3ポイント以上に着目する（いくつ以上かは分析者が決める）。

	かつ丼	牛丼	カレーライス	ラーメン定食	生姜焼き定食	天丼	そば定食	焼き魚定食	うな丼	さしみ定食	にぎり寿司	回答人数 n
全体	13%	7%	14%	10%	10%	14%	10%	15%	13%	20%	30%	400
20～39才	22%	15%	21%	9%	10%	11%	5%	10%	10%	17%	29%	120
40～59才	10%	6%	15%	15%	15%	18%	10%	15%	12%	20%	30%	135
60才以上	7%	2%	8%	7%	6%	13%	15%	20%	17%	22%	31%	145
差	9%	8%	7%	5%	5%	4%	5%	5%	4%	2%	1%	

> 社員食堂で好まれる昼食メニューは年代によって異なるかを調べた。20～39才は、かつ丼、牛丼、カレーライス、40～59才はラーメン定食、生姜焼き定食、天丼、60才以上はそば定食、焼き魚定食、うな丼を選ぶ割合が他の年代に比べ高い。

第4章 クロス集計

◆ 判別要因探索クロス集計表

　化粧品を選ぶ際に重視する要素（重視要素）は、A化粧品の購入意向が「ある」のグループと「ない」のグループとでは、違いがあると思われます。そこで、重視要素項目とA化粧品購入意向とのクロス集計をしました。

　クロス集計の結果から、どの重視要素が2グループの判別に寄与しているかを把握することができます。

　判別要因解明のために適用するクロス集計表は、通常の横％表でなく、縦％表を適用します。このクロス表を**判別要因探索クロス集計表**といいます。

　判別要因探索クロス集計表の作成方法を示します。

① 横％と縦％を算出します。

| | A化粧品購入意向 | | | | | | |
| | 回答人数 | | | 横％ | | 縦％ | |
	ある	ない	横計	ある	ない	ある	ない
全体	100	150	250	40%	60%	100%	100%
できるだけ安いものを選んで買う	20	53	73	27%	73%	20%	35%
多少高くても品質のすぐれたものを買う	45	38	83	54%	46%	45%	25%
よく広告しているものを買う	30	30	60	50%	50%	30%	20%
有名なメーカーのものを買う	40	48	88	45%	55%	40%	32%
いつも使いなれているものを買う	30	60	90	33%	67%	30%	40%
店の人がすすめるものを買う	25	33	58	43%	57%	25%	22%
インターネットなどで検討して買う	35	43	78	45%	55%	35%	29%
評判のよいものを買う	50	53	103	49%	51%	50%	35%

② 縦％表の行と列を入れ替えた表を作成します。

③ 縦に見て最大値に彩色します。

④ 2グループ間の差、この例では「購入意向ある」と「購入意向ない」との回答割合の差を算出します。

	できるだけ安いものを選んで買う	多少高くても品質のすぐれたものを買う	よく広告しているものを買う	有名なメーカーのものを買う	いつも使いなれているものを買う	店の人がすすめるものを買う	インターネットなどで検討して買う	評判のよいものを買う
購入意向ある	20%	45%	30%	40%	30%	25%	35%	50%
購入意向ない	35%	25%	20%	32%	40%	22%	29%	35%
差	−15%	20%	10%	8%	−10%	3%	6%	15%

> 縦％について、行と列を入れ替えてコピー。

⑤「差」の降順で並べ替えます。

この表を別要因探索クロス集計表といいます。

	多少高くても品質のすぐれたものを買う	評判のよいものを買う	よく広告しているものを買う	有名なメーカーのものを買う	インターネットなどで検討して買う	店の人がすすめるものを買う	いつも使いなれているものを買う	できるだけ安いものを選んで買う
購入意向ある	45%	50%	30%	40%	35%	25%	30%	20%
購入意向ない	25%	35%	20%	32%	29%	22%	40%	35%
差	20%	15%	10%	8%	6%	3%	−10%	−15%

◆ 判別要因探索クロス集計表の見方

差の絶対値が大きい要素が購入有無の**判別要因**といえます。

差がプラスで大きい要素は購入に寄与、マイナスで大きい要素は未購入に寄与しています。いくつ以上であれば判別要因であるという統計学的基準はないので分析者が判断します。

判別要因は絶対値が15%以上の3要因としてみました。A化粧品の購入に寄与する要因は、「多少高くても品質のすぐれたものを買う」「評判のよいものを買う」、未購入に寄与する要因は「できるだけ安いものを選んで買う」であることが分かります。

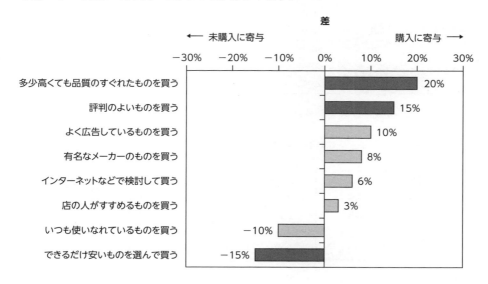

複数クロス集計統合表

表側項目の選択肢、表頭項目の選択肢が同じであるクロス集計表が複数あるとき、1つのクロス集計にまとめると解釈しやすい表になります。

下記は年代と製品満足度とのクロス集計表です。製品が3個あるので、クロス集計表も3つあります。

	A 製品					n
	満足	やや満足	中間	やや不満	不満	
全体	14%	23%	44%	15%	4%	149
20代	9%	19%	47%	19%	6%	53
30代	13%	23%	47%	15%	2%	47
40代	20%	29%	37%	10%	4%	49

	B 製品					n
	満足	やや満足	中間	やや不満	不満	
全体	10%	29%	34%	20%	7%	147
20代	13%	32%	28%	21%	6%	47
30代	10%	30%	29%	25%	6%	48
40代	8%	25%	44%	15%	8%	52

	C 製品					n
	満足	やや満足	中間	やや不満	不満	
全体	10%	24%	38%	22%	6%	148
20代	8%	18%	44%	26%	4%	50
30代	12%	32%	28%	20%	8%	50
40代	10%	23%	42%	19%	6%	48

3つのクロス集計表から、複数クロス集計統合表を作成してみましょう。

① 「満足」と「やや満足」を加算した2top割合の一覧表を作成します。

	A 製品	B 製品	C 製品	n A 製品	n B 製品	n C 製品
全体	37%	39%	34%	149	147	148
20代	28%	45%	26%	53	47	50
30代	36%	40%	44%	47	48	50
40代	49%	33%	33%	49	52	48

%ベースのn数は欄外に表記する。

② 製品を並べ替え、製品ごとの最大値を彩色し見やすい表を作成します。

	B 製品	C 製品	A 製品	n B 製品	n C 製品	n A 製品
全体	39%	34%	37%	147	148	149
20代	45%	26%	28%	47	50	53
30代	40%	44%	36%	48	50	47
40代	33%	33%	49%	52	48	49

20代はB製品、30代はC製品、40代はA製品の満足度が高い。

◆ プロフィール把握クロス集計表

74 ページで、クロス集計表を横％表で作成する場合、表頭は「結果変数（目的変数）」の項目、表側は「原因変数（説明変数）」の項目にする説明をしました。

製品の利用者やプロスポーツチームのファンなどのプロフィールを調べたいときは、表頭は原因変数の項目、表側は結果変数と逆にしてクロス集計表を作成します。

このクロス集計表を**プロフィール把握クロス集計表**といいます。

プロ野球チーム人気度調査の質問項目とクロス集計の結果を、例としてみましょう。

```
問1.  好きなプロ野球チームは？   1. X チーム    2. Y チーム    3. Z チーム
問2.  あなたの性別は？           1. 男性    2. 女性
問3.  あなたの年代は？           1. 20 代・30 代    2. 40 代・50 代    3. 60 代以上
問4.  あなたの血液型は？         1. A 型    2. O 型    3. B 型    4. AB 型
```

表側に野球チーム、表頭に性別、年代、血液型をとりクロス集計をしました。

縦に見て最大値に彩色します。

	性別 男性	性別 女性	年代 20代30代	年代 40代50代	年代 60代以上	血液型 A型	血液型 O型	血液型 B型	血液型 AB型	n
全体	46%	54%	29%	29%	42%	39%	30%	20%	10%	450
X チーム	31%	69%	39%	28%	33%	37%	30%	23%	10%	150
Y チーム	49%	51%	27%	33%	40%	38%	33%	20%	9%	160
Z チーム	59%	41%	20%	25%	55%	43%	28%	18%	11%	140

クロス集計の解釈は、表頭項目の選択肢に着目し、縦（この例では野球チーム）を比較します。

例えば、男性の割合は、Z チームが他チームを上回り最も高い、女性の割合は X チームが他チームを上回り最も高いといえます。

この見方から次の解釈ができます。

> X チームのファン層は女性、20 代 30 代、B 型、
> Y チームのファン層は 40 代 50 代、O 型、
> Z チームのファン層は男性、60 代以上、A 型、AB 型
> が他チームに比べ多い。

通常クロス集計は因果関係、プロフィール把握クロス集計表はプロフィールを把握する集計だよ。

2つの質問項目の関係をグラフで表す
クロス集計のグラフ

クロス集計のグラフは表頭項目が SA 回答か MA 回答かによって異なります。
表頭項目が MA 回答法の場合は、帯グラフにしないほうがよいでしょう。

◆ 表頭項目が SA 回答のグラフ

表頭項目が SA 回答のグラフは帯グラフで作成します。

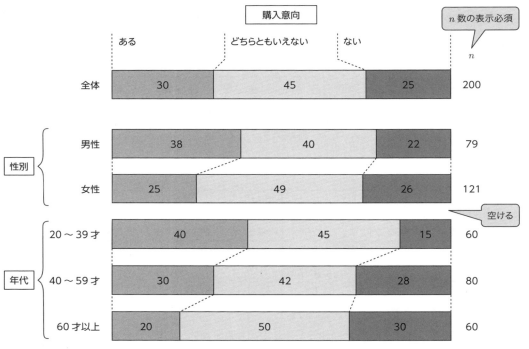

回答割合のみを示す帯グラフを作成する場合、n 数も欄外に表示して、帯と帯との間は必ず空けて描くようにしよう。

◆ 表頭項目が MA 回答のグラフ

表頭が MA 回答の場合、帯グラフを適用するのは下記理由から好ましくありません。

① 回答割合の合計が 100％にならないので帯グラフの横の長さが不揃い。
② クロス集計表の解釈は表頭のカテゴリーに着目して回答割合を縦に比較して行うが、縦の比較がしにくい。

下記のグラフは 77 ページで扱ったクロス集計表を帯グラフにしたものです。
各帯の横の長さが異なっており、回答割合の縦の比較はやりにくいことがお分かりでしょう。

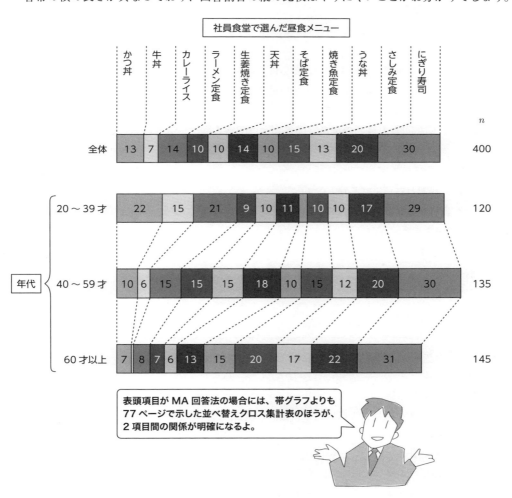

表頭項目が MA 回答法の場合には、帯グラフよりも 77 ページで示した並べ替えクロス集計表のほうが、2 項目間の関係が明確になるよ。

クロス集計全体について要約する

クロス集計表作成・活用のための5ヵ条

クロス集計表の作成およびクロス集計表の活用について学んできましたが重点事項をまとめました。

◆ クロス集計表作成のための5ヵ条

① 表頭項目、表側項目の指定
- 表頭項目、表側項目にどの質問項目を適用するか

② %ベースの指定
- 回答割合は無回答除き、無回答含みどちらにするか
- 回答割合は非該当除き、非該当含みどちらにするか

③ 回答人数ベース、回答個数ベースの指定
- 表頭項目がMA回答の質問の場合、回答割合は回答人数ベース、回答個数ベースどちらにするか

④ クロス集計表の形式の指定
- 併記表か分離表どちらにするか
- 全体行を表示しないか（通常は表示する）

⑤ クロス集計表編集指定
- セルの彩色をするか
- 選択肢の並べ替えをするか

◆ クロス集計活用のための5ヵ条

① クロス集計表の%表
- 横%表が一般的

② クロス集計表の表頭表側
- 表側は原因（説明）項目、表頭は結果（目的）項目

③ クロス集計表の読み方
- 表頭項目の任意のカテゴリーに着目し、そのカテゴリーの割合を縦に比較

④ クロス集計表の%ベース
- %のみを表記する場合%ベースの n の表記は必須
- n が30人未満の割合は参考値としてみる

⑤ クロス集計表の加工・編集
- 加工・編集して見やすい、解釈しやすいクロス集計表をつくる

母集団補正集計・母集団拡大集計

母集団の縮図となっていないデータを集計する

母集団の縮図となっていないアンケートデータを集計する場合は、代表的な属性項目が母集団の構成比と一致するように補正して集計します。

◆ 母集団補正集計とは

母集団集計とはどのような集計なのか、「A市におけるスマートフォン保有率調査」の例を参考にしながら解説していくことにします。

<A市におけるスマートフォン保有率調査>

A市の20才以上の人口は5万人、年代別人口は次のとおりです。

<母集団の年代別人口>

	20～39才	40～59才	60～79才	計
人数（人）	10,000	15,000	25,000	50,000
構成比	20%	30%	50%	100%

A表

スマートフォンの保有率がどれほどかを調べるために、無作為に選ばれたA市に住む10人を対象にアンケート調査を行いました。

<質問>

問1.	スマートフォンをお持ちですか。	1. 持っている　　2. 持っていない
問2.	あなたの性別をお知らせください。	1. 男性　　2. 女性
問3.	あなたの年齢をお知らせください。	1. 20～39才　　2. 40～59才　　3. 60～79才

<回答データ>

	青木	石川	佐藤	田中	山田	中村	渡辺	鈴木	西村	浜田
スマートフォン	1	1	1	1	1	2	2	2	2	2
性別	1	1	1	2	2	1	1	2	2	2
年代	1	1	2	1	1	1	3	2	2	3

◆ スマートフォン保有率調査の単純集計結果

<問1　スマートフォン保有の有無>

	ある	ない	計
回答人数	5	5	10
回答割合	50%	50%	100%

<問2　性別>

	男性	女性	計
回答人数	5	5	10
回答割合	50%	50%	100%

<問3　年代>

B表		20～39才	40～59才	60～79才	計
	回答人数	5	3	2	10
	回答割合	50%	30%	20%	100%

◆ スマートフォン保有率調査のクロス集計結果

		スマートフォン保有の有無		
		持っている	持っていない	横計
全体		5 50%	5 50%	10 100%
性別	男性	3 60%	2 40%	5 100%
	女性	2 40%	3 60%	5 100%
年代	20～39才	4 80%	1 20%	5 100%
	40～59才	1 33%	2 67%	3 100%
	60～79才	0 0%	2 100%	2 100%

　母集団の年代別人口構成比【A表】とアンケートの年代別回答割合【B表】を比較してみましょう。アンケート調査の値が、60～79才では母集団の値を下回り、20～39才では母集団の値を上回っています。つまり、母集団とアンケート調査の値が一致していません。

統計学的知識

アンケートと母集団

母集団の縮図となっていないデータの集計結果では、全体の推測はできません。この例の場合もスマートフォンの単純集計結果の「ある」が50％だからといって、母集団のスマートフォン保有率が50％であると推測するのは誤りです。

◆ 母集団補正集計の考え方

前頁の例のようにアンケートデータが母集団の縮図となっていない場合、母集団補正集計を行います。母集団補正集計とは以下のような手法です。

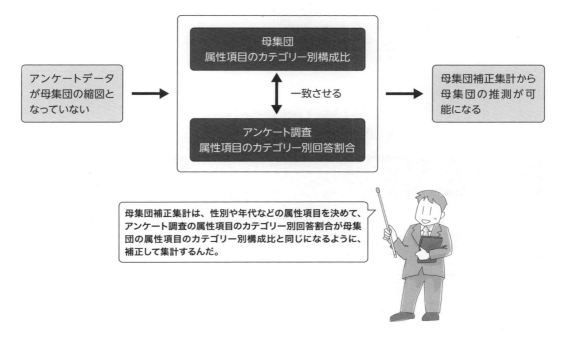

◆ 母集団補正集計の計算手順

スマートフォン保有率調査を例に、母集団補正集計の計算手順を紹介します。

① ウエイト値の算出

母集団の年代別人口構成比（【A】）÷アンケートの年代別回答割合（【B】）を求めます。この値を**ウエイト値**といいます。

ウエイト値は、回答人数が多めに取れた年代（20 ～ 39 才）の回答を抑え、少なめに取れた年代（60 ～ 79 才）の回答を活かす値となります。

<問1　スマートフォン保有の有無>

	20 ～ 39 才	40 ～ 59 才	60 ～ 79 才	計
①母集団構成比	20%	30%	50%	100%
②アンケート回答割合	50%	30%	20%	100%
ウエイト値（①÷②）	0.4	1.0	2.5	-

② 各対象者のウエイト値

次に、各対象者のウエイト値を定めます。例えば下の表で [1] の回答者は年代が 20 ～ 39 才なので、ウエイト値は 0.4 となります。

	青木	石川	佐藤	田中	山田	中村	渡辺	鈴木	西村	浜田
年代	1	1	2	1	1	1	3	2	2	3
ウエイト値	0.4	0.4	1.0	0.4	0.4	0.4	2.5	1.0	1.0	2.5

③ クロス集計を行う

性別、年代とスマートフォン保有の有無のクロス集計を行います。

クロス集計をする際、表のセル内にウエイト値を記載します。

	スマートフォン保有の有無						
	持っている				持っていない		
男性	青木 0.4	石川 0.4	佐藤 1.0		中村 0.4	渡辺 2.5	
女性	田中 0.4	山田 0.4			鈴木 1.0	西村 1.0	浜田 2.5
20 ～ 39 才	青木 0.4	石川 0.4	田中 0.4	山田 0.4	中村 0.4		
40 ～ 59 才	佐藤 1.0				鈴木 1.0	西村 1.0	
60 ～ 79 才					渡辺 2.5	浜田 2.5	

④ 母集団補正のクロス集計結果表

上記の表から、母集団補正のクロス集計結果表を作成します。

<回答人数表>

	持っている	持っていない	横計
男性	1.8	2.9	4.7
女性	0.8	4.5	5.3
20 ～ 39 才	1.6	0.4	2.0
40 ～ 59 才	1.0	2.0	3.0
60 ～ 79 才	0.0	5.0	5.0

	持っている	持っていない	横計
全体	1.8 + 0.8 = 2.6	2.9 + 4.5 = 7.4	4.7 + 5.3 = 10

<回答割合表>

	持っている	持っていない	横計
男性	38%	62%	100%
女性	15%	85%	100%
20 ～ 39 才	80%	20%	100%
40 ～ 59 才	33%	67%	100%
60 ～ 79 才	0%	100%	100%

	持っている	持っていない	横計
全体	26%	74%	100%

⑤ 母集団補正における単純集計の回答人数

性別、年代いずれかのクロス集計表の縦計が、スマートフォンの母集団補正における単純集計の回答人数となります。

	ある	ない	横計
回答人数	2.6	7.4	10

→

	ある	ない	横計
回答割合	26%	74%	100%

この結果からA市のスマートフォン保有率は、50%ではなく26%となります。

◆ 母集団拡大集計

ウエイト値を母集団年代別人数÷アンケートの年代回答人数で算出し、後の手順は母集団補正集計と同じです。

	20才〜39才	40才〜59才	60才〜79才	計
母集団年代別人口	10,000	15,000	25,000	50,000
アンケート回答人数	5	3	2	10
ウエイト値	2,000	5,000	12,500	-

母集団拡大集計におけるA市のスマートフォンの保有率は、母集団補正集計と同じ26%です。

出力される全回答人数は、母集団補正集計の場合はアンケート回答人数（10人）、母集団拡大集計の場合は母集団人数（5万人）です。

<母集団拡大集計の出力表>

	ある	ない	横計
回答人数	13,000	37,000	50,000

→

	ある	ない	横計
回答割合	26%	74%	100%

母集団拡大集計とは、たった10人のサンプルで、あたかも5万人全員について集計した表をつくることだ。

第5章

アンケートデータの解析

基準値・偏差値などを学びます。相関分析はデータの種類によってどのように使い分けるか解説します。

KEYWORDS

- 基準値
- 偏差値
- 正規分布
- 正規分布のあてはめ
- 標準正規分布
- 価格決定分析
- 相関分析
- クラメール連関係数
- 単相関係数
- 相関比
- スピアマン順位相関係数

集団の中で個々のデータの評価を把握する
基準値・偏差値

　基準値、偏差値は、平均値、標準偏差が異なる集団のデータを比較する手法。基準値は偏差を標準偏差で割った値、偏差値は基準値を 10 倍して 50 を足した値です。

◆ **偏差で評価**

　おそらく全員の方が、偏差値という言葉は知っていると思います。ところが偏差値という言葉は知っていても、どのような考え方で計算されているか、ほとんどの方は知りません。偏差値は学校等の教育現場でよく使われます。そこで例題としてテストの成績を取り上げます。
　下表は、ある 5 人の生徒の国語と数学の得点です。

＜2 教科のテスト得点（平均値が異なる場合）＞

単位：点

No.	1	2	3	4	5	平均値
国語	**90**	80	70	60	50	70
数学	40	**90**	30	20	10	38

　No.1 の生徒は国語で 90 点、No.2 の生徒は数学で 90 点を取っています。どちらも国語、数学で 1 番の成績です。しかし、国語の平均は 70 点、数学の平均は 38 点で、平均がこんなに違うのに、得点をそのまま比較するのは不公平です。そこで、平均が異なる 2 科目の得点を比較するには、得点と平均の差（**偏差**という）を比較します。
　No.1 の国語の偏差、No.2 の数学の偏差を求め、比較してみましょう。

> No.1 の国語は 90 点 − 平均値 ＝ 90 点 − 70 点 ＝ 20 点
> No.2 の数学は 90 点 − 平均値 ＝ 90 点 − 38 点 ＝ 52 点

　No.2 の成績のほうが良いということが分かります。つまり、同じ 1 番でも、No.2 の数学は No.1 の国語に比べて、平均を大きく上回っての 1 番だということです。

◆ 標準偏差を用いて評価

それでは、平均値が同じだった場合はどうでしょうか。

次の表はある 10 人の生徒の国語と数学の得点です。

＜2 教科のテスト得点（標準偏差が異なる場合）＞

単位：点

No.	1	2	3	4	5	6	7	8	9	10	平均値	標準偏差
国語	**90**	60	59	59	58	57	55	54	54	54	60	10
数学	86	**90**	79	65	58	56	52	49	44	21	60	20

No.1 の国語と No.2 の数学は、どちらも 90 点で同じです。平均点も 60 点で同じです。今度は「No.1 の国語の成績と No.2 の数学の成績は同じである」といってよいでしょうか。

標準偏差を見てみると、国語は 10 点、数学は 20 点です。

得点のばらつきを示す標準偏差から次のことがいえます。

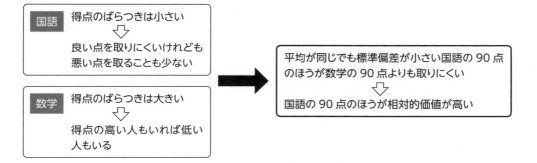

標準偏差を点数に反映させて評価する方法を考えてみます。

標準偏差の異なる得点同士を比較するには、得点をそれぞれの標準偏差で割り、その値を比較すればよいのです。

では No.1 の国語と No.2 の数学を比較してみます。

$$
\text{No.1 の国語は } 90 \div 10 = 9 \\
\text{No.2 の数学は } 90 \div 20 = 4.5
$$

No.1 の国語の成績のほうが良いということが分かりました。

◆ 基準値

前頁の例は得点の平均値が同じで標準偏差が異なる場合でしたが、下表のように両科目の平均値、標準偏差が異なる場合、どのように比較するのかを考えてみましょう。

＜2教科のテスト得点（平均値、標準偏差ともに異なる場合）＞

単位：点

No.	1	2	3	4	5	6	7	8	9	10	平均値	標準偏差
国語	**90**	77	75	69	71	70	68	67	63	50	70.0	9.7
数学	86	**90**	79	65	58	56	52	49	44	21	60.0	19.9

このような場合、得点を標準偏差で割った値を比較するのでなく、得点から平均を引いた偏差を標準偏差で割った値を比較します。この値を**基準値**といいます。

通常のアンケート調査では、集団ごとに平均値も標準偏差も異なる結果になるので、こうした場合の比較の仕方を覚えておくことが大切だよ。

$$基準値 = \frac{得点 - 平均値}{標準偏差} = \frac{偏差}{標準偏差}$$

No.1 の国語と No.2 の数学の基準値を求めます。

> **No.1 の国語は（90 − 70）÷9.7 ＝ 2.1**
> **No.2 の数学は（90 − 60）÷19.9 ＝ 1.5**

計算結果から、No.1 の国語の成績のほうが良いということが分かりました。
全ての生徒について基準値を計算します。

＜2科目のテスト得点の基準値＞

No.	1	2	3	4	5	6	7	8	9	10	平均値	標準偏差
国語	**2.1**	0.7	0.5	−0.1	0.1	0.0	−0.2	−0.3	−0.7	−2.1	0.0	1.0
数学	1.3	**1.5**	1.0	0.3	−0.1	−0.2	−0.4	−0.6	−0.8	−2.0	0.0	1.0

> **統計学的知識**
>
> 基準値の平均値を計算すると 0、標準偏差は 1 です。
> この例だけでなくいかなる場合もこのことはいえます。

基準値・偏差値 95

◆ 偏差値

基準値であなたの評価は 2.1 点ですといわれても、喜んでよいのか悲しんでよいのか分かりません。
そこで、この基準値を 10 倍して 50 を足します。これが有名な**偏差値**です。

$$偏差値 = 10 \times \frac{得点 - 平均値}{標準偏差} + 50 = 10 \times \frac{偏差}{標準偏差} + 50$$

偏差値を計算します。

> **No.1 の国語は 10×2.1 ＋ 50 ＝ 71（点）**
> **No.2 の数学は 10×1.5 ＋ 50 ＝ 65（点）**

No.1 の国語 90 点、No.2 の数学 90 点は、偏差値で評価すると 71 点、65 点となり、国語 90 点の方
が数学 90 点より評価が高いという結論を得ることができました。

全ての生徒の偏差値を求めます。

＜ 2 科目のテスト得点の偏差値＞

No.	1	2	3	4	5	6	7	8	9	10	平均値	標準偏差
国語	**71**	57	55	49	51	50	48	47	43	29	50	10
数学	63	**65**	60	53	49	48	46	44	42	30	50	10

◆ 偏差値の特徴

- 得点が平均値と同じ生徒の偏差値は 50（点）です。
  ＜計算例＞ No.6 の国語 70 点の偏差値は、10×(70 − 70)÷9.7 ＋ 50 ＝ 50（点）
- 偏差値が 50（点）より上ならその集団における平均値より上、50 点より下なら平均値より下であ
  ることが分かります。
- 偏差値の平均値を計算すると 50（点）、標準偏差は 10（点）です。
  この例だけでなくいかなる場合もこのことはいえます。
  言い換えれば偏差値は、元のデータの平均が高くても低くても、変動が大きくても小さくても、い
  かなる集団であれ、平均を 50（点）、変動を 10（点）に固定して、その中での相対的位置を調べ
  る方法だといえます。
- テストをつくる先生によって難しいテストもあれば易しいテストもあります。
  難易度が異なるテストの得点は単純に比較できませんが、偏差値を使えば比較できます。
- 体育の実技テストで懸垂回数と 50m 走など異なる競技でも、偏差値にすれば比較できます。

正規分布

集団の特色や傾向を正規分布で調べる

正規分布分析は、データの分布が正規分布であるかを調べたり、正規分布であることを利用して、分布における階級幅の割合（確率）を推測する方法です。

◆ 正規分布とは

自然や人間の営みの結果など、統計的な資料の階級と度数（人数）の分布の仕方には、ある一定の法則が成り立ちます。その法則性を求めて、統計的解析に役立てようとしたものが正規分布です。

下記の40人のテスト得点で正規分布とは何かを考えてみましょう。

No.	得点	No.	得点	No.	得点	No.	得点
1	37	11	57	21	64	31	72
2	39	12	58	22	66	32	74
3	40	13	59	23	67	33	75
4	43	14	60	24	67	34	75
5	45	15	60	25	68	35	77
6	47	16	61	26	69	36	79
7	50	17	62	27	70	37	83
8	53	18	64	28	70	38	85
9	55	19	64	29	70	39	89
10	55	20	64	30	72	40	95

個体数	40	人
平均値	64.0	点
標準偏差	13.3	点

40人の得点について、階級幅10点の度数分布表を作成しました。

度数分布のグラフを見ると、平均値付近が一番高く、平均値から離れるにつれて緩やかに低くなっています。

グラフの形状は左右対称な釣り鐘型の分布になっています。

このような形状に曲線をあてはめたとき、曲線が富士山のようになればこの曲線を**正規分布**といいます。

階級幅	階級値	度数
40 未満	35	2
40 以上 50 未満	45	4
50 以上 60 未満	55	7
60 以上 70 未満	65	13
70 以上 80 未満	75	10
80 以上 90 未満	85	3
90 以上	95	1
	計	40

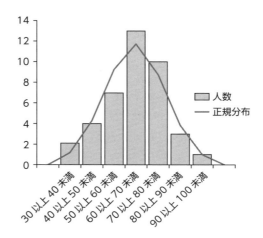

◆ 正規分布の性質

正規分布の形状は度数分布の平均、標準偏差によって決まります。

下記図は平均値 $m = 60$ 点、標準偏差 $\sigma = 10$ 点の正規分布です。図を見ながら正規分布の性質を考えてみましょう。

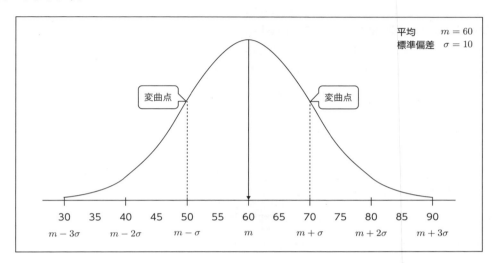

- 平均（60点）を中心に、左右対称となります。
- 曲線は平均値で最も高くなり、左右に広がるにつれて低くなります。
- 曲線の中の区間の面積は、標準偏差を σ とすると、次のようになります。

区間　$m - 1\sigma$、$m + 1\sigma$（50～70点）	ほぼ68%
区間　$m - 2\sigma$、$m + 2\sigma$（40～80点）	ほぼ95%
区間　$m - 3\sigma$、$m + 3\sigma$（30～90点）	ほぼ100%

- 横軸 $m - \sigma$（図では50点）と $m + \sigma$（図では70点）に対応する曲線上の点を**変曲点**といいます。
この変曲点に囲まれた部分の曲線は上に凸、変曲点の外側は下に凸となります。

◆ 正規分布の面積の求め方

Excelを使って、正規分布の面積の求め方を紹介します。後で触れる「正規分布の活用」で具体的な例題を考える際にも、計算にExcelを利用します。

Excel

＜階級値x以下の下側面積（確率）を求める場合＞

平均値m、標準偏差σの正規分布において、横軸の値x以下の下側面積は、Excelのシート上の任意のセルに次の関数を入力し、Enterキーを押すと出力されます。

=NORMDIST($x, m, \sigma, 1$)
　　　　1は定数

$m = 60$、$\sigma = 10$、$x = 70$の場合
=NORMDIST(70, 60, 10, 1)
[Enter]　0.84

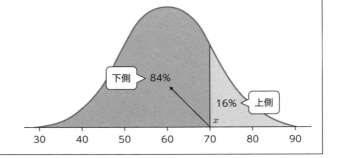

Excel

＜下側面積（確率）p値に対する横軸の値xを求める場合＞

平均値m、標準偏差σの正規分布において、図に示す下側面積p値に対する横軸の値xは、Excelのシート上の任意のセルに次の関数を入力し、Enterキーを押すと出力されます。

=NORMINV(p, m, σ)

$m = 60$、$\sigma = 10$、$p = 0.84$の場合
=NORMINV(0.84, 60, 10)
[Enter]　70

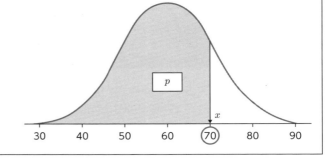

◆ 正規分布の活用

ある集団について、「データが△△以上の割合」、「上から数えて□□番目の人のデータの値」といったことを明らかにしたいことがあります。取り扱うデータが正規分布である場合、正規分布の性質に基づいてこれらの問題を解決できます。次の例題で、正規分布の活用の仕方を見ていきましょう。

＜例題＞

300人の生徒の数学の成績は平均65点、標準偏差が12点で、正規分布に従っています。
① 55点から75点までの生徒は何人ぐらいますか。
② 85点以上の生徒は何人ぐらいますか。
③ 上から数えて60番目以内に入るには何点以上とればよいですか。

解答は、前ページで示したExcelの関数を用いて求めることができます。

①の解答
- 55点までの下側面積
  ＝NORMDIST(55, 65, 12, 1)
  [Enter]　0.2023
- 75点までの下側面積
  ＝NORMDIST(75, 65, 12, 1)
  [Enter]　0.7977
- 0.7977 − 0.2023 ＝ 0.5954
- 300人 ×0.5954 ＝ 179人

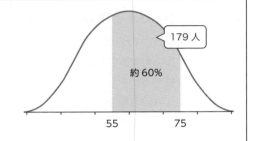

②の解答
- 85点までの下側面積
  ＝NORMDIST(85,65,12,1)　[Enter]　0.9522
- 85点までの上側面積　1 − 0.9522 ＝ 0.0478
- 300人 ×0.0478 ＝ 14人

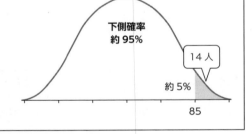

③の解答
- 60番以内に入る確率（上側面積）
  60（人）÷ 300（人）＝0.2
- 下側面積
  1 − 0.2 ＝ 0.8
- 下側面積 p 値に対する x の値
  ＝NORMINV(0.8, 65, 12)　[Enter]　75（点）

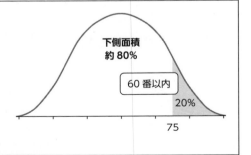

度数分布の形状が正規分布であるかを調べる

正規分布のあてはめ

度数分布が正規分布であるかを判定する方法について学びます。
サンプルデータの正規性と母集団データの正規性は、判定の考え方、計算方法が異なりますので違いに留意して理解しましょう。

◆ 正規分布であるかの判定方法

度数分布のグラフの形状が富士山の形になっていれば正規分布であるといいましたが、富士山型になっていても、尖りすぎた山、平らすぎる山の形状は正規分布といえません。
そこで、度数分布の形状が正規分布であるかを統計学的に判定しなければなりません。
よく使われる判定方法を示します。
① 歪度、尖度による判定　② 正規確率プロットによる判定　③ 正規性の検定

◆ 歪度と尖度

歪度（わいど）：Skewness
分布が正規分布からどれだけ歪んでいるかを表す統計量で、左右対称性を示す指標のことです。

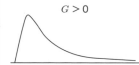

| $G > 0$ | $G = 0$ | $G < 0$ | $G = $ 歪度 |

峰が左より（左に偏っている）　峰が中央にある（左右対称）　峰が右より（右に偏っている）

目安として、$-0.5 < G < 0.5$ だと、峰が中央にあるとします。

尖度（せんど）：Kurtosis
分布が正規分布からどれだけ尖っているかを表す統計量で、山の尖り度と裾の広がり度を示します。

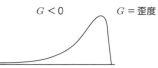

$H > 0$　　　$H = 0$　　　$H < 0$　　　$H = $ 尖度

正規分布より尖っている　　正規分布と同じ尖り具合　　正規分布より偏平

目安として、$-0.5 < H < 0.5$ だと、正規分布と同じ尖り具合とします。

度数分布の歪度、尖度どちらも $-0.5 \sim 0.5$ の間にあれば、度数分布の形状は正規分布と判断します。

◆ 正規確率プロットの判定に必要な Z 値

　累積相対度数の傾向から度数分布が正規分布であるかを調べる方法を**正規確率プロット**といいます。正規確率プロットは、累積相対度数から **Z 値**という統計量を算出します。

> **統計学的知識**
>
> Z 値は、**標準正規分布**における上側確率が累積相対度数となる横軸の値です。
>
>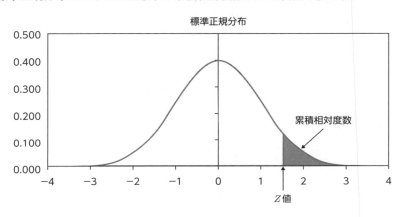
>
> 標準正規分布は、平均 0、標準偏差 1 の正規分布である。

<度数分布の Z 値>

階級値	度数	相対度数	累積相対度数	Z 値
35	2	5.0%	5.0%	−1.64
45	4	10.0%	15.0%	−1.04
55	7	17.5%	32.5%	−0.45
65	13	32.5%	65.0%	0.39
75	10	25.0%	90.0%	1.28
85	3	7.5%	97.5%	1.96
95	1	2.5%	100.0%	-

Excel

> Z 値は Excel の関数で求められます。
>
> 　　Excel 関数 = **NORMSINV(累積相対度数)**
>
> **＜計算例＞**　階級値 35 の累積相対度数は 0.05（5%）
> 　= NORMSINV(0.05)　[Enter]　− 1.64

◆ 正規確率プロットによる判定

Z値を縦軸、累積相対度数を横軸にとり散布図を描きます。

散布点が直線傾向にあると判定できた場合、度数分布の形状は正規分布であるといえます。

散布点に対する直線のあてはまり具合は決定係数で把握できます。

決定係数が0.99以上の場合、度数分布は正規分布と判断します。

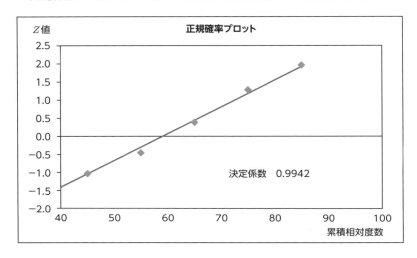

◆ 正規性の検定

アンケート調査より得た度数分布から、母集団の度数分布が正規分布であるかを調べるのが正規性の検定です。

正規性の検定をするとp値が出力されます。

p値 > 0.05であれば、母集団における度数分布は正規分布と判断します。

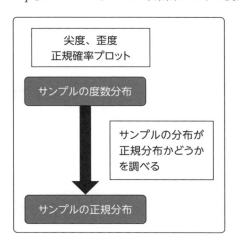
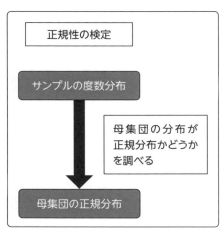

◆ 具体例による正規分布の判定

4つの具体例を示します。

＜具体例1＞

階級幅	階級値	人数
40未満	35	2
40以上50未満	45	4
50以上60未満	55	7
60以上70未満	65	13
70以上80未満	75	10
80以上90未満	85	3
90以上	95	1
	計	40

尖度	−0.02	○
歪度	−0.23	○
正規確率プロット	0.994	○
p値	0.850	○

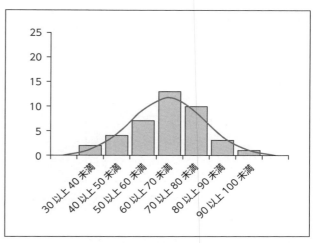

※上記の○は判定条件をクリヤー、×は非クリヤーを意味します。

サンプルは正規分布、母集団についても正規分布といえます。

＜具体例2＞

階級幅	階級値	人数
40未満	35	1
40以上50未満	45	2
50以上60未満	55	6
60以上70未満	65	22
70以上80未満	75	6
80以上90未満	85	2
90以上	95	1
	計	40

尖度	1.87	×
歪度	0.00	○
正規確率プロット	0.975	×
p値	0.056	○

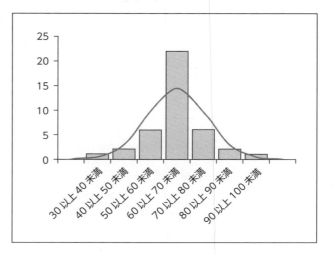

サンプルについては、分布が尖りすぎているので正規分布といえません。

母集団については正規分布であるといえます。

※サンプルと母集団の判定は全く別物なので2つ合わせて正規分布であるかを判定することはありません。

<具体例3>

階級幅	階級値	人数
40未満	35	3
40以上50未満	45	5
50以上60未満	55	7
60以上70未満	65	8
70以上80未満	75	9
80以上90未満	85	5
90以上	95	3
	計	40

尖度	−0.75	×
歪度	−0.08	○
正規確率プロット	0.999	○
p値	0.904	○

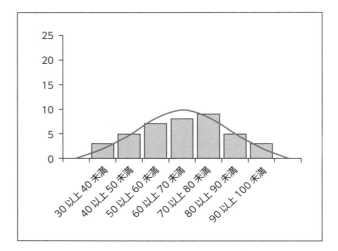

　サンプルについては、分布が平すぎているので正規分布といえませんが、正規確率プロットでは正規分布といえます。

　母集団については正規分布であるといえます。

※サンプルについて判断が異なる場合、正規分布と言いきらず、正規分布に近い形状であると判断します。

<具体例4>

階級幅	階級値	人数
40未満	35	9
40以上50未満	45	7
50以上60未満	55	3
60以上70未満	65	2
70以上80未満	75	3
80以上90未満	85	7
90以上	95	9
	計	40

尖度	−1.71	×
歪度	0.00	○
正規確率プロット	0.946	×
p値	0.000	×

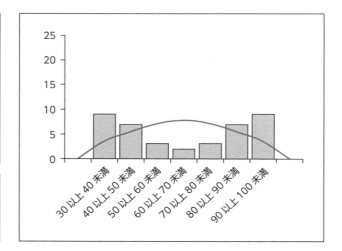

　サンプルについては、分布の尖りがなく、正規確率プロットは基準の0.99を下回り正規分布といえません。

　母集団については正規分布であるといえません。

フリーソフト

フリーソフトで出力できます。
歪度、尖度の計算　　　　　　　　　基本統計量 291 ページ
正規分布のあてはめ、グラフの作成　　299 ページ

価格決定分析

製品の価格を決める解析手法

価格決定分析は、段階的に変えた価格での製品購入意向を聞き、価格別の度数分布表を作成し、累積%から利益が最大となる価格を決める解析方法です。

◆ 価格決定のための調査

新製品の価格を決める問題について考えてみます。例として、新製品を1万個製作したときの、1個当りの原価は500円とします。できれば800円以上の定価にしたいのですが、消費者の希望価格を聞いて新製品の価格を決めたいと思います。

そこで、ある地域の20才代男性を対象に新製品の価格と購入意向についてアンケート調査を行いました。

質問文とアンケートに回答した人数を示します。

質問1 この商品の予定価格は1,000円です。
　　　あなたはこの商品を購入したいと思いますか。(○は1つ)　　回答人数
　　　1. 購入すると思う　→調査終了へ　　　　　　　　　　　　　　40
　　　2. 1,000円では購入しないと思う　　　　　　　　　　　　　　270
　　　3. 金額に関係なく購入することはない　→調査終了へ　　　　　90

質問2 ＜質問1で「2」を回答した方へ＞それでは950円なら購入しますか。(○は1つ)
　　　1. 購入すると思う　→調査終了へ　　　　　　　　　　　　　　15
　　　2. 950円では購入しないと思う　　　　　　　　　　　　　　　255

質問3 ＜質問2で「2」を回答した方へ＞それでは900円なら購入しますか。(○は1つ)
　　　1. 購入すると思う　→調査終了へ　　　　　　　　　　　　　　19
　　　2. 900円では購入しないと思う　　　　　　　　　　　　　　　236

質問4 ＜質問3で「2」を回答した方へ＞それでは850円なら購入しますか。(○は1つ)
　　　1. 購入すると思う　→調査終了へ　　　　　　　　　　　　　　23
　　　2. 850円では購入しないと思う　　　　　　　　　　　　　　　213

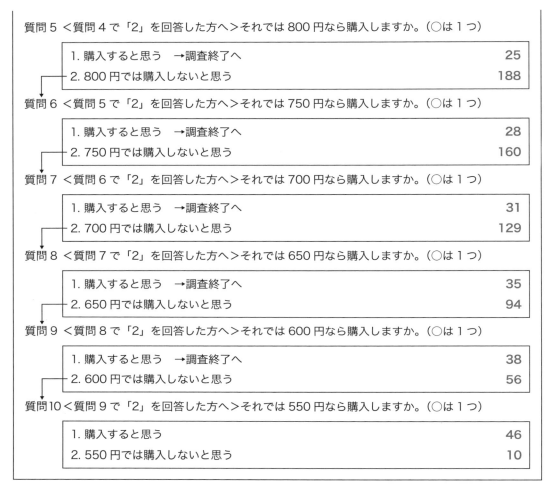

◆ 度数分布の作成

前頁のアンケート調査の回答人数を一覧表にしました。

	1,000円で購入する	1,000円で購入しない	金額に関係なく購入しない	横計
質問1	40人	270人	90人	400人
		左記金額で購入	左記金額で購入しない	横計
質問2	950円	15人	255人	270人
質問3	900円	19人	236人	255人
質問4	850円	23人	213人	236人
質問5	800円	25人	188人	213人
質問6	750円	28人	160人	188人
質問7	700円	31人	129人	160人
質問8	650円	35人	94人	129人
質問9	600円	38人	56人	94人
質問10	550円	46人	10人	56人

価格別の度数分布表を作成します。

<度数分布表>

	回答人数	累積回答人数	累積%
1,000円で購入	40	40	10%
950円で購入	15	55	14%
900円で購入	19	74	19%
850円で購入	23	97	24%
800円で購入	25	122	31%
750円で購入	28	150	38%
700円で購入	31	181	45%
650円で購入	35	216	54%
600円で購入	38	254	64%
550円で購入	46	300	75%
550円では購入しない	10	310	78%
金額に関係なく購入しない	90	400	100%
全回答人数	400		

累積%は価格を変えたとき、何%の人が購入してくれるかの購入意向割合を示しています。

購入金額を横軸、累積%を縦軸にとり折れ線グラフを作成します。

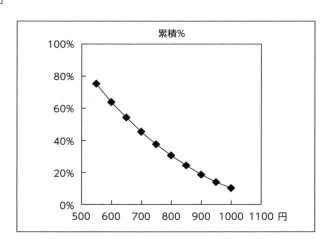

価格決定分析の方法

度数分布表の累積％に価格別の原価、利益を加えた表を**価格決定試算表**といいます。**価格決定分析**は、価格決定試算表に基づき利益が最大となる価格を決める解析方法です。

価格決定試算表の作成手順を示します。

① 価格を低いほうから記入

② 度数分布表の累積％を、価格の低いほうから記入

③ 新製品の原価を記入

④ 価格から原価を引いて、それぞれ商品1個当たりの利益を算出

⑤ この地域の20才代男性を1万人と仮定し、1万人に累積％を掛けることによって、その価格で商品を購入してくれる購入予定者数を算出

⑥ 商品1個当りの利益（④）に購入予定者数（⑤）を掛け利益金額を算出

上記の手順に従って、価格決定試算表を作成します。

<価格決定試算表>

質問項目	① 価格	② 累積%	③ 原価	④ ①－③ 利益	⑤ 1万×② 購入予定者数	⑥ ④×⑤ 利益金額
	円	%	円	円	人	万円
550円で購入	550	75%	500	50	7,500	375,000
600円で購入	600	64%	500	100	6,350	635,000
650円で購入	650	54%	500	150	5,400	810,000
700円で購入	700	45%	500	200	4,525	905,000
750円で購入	750	**38%**	500	250	3,750	**937,500**
800円で購入	800	31%	500	300	3,050	915,000
850円で購入	850	24%	500	350	2,425	848,750
900円で購入	900	19%	500	400	1,850	740,000
950円で購入	950	14%	500	450	1,375	618,750
1,000円で購入	1,000	10%	500	500	1,000	500,000

この新製品の利益が最大となるのは価格が750円のときです。

したがって、この商品の価格は、利益が最大となる750円が妥当だと思われます。

この価格にすると、この地域の20才代男性の1万人の38％が購入してくれます。

相関分析　109

色々な相関分析を知ろう
相関分析

相関分析の解析手法は、データの種類によって使い分けます。

◆ 相関分析とは

相関分析とは何かを知るために、次のようなデータを取り上げました。

---

① 所得階層と支持する政党とは関係があるか。
② 学習時間とテスト成績は関係があるか。
③ 大浴場満足度と旅館総合満足度は関係があるか。
④ 血液型とタンス貯金とは関係があるか。
⑤ 年齢と好きな商品とは関係があるか。

こうした2つの事柄（項目、変数）の関係を調べる解析手法は多くありますが、総称して**相関分析**といいます。相関分析を**2変量解析**ともいいます。

集団の特徴や傾向を明らかにするとき、カテゴリーデータであれば割合、数量データであれば平均値（中央値）を適用するということを3章で学びました。相関分析の解析手法も同様に、データタイプによって使い分けます。

データタイプについておさらいしましょう。

データタイプ	尺度名	例
カテゴリーデータ	名義尺度	男性、女性
数量データ	距離尺度	○時間、○cm
順位データ	順序尺度	1位、2位、3位

この章で学習する相関分析の解析手法について、データタイプと解析手法との関係を示しておきます。

項目と選択肢		データタイプ	基本集計	相関
所得階層	高所得/中所得/低所得	カテゴリーデータ	クロス集計	クラメール連関係数
支持政党	A党/B党/C党	カテゴリーデータ		
学習時間	☐時間	数量データ	相関図	単相関係数
テスト成績	☐点	数量データ		単回帰式
大浴場満足度	5段階評価	順位データ	度数分布	順位相関係数
旅館総合満足度	5段階評価	順位データ	クロス集計	
血液型	A型/O型/B型/AB型	カテゴリーデータ	カテゴリー別平均	相関比
タンス貯金	☐円	数量データ		
年齢	☐才	数量データ	カテゴリー別平均	相関比
好きな商品	P商品/Q商品/R商品	カテゴリーデータ		

◆ 因果関係とは

因果関係は、項目間に原因と結果の関係があると言い切れる関係を意味しています。広告費と売上の関係を見ると、「広告の量を増やすと売上が多くなる」が通説です。「広告量を増やす」という行為が原因で、「売上が多くなる」という結果が導かれるので、両者の関係は因果関係です。

原因と結果の関係は、「原因→結果」という一方通行です。原因と結果に時間的順序が成り立っています。

食事量と体重の関係を見ると、食事量を増やすと体重が増えるのか、体重を増やすと食事量が増えるか分からないので、両者の因果関係は定かでありません。

因果関係があれば必ず相関関係は認められますが、相関関係があるからといって必ずしも因果関係は認められません。

- 因果関係と相関関係は2つの事象AとBの関係性を表しています。
- 因果関係はAが起きればBが起きるといった原因と結果の関係です。
- 相関関係はAが変化すればBも変化する。Bが変化すればAも変化するという関係です。

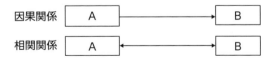

- 相関関係があるからと言って因果関係があると言い切れないので、分析者は両項目の時間的順序などを検討して、因果関係を考察します。
- 因果関係を解析手法で解決したい場合、11章で学ぶ共分散構造分析を適用します。

鶏が先か、卵が先か

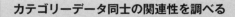

クラメール連関係数

カテゴリーデータとカテゴリーデータの関係を調べる基本解析はクロス集計、クロス集計の関連性の強弱を調べる手法がクラメール連関係数です。

◆ クラメール連関係数とは

クラメール連関係数はカテゴリーデータとカテゴリーデータの相関関係を把握する解析手法です。下記の表は所得階層と支持政党とのクロス集計の結果です。

	(回答人数)				(回答割合)			
	A政党	B政党	C政党	横計	A政党	B政党	C政党	横計
全体	150	170	180	500	30%	34%	36%	100%
低所得層	30	45	75	150	20%	30%	50%	100%
中所得層	60	45	45	150	40%	30%	30%	100%
高所得層	60	80	60	200	30%	40%	30%	100%

回答割合を見ると、A政党は中所得層、B政党は高所得層、C政党は低所得層が他所得層を上回り、所得の違いで支持する政党が異なります。これより所得階層と支持政党とは関連性があるといえます。関連性は分かったものの、クロス集計表からは関連性の強さまでは分かりません。

クロス集計表の関連性、すなわちカテゴリーデータである2項目間の関連性の強さを明らかにする解析手法が、**クラメール連関係数**です。

◆ クラメール連関係数はいくつ以上あればよいか

クラメール連関係数rは$0 \sim 1$の間にあります。rが1に近づくほど関連性があります。
2つのクロス集計表についてクラメール連関係数を算出しました。

	A	B	C	横計	A	B	C	横計
全体	150	150	150	450	33%	33%	33%	100%
低所得層	80	20	50	150	53%	13%	33%	100%
中所得層	50	80	20	150	33%	53%	13%	100%
高所得層	20	50	80	150	13%	33%	53%	100%

➡ カイ2乗値＝108
クラメール連関係数＝**0.3464**

	A	B	C	横計	A	B	C	横計
全体	150	150	150	450	33%	33%	33%	100%
低所得層	60	40	50	150	40%	27%	33%	100%
中所得層	50	60	40	150	33%	40%	27%	100%
高所得層	40	50	60	150	27%	33%	40%	100%

➡ カイ2乗値＝12
クラメール連関係数＝**0.1155**

クロス集計表を見て関連性があるように思えても、クラメール連関係数rは大きい値となりません。「クラメール連関係数がいくつ以上あれば関連性がある」という統計学的基準はないため、著者は上記のことを考慮して、次のような基準を設けています。

◆ クラメール連関係数の基準

クラメール連関係数	細かくいうなら…	おおまかにいうなら…
0.5 ～ 1.0	強い関連がある	関連がある
0.25 ～ 0.5	関連がある	
0.1 ～ 0.25	弱い関連がある	
0.1 未満	非常に弱い関連がある	関連がない
0	関連がない	

← 0.1 が境目

◆ 期待度数と実測度数

　仮に所得階層と支持政党の関連性がない場合、どのようなクロス集計表になるかを考えてみましょう。前頁のクロス集計表が、例えば次のようにどの所得階層の回答割合も全体の割合と同じであれば、所得階層と支持政党とは関連性がないといえます。

	期待度数				横%表			
	A 政党	B 政党	C 政党	横計	A 政党	B 政党	C 政党	横計
全体	150	170	180	500	30%	34%	36%	100%
低所得層	45	51	54	150	30%	34%	36%	100%
中所得層	45	51	54	150	30%	34%	36%	100%
高所得層	60	68	72	200	30%	34%	36%	100%

　上記のように 2 項目間に関連性がないと仮定したときのクロス集計表の度数を**期待度数**といいます。

　期待度数は、回答人数の横計と縦計を掛け、全回答人数で割ることによって求められます。

> 期待度数＝（回答人数の横形×回答人数の縦計）÷全回答人数

$150 \times 150 \div 500 = 45$	$170 \times 150 \div 500 = 51$	$180 \times 150 \div 500 = 54$
$150 \times 150 \div 500 = 45$	$170 \times 150 \div 500 = 51$	$180 \times 150 \div 500 = 54$
$150 \times 200 \div 500 = 60$	$170 \times 200 \div 500 = 68$	$180 \times 200 \div 500 = 72$

> 期待度数とは所得階層と支持政党との関連性がないときの数値だよ！

　一方、調査より得られたクロス集計表の回答人数を**実測度数**といいます。

＜具体例＞

（実測度数）

	A 政党	B 政党	C 政党	横計
全体	150	170	180	500
低所得層	30	45	75	150
中所得層	60	45	45	150
高所得層	60	80	60	200

◆ クラメール連関係数の計算方法

　期待度数と実測度数を比べ、値が一致すればクラメール連関係数は 0、値の差が大きくなるほどクラメール連関係数は大きくなると考えます。

　クラメール連関係数の値は、上記の考え方に基づき次の手順で算出できます。

① 下記の式で各セルの値を計算します。

(実測度数−期待度数)^2/ 期待度数

	A 政党	B 政党	C 政党
低所得層	$(30-45)^2/45$	$(45-51)^2/51$	$(75-54)^2/54$
中所得層	$(60-45)^2/45$	$(45-51)^2/51$	$(45-54)^2/54$
高所得層	$(60-60)^2/60$	$(80-68)^2/68$	$(60-72)^2/72$

② セルの値を合計します。

	A 政党	B 政党	C 政党
低所得層	5.0000	0.7059	8.1667
中所得層	5.0000	0.7059	1.5000
高所得層	0.0000	2.1176	2.0000

合計　25.1961
カイ 2 乗値といいます。

③ カイ 2 乗値を用いた次の公式で、クラメール連関係数 r が求められます。

$$\text{クラメール連関係数 } r = \sqrt{\frac{\text{カイ 2 乗値}}{n(k-1)}}$$

ただし、n は全回答人数
k はクロス集計表における 2 項目のカテゴリー数で小さい方の値

具体例のクラメール連関係数は以下のようになります。

$$r = \sqrt{\frac{25.1961}{500 \times (3-1)}} = 0.1587$$

◆ カイ2乗検定

前ページの例では、所得階層と支持政党のクラメール連関係数は 0.1587 でした。

サンプルから得たこの結果から、母集団における両者の関係は、0 でない相関（または無相関）があるかを調べるのが**カイ2乗検定**です。

カイ2乗検定の手順を示します。

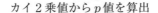
カイ2乗値から p 値を算出

p 値 ≦ 0.05 の場合

母集団に 0 でない相関がある
相関があっても、強い相関があるということでない

この例のカイ2乗検定の結果を示します。

カイ2乗値	25.1961
自由度	4
p 値	0.00005
判定	相関がある

← （表側カテゴリー数 − 1）×（表頭カテゴリー数 − 1）
← p 値は Excel の関数で求められる
← p 値 < 0.05 なので 0 でない相関があるといえる

<カイ2乗値から p 値の求め方>　　　　　　　　　　　　　　　　　　　　Excel

Excel に次の関数を入力して、Enter キーを押すと、p 値が出力されます。
　=CHIDIST（カイ2乗値, 自由度）
　=CHIDIST（25.1961, 4）　Enter　　0.00005

上記の結果から、母集団における所得階層と支持政党との関係は無相関ではなく、相関の強弱は別にして、関連性があるといえます。

数量データ同士の関連性を調べる
単相関係数

数量データと数量データの関係を調べる基本解析は相関図、両者の関連性の強弱を調べる手法が単相関係数です。

◆ 単相関係数とは

2つの項目xとyについて、xの値が決まればyの値が決まるというわけではありませんが、両者の間に直線的な関連性が認められるとき「xとyの間には相関関係がある」といい、相関関係の程度を示す数値を**単相関係数**といいます。**ピアソン積率相関係数**ともいいます。

単相関係数は、－1から＋1までの値をとります。

単相関係数が±1に近いときは2つの変数の関係は直線的であって、±1から遠ざかるに従って直線的関係は薄れていき、0に近いときは項目の間に全く直線的な関係はありません。

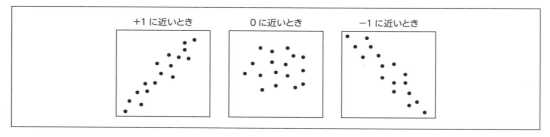

単相関係数の値が±1に近づくと相関関係が強くなり、反対に0に近づくと弱くなります。0の場合のみ相関関係がありません。ちょっと信じられないかもしれませんが、わずか0.01でも相関は弱いながらあります。

したがって大概の場合、2項目の間には強弱の違いはありますが、相関関係は見られます。このことから、大事なのは強い相関があるかどうかです。ところが、いくつ以上あれば相関が強い、という統計学的基準はありません。この基準は、分析者が経験的な判断から決めることになります。

次は、一般的な判断基準を示したものです。

単相関係数の絶対値	細かくいうなら…	おおまかにいうなら…
0.8～1.0	強い関連がある	関連がある
0.5～0.8	関連がある	関連がある
0.3～0.5	弱い関連がある	関連がある
0.3 未満	非常に弱い関連がある	関連がない
0	関連がない	関連がない

0.3 が境目

◆ 単相関係数算出の考え方

下記の身長と体重のデータについて、どの程度の相関があるかを数値で表す方法を考えてみましょう。

学生	A	B	C	D	E	F	G	H	I	J	平均
身長	146	145	147	149	151	149	151	154	153	155	150
体重	45	46	47	49	48	51	52	53	54	55	50

身長と体重の平均を計算すると、それぞれ150cm、50kgになります。

相関図を描き、この中に身長の平均を横線で、体重の平均を縦線で描き加えたものが下図です。

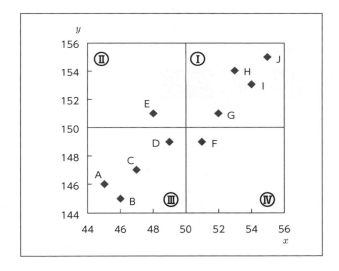

平均線で分けられた4つの領域を、図に示すようにⅠ〜Ⅳとします。

項目 x と y が無関係であるならば、点は4つの領域Ⅰ〜Ⅳに均等にばらついて存在します。x と y の間に相関があり、x が増すと y も増加する傾向がある場合は、点は領域ⅠとⅢに多く、ⅡとⅣに少なくなります。逆に x が増すと y が減少する傾向がある場合は、ⅡとⅣに多く、ⅠとⅢに少なくなります。

図は、領域ⅠとⅢに点が多く、ⅡとⅣにそれぞれ1つずつしか点が存在しないので、身長と体重の間には相関関係が強いと推測することができます。

データが平均より上か下か、あるいは右が左かは偏差で分かります。

相関係数は、この偏差を用いて求めることができます。

単相関係数の計算方法

身長と体重のデータについて、どの程度相関があるかを数値で表す方法を考えてみます。次の手順で下記の表を作成してみましょう。

手順1　①の身長から平均値を引いた偏差を求めて③に記入
手順2　②の体重から平均値を引いた偏差を求めて④に記入
手順3　③を平方し⑤に記入
手順4　④を平方し⑥に記入
手順5　③と④の積を⑤に記入

⑤の合計を身長 y の偏差平方和といい、S_{yy} で表します。
⑥の合計を体重 x の偏差平方和といい、S_{xx} で表します。
⑦の合計を積和といい、S_{xy} で表します。

	①身長	②体重	③	④	⑤	⑥	⑦
	y_i	x_i	$y_i - \bar{y}$	$x_i - \bar{x}$	$(y_i - \bar{y})^2$	$(x_i - \bar{x})^2$	$(y_i - \bar{y}) \times (x_i - \bar{x})$
A	146	45	-4	-5	16	25	20
B	145	46	-5	-4	25	16	20
C	147	47	-3	-3	9	9	9
D	149	49	-1	-1	1	1	1
E	151	48	1	-2	1	4	-2
F	149	51	-1	1	1	1	-1
G	151	52	1	2	1	4	2
H	154	53	4	3	16	9	12
I	153	54	3	4	9	16	12
J	155	55	5	5	25	25	25
計	1500	500	0	0	104	110	98
平均	150	50			S_{yy}	S_{xx}	S_{xy}

$\bar{y} = 150$　　$\bar{x} = 50$

単相関係数

単相関係数は、「積和」を「x の偏差平方和と y の偏差平方和の積の平方根」で割ることによって求めることができます。

$$\text{単相関係数 } r \qquad r = \frac{S_{xy}}{\sqrt{S_{xx} \times S_{yy}}}$$

身長と体重のデータについて、単相関係数を求めます。

$$r = \frac{S_{xy}}{\sqrt{S_{xx} \times S_{yy}}} = \frac{98}{\sqrt{110 \times 104}} = \frac{98}{\sqrt{11440}} = \frac{98}{107} = 0.916$$

単相関係数は 0.916 です。

◆ 単相関係数の無相関検定

身長と体重の例では相関係数が 0.916 でした。10 人より得たサンプルの結果から、母集団における両者の関係は 0 でない相関（または無相関）があるかを調べるのが無相関検定です。

単相関係数の無相関検定は、下記の式で検定統計量 T を求め、T に対する p 値を算出します。p 値が 0.05 以下なら、母集団は 0 でない相関があると判断します。

$$\text{検定統計量 } T = r\sqrt{\frac{n-2}{1-r^2}}$$

この例の検定統計量 T を求めます。

$$T = 0.916 \times \sqrt{\frac{10-2}{1-0.916^2}} = 0.916 \times \sqrt{\frac{8}{0.1609}} = 6.47$$

無相関検定の結果を示します。

検定統計量 T	6.47
自由度	8
p 値	0.0002
判定	相関がある

← サンプルサイズ－2　10－2＝8
← p 値は Excel の関数で求められる
← p 値＜0.05 なので 0 でない相関があるといえる

＜検定統計量 T から p 値の求め方＞　　　　　　　　　　　　　　　　　　　　Excel

Excel に次の関数を入力して、Enter キーを押すと、p 値が出力されます。
　=TDIST（T, 自由度, 定数 2）　2 は定数
　=TDIST（6.47, 10-2, 2）　[Enter]　0.0002

上記の結果から、母集団における身長と体重との関係は無相関ではなく、相関の強弱は別にして、関連性があるといえます。

◆ 留意点

	ケース1	ケース2
回答人数	20	10
単相関係数	0.6	0.6
p 値	0.0052	0.0667
判定	相関がある	相関がない

- 回答人数の異なるケース 1 もケース 2 も、相関係数は同じ 0.6 と高い値を示している。
- 回答人数が 20 人のケース 1 は p 値が 0.05 以下なので、母集団の 2 項目間に関連性があるが、回答人数 10 人のケース 2 は p 値が 0.05 を超えるので、母集団の 2 項目間に関連性があるといえない。
- サンプルの人数が少ないと母集団について相関があるか分からないということである。

相関比

カテゴリーデータと数量データの関連性を調べる

カテゴリーデータと数量データの関係を調べる基本解析はカテゴリー平均、両者の関連性の強弱を調べる手法が相関比です。

◆ 相関比とは

15人の消費者に好きな商品と年齢を聞き、好きな商品と年齢の関係を調べることにします。好きな商品はカテゴリーデータ、年齢は数量データです。カテゴリーデータと数量データの基本解析はカテゴリー別平均を算出することです。この例のカテゴリー別平均は商品別の平均年齢です。

15人の回答データを商品別に分類し、商品別の平均年齢を計算しました。

No.	年齢	好きな商品
1	24	C
2	43	B
3	35	A
4	48	B
5	35	C
6	38	B
7	20	C
8	38	C
9	40	B
10	36	A
11	29	A
12	41	B
13	29	C
14	32	A
15	22	C

No.	年齢	好きな商品
3	35	A
10	36	A
11	29	A
14	32	A
2	43	B
4	48	B
6	38	B
9	40	B
12	41	B
1	24	C
5	35	C
7	20	C
8	38	C
13	29	C
15	22	C

	A	B	C
	35	43	24
	36	48	35
	29	38	20
	32	40	38
		41	29
			22
平均	33	42	28

商品別の平均年齢に違いが見られました。違いがあるということは、ある特定の年齢層で特定の商品を志向しているということで、年齢と商品には関連性があると判断できます。しかしながら、カテゴリー別平均からは関連性の強弱までは分かりません。そこで、カテゴリーデータと数量データとの関連性の強さを明らかにする解析手法が**相関比**です。

相関比は0〜1の間の値で、値が大きいほど関連性は強くなります。

相関比はいくつ以上あれば関連性があるという統計学的基準はありません。著者は右表で判断しています。

相関比	細かくいうなら…	おおまかにいうなら…
0.5〜1.0	強い関連がある	関連がある
0.25〜0.5	関連がある	関連がある
0.1〜0.25	弱い関連がある	関連がない
0.1未満	非常に弱い関連がある	関連がない
0	関連がない	関連がない

← 0.1

◆ 相関比算出の考え方

具体例の商品ごとの年齢幅を見ると、A商品志向グループは29～36才、B商品志向グループは38～48才、C商品志向グループは20～38才と年齢幅に違いが見られます。

具体例のデータをグラフにしました。グラフを見ると年齢幅の違いがより明確となります。

<商品別年齢データ>

	A	B	C
	29	38	20
	32	40	22
	35	41	24
	36	43	29
		48	35
			38
平均	33	42	28

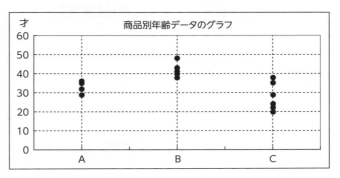

上記のグラフから、年齢幅に違いがあるとき、商品と年齢は関連があることが分かるよ。

上図に示すように年齢幅に違いがあるとき、商品と年齢は関連があると考えます。それでは、年齢幅がどのようなとき、最も関連が「ある」あるいは「ない」かを調べてみます。

右上図のように、グループ内の年齢のばらつきが小さく、年齢幅が重ならないとき、商品と年齢の関係は強いと考えます。

右下図のように、グループ内の年齢のばらつきが大きく、年齢幅が重なるとき、商品と年齢の関係は弱いと考えます。

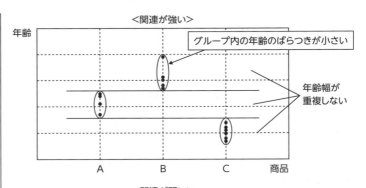

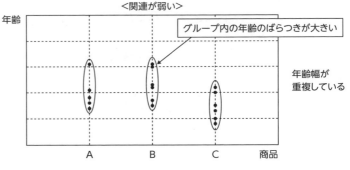

群内変動とは

グループ内の変動を群内変動といいます。商品年齢別データについてグループ内の変動を計算します。変動は偏差平方和で計算します。

<商品別年齢データ>

	A	B	C
	29	38	20
	32	40	22
	35	41	24
	36	43	29
		48	35
			38
平均	33	42	28

<偏差平方和>

	A		B		C	
	$(29-33)^2$	16	$(38-42)^2$	16	$(20-28)^2$	64
	$(32-33)^2$	1	$(40-42)^2$	4	$(22-28)^2$	36
	$(35-33)^2$	4	$(41-42)^2$	1	$(24-28)^2$	16
	$(36-33)^2$	9	$(43-42)^2$	1	$(29-28)^2$	1
			$(48-42)^2$	36	$(35-28)^2$	49
					$(38-28)^2$	100
合計		30		58		266
		S_1		S_2		S_3

3つの偏差平方和を合計した値を**群内変動**といい、S_wで表します。

$$S_w = S_1 + S_2 + S_3 = 354$$

群間変動とは

年齢幅が重複しないということは、年齢幅という3個のグループの変動が大きいことを、逆に年齢幅が重複するということは、3個のグループの変動が小さいことを意味します。

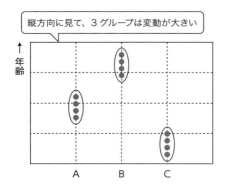
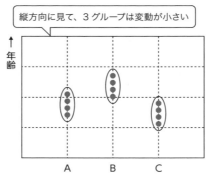

年齢幅の変動、すなわちグループ間の変動は、各グループの平均と全体平均との差から求められ、これを**群間変動**といいS_bで表します。

3個のグループの平均を、$\bar{U}_1$、$\bar{U}_2$、$\bar{U}_3$、全体平均を$\bar{U}$とします。3個のグループの回答人数をn_1、n_2、n_3とします。

このとき群間変動は、次に示すように個々の平均と全体平均の差の平方に各グループの人数を乗じて求められます。

$$S_b = n_1(\bar{U}_1 - \bar{U})^2 + n_2(\bar{U}_2 - \bar{U})^2 + n_3(\bar{U}_3 - \bar{U})^2$$
$$= 4 \times (33-34)^2 + 5 \times (42-34)^2 + 6 \times (28-34)^2 = 540$$

◆ 相関比の計算方法

グループ内の年齢のばらつきが小さく年齢幅が重ならない、すなわち群内変動が小さく群間変動が大きいとき、関連があるといえます。そこで、2つの変動合計に対する群間変動の割合を求めます。これを**相関比**といい、η^2（イータ2乗と読む）で表します。

$$\eta^2 = \frac{S_b}{S_w + S_b} \qquad S_b \quad \text{群間変動} \qquad S_w \quad \text{群内変動}$$

商品年齢別データの相関比を求めてみます。

$$S_w + S_b = 354 + 540 = 894 \qquad \eta^2 = \frac{540}{894} = 0.604$$

◆ 相関比の値の検討

相関比の式を見ると、最も関連が強いとき、群内変動S_wは0、すなわちグループ内に属するデータが全て同じになり、η^2は1になります。逆に、最も関連が弱いとき、群間変動S_bは0、すなわちグループ平均が全て同じになり、η^2は0になります。

下記は6ケースの商品別年齢データについて商品別年齢平均を求めたものです。

	平均値 A	平均値 B	平均値 C	平均値 全体	相関比
ケース1	34	39	29	34	0.5040
ケース2	34	38	30	34	0.3941
ケース3	34	37	31	34	0.2679
ケース4	34	36	32	34	0.1399
ケース5	34	35	33	34	0.0410
ケース6	34	34	34	34	0.0000

どのケースも全体平均は同じだが商品別平均年齢は異なります。商品別平均の差が小さくなるに従い相関比は小さくなります。ケース4まで商品間の平均値に差が見られ、ケース5は差があるかないかはっきり分からず、ケース6は差がないといえます。このことからも、相関比は0.1ぐらいより大きいと平均値に差があり、2項目間に関連があるといってよいと判断ができます。

ケース1からケース3までは商品間の年齢平均値に差があり、ケース4と5はやや差があるといえそうです。この表から判断すると、相関比は0.1以上あれば関連性があるといえそうです。

◆ 相関比の無相関検定

ここまで扱ってきた例の場合、年齢と好きな商品の相関比は 0.604 でした。15 人のサンプルから得たこの結果から、母集団における両者の関係が 0 でない相関（または無相関）があるかを調べるのが相関比の無相関検定です。この検定は検定統計量 T から p 値を算出し、p 値が 0.05 より小さければ母集団は 0 でない相関があるといえます。

※この検定は F 検定とも呼ばれています。

検定統計量

S_b　群間変動　　　S_w　群内変動

V_b　群間不偏分散　　V_w　群内不偏分散

$f_b =$ カテゴリー数 $- 1 = 3 - 1 = 2$　　　$f_w = n -$ カテゴリー数 $= 15 - 3 = 12$

$V_b = \dfrac{S_b}{f_b}$　　$V_w = \dfrac{S_w}{f_w}$　　検定統計量 $T = \dfrac{V_b}{V_w}$

この例の検定統計量 T を求めます。

S_b　540　　S_w　354

$f_b =$ カテゴリー数 $- 1 = 3 - 1 = 2$　　　$f_w = n -$ カテゴリー数 $= 15 - 3 = 12$

$V_b = \dfrac{S_b}{f_b} = 540 \div 2 = 270$　　　$V_w = \dfrac{S_w}{f_w} = 354 \div 12 = 29.5$

検定統計量 $T = \dfrac{V_b}{V_w} = 270 \div 29.5 = 9.15$

この例の F 検定の結果を示します。

検定統計量 T	9.15
自由度 f_b	2
自由度 f_w	12
p 値	0.0039
判定	相関がある

⬅ p 値は Excel の関数で求められる

⬅ p 値＜0.05 なので 0 でない相関があるといえる

＜検定統計量 T から p 値の求め方＞　　　　　　　　　　　　　　　　Excel

Excel に次の関数を入力して、Enter キーを押すと、p 値が出力されます。

　=FDIST（T, 自由度 f_b, 自由度 f_w）

　=FDIST（9.15, 2, 12）　Enter　0.0039

上記の結果から、母集団における年齢と好きな商品との関係は無相関ではなく、相関の強弱は別にして、関連性があるといえます。

順位データと順位データの関連性を調べる
スピアマン順位相関係数

順位データと順位データ両者の関連性の強弱を調べる手法がスピアマン順位相関係数です。

◆ スピアマン順位相関係数とは

スピアマン順位相関係数は、順序尺度データの相関係数を算出する解析手法です。
5段階評価を順序尺度とした場合は、単相関係数でなくスピアマン順位相関係数を適用します。
スピアマンの順位相関係数は−1から1の値をとります。
相関係数の値が±1に近づくと相関関係が強くなり、反対に0に近づくと弱くなります。0の場合のみ相関関係がありません。ちょっと信じられないかもしれないですが、わずか0.01でも相関は弱いながらあります。
したがって大概の場合、2項目の間には強弱の違いはありますが、相関関係は見られます。このことから、大事なのは強い相関があるかどうかです。ところが、いくつ以上あれば相関が強い、という統計学的基準はありません。この基準は、分析者が経験的な判断から決めることになります。次は一般的な判断基準を示したものです。

順位相関係数の絶対値	細かくいうなら…	おおまかにいうなら…
0.8〜1.0	強い関連がある	関連がある
0.5〜0.8	関連がある	関連がある
0.3〜0.5	弱い関連がある	関連がある
0.3未満	非常に弱い関連がある	関連がない
0	関連がない	関連がない

0.3が境目

◆ スピアマン順位相関係数の検定

母集団における両者の関係は0でない相関（または無相関）があるかを調べるのが無相関検定です。
スピアマン順位相関係数の無相関検定は、下記の式で検定統計量Tを求め、Tに対するp値を算出します。
p値が0.05以下なら、母集団は0でない相関があると判断します。

$$検定統計量\ T = r\sqrt{\frac{n-2}{1-r^2}}$$

第5章 アンケートデータの解析

◆ 具体例におけるスピアマン順位相関と無相関検定

＜具体例＞

旅館の顧客満足度調査を行い、5段階で評価してもらいました。

大浴場満足度と旅館総合満足度とのスピアマン順位相関係数を求め、無相関検定をします。

1. 不満
2. やや不満
3. どちらともいえない
4. やや満足
5. 満足

No.	大浴場満足度	旅館総合満足度
1	3	4
2	3	3
3	3	2
4	3	2
5	4	2
6	2	3
7	4	4
8	4	4
9	2	4
10	5	5
11	1	2
12	3	3

スピアマン順位相関係数　0.3996

相関の計算方法は省略します。

スピアマン順位相関係数はフリーソフトで算出しました（13章参照）。

＜検定統計量＞

$$T = r\sqrt{\frac{n-2}{1-r^2}} \qquad n：サンプルサイズ \qquad r：スピアマン順位相関係数$$

この例の無相関検定の結果を示します。

検定統計量 T	1.379
自由度	10	← サンプルサイズ－2　12－2＝10
p 値	0.198	← p 値は Excel の関数で求められる
判定	相関がない	← p 値＞0.05 なので 0 でない相関がないといえる

　上記の結果から、母集団における大浴場満足度と旅館総合満足度との関係は無相関で、関連性がないといえます。

◆ 留意点

　スピアマン順位相関係数はサンプルサイズが 11 以上は t 検定、10 未満はステューデント化した範囲の表を適用しての検定を行います。

第6章

アンケート調査による母集団の把握

アンケート調査から得たデータから母集団のことを推測する統計的推定、統計的検定、サンプルサイズの決め方について学びます。

KEYWORDS

- 母集団とサンプル
- 統計的推定
- 区間推定法
- 標本誤差
- 相対誤差
- 信頼区間
- 母比率の推定
- 母平均の推定
- 統計的検定
- 母比率の差の検定
- 対応のある／対応のない
- 母平均の差の検定
- 両側検定、片側検定
- z検定
- 対応のないt検定
- ウエルチのt検定
- 対応のあるt検定
- カイ2乗検定
- サンプルサイズの決め方
- サンプルサイズ抽出法
- 層別抽出法
- 標本割り当て

母集団の割合や平均値を推計する手法を知ろう
統計的推定

アンケート調査から求められた回答割合、平均値、標準偏差から、統計学に基づいて母集団の回答割合（母比率）や平均値（母平均）を推定することができます。

◆ 母集団と標本

日本で5年ごとに行われる国勢調査は、日本に在住する全ての人を調査することになっています。このような集団全体を対象とする調査を**全数調査**といいます。

ところで、調査の内容や目的によっては、集団全体を調査することが無意味であったり、不可能であったりすることがあります。例えば、選挙の予想などに全数調査を実施しようものなら、大変な費用がかかるばかりでなく、調査結果が出る前に選挙が終わってしまった、ということになりかねません。

そこで、集団全体ではなく、一部分を調査し、その結果から推測することによって、全体を把握することを考えてみます。集団の一部分を対象とする調査を**標本調査**といいます。集団の「一部分」を**サンプル**（標本）、元の集団を**母集団**といいます。

皆さんが実施しているアンケートの大半は、母集団のことを調べることを目的としたものなので、正しくいえばアンケート調査でなく標本調査です。

この本では標本調査を、日頃親しんでいる用語「アンケート調査」で表現することとします。

◆ 統計的推定

ある市に居住する人を対象にA商品の購入意向率を明らかにしたいと思います。無作為に抽出した300人についてアンケート調査を行ったところ、A商品の購入意向率は20%でした。

この結果より、この市全体の購入意向率は20%であると判断してよいでしょうか。たまたま抽出された人々の購入意向率は、A商品の購入意向がある人ばかりかも知れません。たまたま抽出された人々の購入意向率をもって、全体の購入意向率（母比率という）であると言い切ってしまうのは危険です。

そこで得られた購入意向率に一定の幅を持たせます。つまり、この市の購入意向率は「○○%〜△△%の間にある」といういい方で、母集団の購入意向率を推定するわけです。この考え方を**統計的推定**、方法を**区間推定法**といいます。

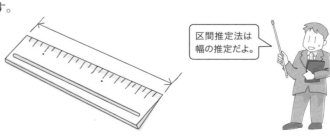

◆ 標本誤差と信頼区間

統計的推定は、標本調査の結果を用いて、母集団の平均や割合を推定する方法です。
推定は区間推定によって行います。

| 区間推定法 | 購入意向率 30% ±2%
28%～32%の間にある |

| 下限値・上限値 | 下限値　$m1 = 30 - 2$　28%
上限値　$m2 = 30 + 2$　32% |

| 信頼区間 | $m2 - m1 = 32\% - 28\% = 4\%$ |

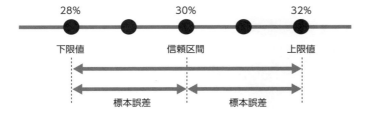

標本誤差　$\dfrac{m2 - m1}{2} = 2\%$

大きい → 精度が悪い
小さい → 精度が良い

◆ 信頼度

　推定は、母集団の一部（サンプル）をもとに結論を導くわけですから、結論が間違う可能性もあります。信頼区間が求められたとしても母集団の購入意向率（母比率）はそこから外れている可能性もあるということです。そこで母比率の区間推定法を行うときは、推定の結果がどの程度信頼できるかを、確率によって示します。

　この確率は**信頼度**と呼ばれ、母集団の購入意向率が信頼区間に含まれる確率を意味します。

　「信頼度95％」とは、ここで出した結論が絶対に正しいかを問われれば、「間違いの可能性あり、ただしその間違いは5％以内である」ということを示しています。

　アンケート調査における母比率の推定は、信頼度を95％に固定し信頼区間を算出するのが一般的な方法です。

◆ 統計的推定の種類

　統計的推定には、アンケート調査より得た回答割合から母集団の割合を推定する方法とアンケート調査の平均値から母集団の平均を推定する方法があります。前者を**母比率の推定**、後者を**母平均の推定**といいます。

調査集計をもとに母集団の回答割合を推定する

母比率の推定

アンケート調査の回答割合から標本誤差を求め、標本誤差を用いて「母集団の割合は○○％〜△△％の間にある」と推定する方法を母比率の推定といいます。

◆ 母比率推定の公式

母集団の割合（母比率）の区間推定は、アンケート調査の回答割合 $\bar{p}$ と標本誤差 e（調査による誤差）を用いて求められます。

> 母比率の区間推定：P_1％〜P_2％の間にある場合
> $P_1 = \bar{p} - e、P_2 = \bar{p} + e$

調査による誤差である**標本誤差** e は、アンケート調査のサンプルサイズ（回答人数）が多く、標準偏差が小さいデータほど小さくなります。

標本誤差の公式はこの事実に基づき、次のように定められています。

n はサンプルサイズ、$\bar{p}$ は回答割合、1.96 は統計学が定めた定数です。

ここで示した母比率の区間推定の信頼度は95％です。しかし、信頼度が99％の場合は、定数は1.96ではなく2.58とします。

$$標本誤差\ e = 1.96 \times \frac{標準偏差}{\sqrt{n}} = 1.96 \times \frac{\sqrt{\bar{p}(1-\bar{p})}}{\sqrt{n}}$$

$\sqrt{\bar{p}(1-\bar{p})}$ は割合 (1,0) データの標準偏差 60 ページ参照

◆ 母比率の推定の計算

次の例題によって、母比率の推定の計算の仕方を見ていくことにしましょう。

＜例題＞

> ある市における新製品の購入意向率を調べるために、300人のアンケート調査を行いました。
> アンケート調査における購入意向率 $\bar{p}$ は20％（0.2）でした。
> この市における新製品の購入意向率を推定してください。

＜解答＞

> ① 標準偏差 $= \sqrt{\bar{p}(1-\bar{p})} = \sqrt{0.2 \times (1-0.2)} = \sqrt{0.16} = 0.4$
> ② 標本誤差 $e = 1.96 \times$ 標準偏差 $\div \sqrt{n} = 1.96 \times 0.4 \div \sqrt{300} = 0.0453$
> ③ 下限値 $P_1 = \bar{p} - e = 0.2 - 0.0453 = 0.1547 \rightarrow 15\%$
> ④ 上限値 $P_2 = \bar{p} + e = 0.2 + 0.0453 = 0.2453 \rightarrow 25\%$
> 計算結果から、この市の新製品の購入意向率は15％〜25％の間にあるといえます。

◆ 相対誤差

標本誤差を回答割合 $\bar{p}$ で割った値を**相対誤差**といい、区間推定の精度を示します。

したがって相対誤差を**精度**ともいいます。

回答割合が20%の場合と回答割合が50%の場合で、サンプルサイズが300人、500人、1,000人の標本誤差と精度を求めてみます。

回答割合 20%の場合			
サンプルサイズ	300	500	1,000
標本誤差	4.5%	3.5%	2.5%
精度	22.6%	17.5%	12.4%

回答割合 50%の場合			
サンプルサイズ	300	500	1,000
標本誤差	5.7%	4.4%	3.1%
精度	11.3%	8.8%	6.2%

サンプルサイズが大きいほど、標本誤差、精度の値は小さくなり、区間推定の精度はよくなります。

また、回答割合50%と20%の場合で比較すると、20%の場合のほうが精度の値が大きくなっています。つまり、回答割合が小さくなるほど精度の値が大きくなり、推定区間の精度が悪くなります。そのため、回答割合が小さいと想定される場合の区間推定は、サンプルサイズを多く設定する必要があります。

◆ サンプルサイズと回答割合、精度の関係

◆ 母集団の人数が10万人以下の区間推定

母集団の人数が10万人以下（有限母集団という）の場合、標本誤差に修正係数を乗じ、標本誤差を小さくすることができます。

$$修正係数 = \sqrt{\left(\frac{N-n}{N-1}\right)}$$

母集団が1,000人、回答人数が400人、回答率が40%、標本誤差5%のときの母比率を推定してみます。

修正係数 $= \sqrt{(1000-400) \div (1000-1)} = \sqrt{600 \div 999} = \sqrt{0.60} = 0.77$

修正後標本誤差 = 修正前標本誤差 × 修正係数 = $0.05 \times 0.77 = 0.04 \rightarrow 4\%$

下限値 = 回答率 − 標本誤差 = 40% − 4% = 36%

上限値 = 回答率 + 標本誤差 = 40% + 4% = 44%

精度 = 標本誤差 ÷ 回答率 = 4% ÷ 40% = $0.01 \rightarrow 10\%$

1,000人と母集団の人数が小さい会社で喫煙率の推定をしたとき、信頼区間の幅は狭くなるよ。

調査集計をもとに母集団の平均値を推定する
母平均の推定

アンケート調査の平均値から標本誤差を求め、標本誤差を用いて「母集団の平均は○○〜△△の間にある」と推定する方法を母平均の推定といいます。

◆ 母平均の推定の公式

母集団の平均（**母平均**）を X とします。母平均 X の区間推定（X_1〜X_2 の間）は、アンケート調査の平均値 $\bar{X}$（エックスバー）と標本誤差 e を用いて求められます。

アンケート調査におけるサンプルサイズ（回答人数）を n とすると、標本誤差は標準偏差を $\sqrt{n}$ で割った値に定数 1.96 を掛けて求められます。

標準偏差を s として、標本誤差の公式は次のようになります。

$$標本誤差\ e = 1.96 \times \frac{標準偏差}{\sqrt{n}} = 1.96 \times \frac{s}{\sqrt{n}}$$

標本誤差を平均値 $\bar{X}$ で割った値を相対誤差といい、区間推定の精度を示します。したがって相対誤差を精度といいます。

$$精度 = 標本誤差 \div 平均値 = e \div \bar{X}$$

◆ 母平均の推定の計算

次の例題によって、母平均の推定の計算の仕方を見ていくことにしましょう。

＜例題＞

ある市に居住する主婦のタンス貯金額を調べるために、400 人のアンケート調査を行いました。アンケート調査におけるタンス貯金額の平均値 $\bar{X}$ は 20 万円、標準偏差 s は 10 万円でした。この市におけるタンス貯金額の平均値を推定してください。

＜解答＞

① 標準誤差 $e = 1.96 \times 標準偏差 \div \sqrt{n} = 1.96 \times 10$ 万円 $\div \sqrt{400} = 9,800$ 円
② 下限値 $X_1 = \bar{X} - e = 20$ 万円 $- 9,800$ 円 $= 190,200$ 円
③ 上限値 $X_2 = \bar{X} + e = 20$ 万円 $+ 9,800$ 円 $= 209,800$ 円

◆ 母平均の推定の計算

タンス貯金額の平均値20万円として、標準偏差10万円の場合と標準偏差18万円の場合で、サンプルサイズが400人、700人、1,000人の標本誤差と精度を求めてみます。

平均値20万円・標準偏差10万円の場合			
サンプルサイズ	400	700	1,000
標本誤差（単位：円）	9,800	7,408	6,198
精度	4.9%	3.7%	3.1%

平均値20万円・標準偏差18万円の場合			
サンプルサイズ	400	700	1,000
標本誤差（単位：円）	17,640	13,335	11,157
精度	8.8%	6.7%	5.6%

サンプルサイズが大きいほど標本誤差も精度の値も小さくなり、区間推定の精度はよくなります。また、標準偏差が大きくなると精度は悪くなります。そのため、標準偏差が大きいと想定される場合の区間推定は、サンプルサイズを大きく設定する必要があります。

> **サンプルサイズと標本誤差の関係**
> 5,000人の主婦を対象にタンス貯金額の調査をしました。平均値は20万円、標準偏差は2.8万円で、標準偏差は小さな値を示しました。このデータから母集団のタンス貯金額を推定すると、標本誤差は0.1万円、区間推定は19.9万円から20.1万円となります。このようにサンプルサイズが大きく、標準偏差が小さいと、アンケート調査の結果は母集団の平均値の結果にほぼ一致します。

サンプルサイズと標準偏差、精度の関係

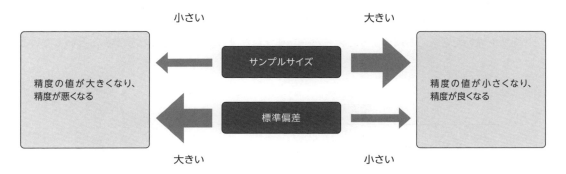

母集団の 2 群に差があるかどうかを把握する方法
統計的検定

統計的検定は、アンケート調査の回答割合、平均値、標準偏差から、統計学に基づいて 2 つの母集団の割合や平均値に違いがあるかどうかを調べる方法です。

統計的検定の考え方

ある市の男性と女性のインターネット利用率に違いがあるかを明らかにしたいと思います。

男性 160 人、女性 140 人を無作為に抽出してアンケートを行ったところ、インターネット利用率は男性 50％、女性 30％という結果を得ました。この結果よりこの市全体の男性と女性のインターネット利用率に差があると判断してよいでしょうか。

たまたま抽出された人々から得られた男女別インターネット利用率を用いて、男性と女性のインターネット利用率に差があると言い切ってしまうのは危険です。

そこで、130 ページの考え方で、男性、女性のインターネット利用率の区間推定をしてみました。

男性のインターネット利用率は 42％〜58％の間にあると推定されました。

女性のインターネット利用率は 22％〜38％の間にあると推定されました。

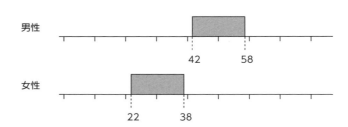

男性はどんなに低く見積もっても 42％を下回ることはありません。逆に女性はどんなに高くとも 38％を超えることはありません。

これより男性と女性のインターネット利用率に差があるといえます。

グラフを描いたとき、次図のようにオーバーラップした場合、2 つの集団に差があるといえないことになります。

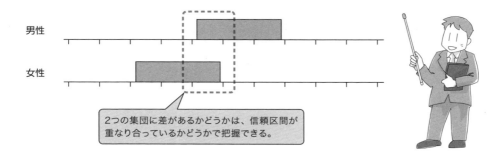

2 つの集団に差があるかどうかは、信頼区間が重なり合っているかどうかで把握できる。

◆ 統計的検定

統計的検定は、「2つの集団の統計的推定から両者の差を調べる」という方法でもよいのですが、実際には以下に示す2つの方法で行います。

◆ 統計的検定【方法1】

- 比較する2つの集団のアンケート調査におけるサンプルサイズ、割合、標準偏差を検定の公式に代入して、**統計量 T** を算出します。
- 統計量 T と統計学によって定められた棄却限界値を比較し、T が棄却限界値より大きければ、母集団において2つの集団に差があると判断します。

陸上の走り高跳びを例にすると、飛んだ高さが T、バーの高さが棄却限界値です。

バーを越えればセーフ、越えなければアウトです。検定では、T が棄却限界値を上回ればセーフ、すなわち差があると判断し、このことを統計学では「有意な差がある」といいます。

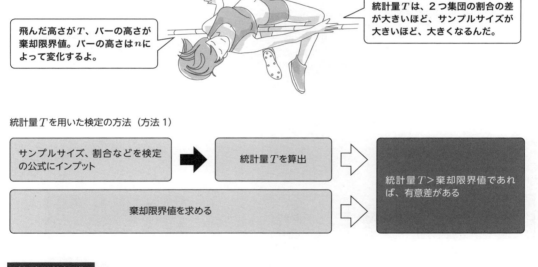

統計学的知識

棄却限界値とは

検定方法には z 検定、t 検定があります。

棄却限界値（バーの高さ）は、z 検定は 1.96、t 検定はサンプルサイズによって異なり、サンプルサイズが小さくなるほど値は大きくなります。

◆ 統計的検定【方法2】

- p値と有意水準を用いて行う方法です。
  ① 統計量Tを求めます。
  ② 統計量Tからp値を算出します。
  p値は、統計量Tが求められれば自動的に決まる値で、Excel関数を用いて算出できます。
  p値と統計学が定めた有意水準とを比較して、p値が有意水準より小さければ、2つの母集団の割合に有意な差があると判断します。

> **p値と統計量Tの関係**
> 統計量Tが0のときp値は1、Tが大きくなるとp値は小さくなり0へ近づくという関係にあります。

体を屈めてバーを潜るリンボーダンスを例にすると、屈んだ高さがp値、バーの高さが有意水準です。決められたバーの高さを潜ればセーフ、潜らなければアウトです。検定ではp値が有意水準を下回ればセーフ、すなわち有意な差があるといえます。

潜った高さがp値、バーの高さが有意水準。バーの高さは0.05、あるいは0.01で固定。

p値は、2つの集団の割合の差が大きいほど、サンプルサイズが大きいほど、小さくなるんだ。

p値を用いた検定の方法（方法2）

- 有意水準とは有意差があるという判断が誤る確率です。通常p値は5%（0.05）で、誤る確率が5%より大きくなければ有意差があると判断します。
- 方法1でも方法2でも有意差検定の結果は同じなので、最近ではいかなる検定でも有意水準0.05（0.01）を定数とする方法2を使います。

母集団の2群の割合について差を調べる
母比率の差の検定の種類

アンケートから求められた2群の回答割合から標本誤差を求め、統計量Tを用いて母集団の2群の割合に差があるかを調べる方法が母比率の差の検定です。

◆ 母比率の差の検定の種類

「母比率の差の検定」は、2つの母集団の回答割合（比率）に差があるかを調べる方法です。

検定方法は回答割合の求め方によって異なります。回答割合の求め方は4タイプあり検定公式もそれぞれに対応して4つあります。

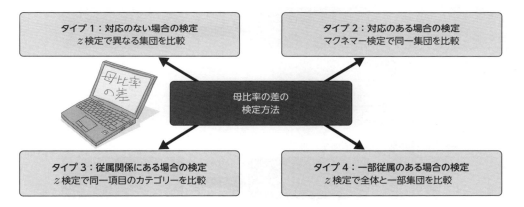

10人の対象者に、商品Aの保有の有無、商品Bの保有の有無、性別を質問しました。下記は回答データです。

回答者 No.	商品 A	商品 B	性別
1	○	○	男性
2	○	×	男性
3	○	×	男性
4	×	×	男性
5	×	×	男性
6	○	×	女性
7	○	×	女性
8	×	×	女性
9	×	○	女性
10	×	○	女性

○は保有、×は非保有

◆ 比較対象に応じた母比率の差の検定方法

「異なる集団を比較」するための回答割合

商品 A 保有率について男性と女性を比較

男性	3÷5＝60%
女性	2÷5＝40%

タイプ 1：対応のない場合の検定　　　有意差判定方法：z 検定

「同一集団を比較」するための回答割合

全員について商品 A と商品 B の保有率を比較

商品 A	5÷10＝50%
商品 B	3÷10＝30%

タイプ 2：対応のある場合の検定　　　有意差判定方法：マクネマー検定

「同一項目のカテゴリーを比較」するための回答割合

商品 A の保有率と非保有率を比較

保有	3÷10＝30%
非保有	7÷10＝70%

タイプ 3：従属関係にある場合の検定　　　有意差判定方法：z 検定

「全体と一部集団を比較」するための回答割合

商品 A 保有率の全体と男性を比較

全体	5÷10＝50%
男性	3÷5＝60%

タイプ 4：一部従属のある場合の検定　　　有意差判定方法：z 検定

異なる集団の母比率をタイプ1で比較する
母比率の差の検定／タイプ1の検定

タイプ1は、異なる集団の母集団の割合に差があるかを調べる方法で、有意差判定方式はz検定を適用します。

◆ タイプ1　対応のない場合の検定

対応のない場合の検定について説明します。対応のない場合の検定には色々な方法がありますが、ここで学ぶのは**対応のない場合の母比率の差の検定**という方法です。

クロス集計表

	例	項目 A商品保有無		回答人数	保有回答割合
		保有	非保有	合計	
属性1	**男性**	a人	b人	$n_1 = a+b$	$p_1 = a \div n_1$
属性2	**女性**	c人	d人	$n_2 = c+d$	$p_2 = c \div n_2$

回答割合：男性保有率→p_1　女性保有率→p_2

有意差判定方式：z検定

<方法1>

統計量T

$$T = \frac{p_1 - p_2}{\sqrt{p(1-p)\left(\dfrac{1}{n_1} + \dfrac{1}{n_2}\right)}} \quad ただし \quad p = \frac{n_1 p_1 + n_2 p_2}{n_1 + n_2}$$

棄却限界値：z検定より1.96

判定：Tの絶対値 ≧ 1.96 なら、母集団の商品A保有率は男性と女性で有意な差があるといえる。

<方法2>

p値　　p値はTが求められれば自動的に決まる値で、p値とTは、Tが小さい（大きい）場合、p値が大きく（小さく）なるという関係にあります。

Excel

p値はExcelの関数を用いて計算する。

任意のセルに次の関数を入力して [Enter] を押す。

=2*(1-NORMSDIST(統計量 T))

有意水準：0.05

p値 ≦ 0.05 なら、母集団のA商品保有率は男性と女性で有意な差があるといえる。

◆ 計算手順

回答者No.	商品A保有 有無	性別
1	○	男性
2	○	男性
3	○	男性
4	×	男性
5	×	男性
6	○	女性
7	○	女性
8	×	女性
9	×	女性
10	×	女性

○は保有、×は非保有

クロス集計

	回答人数	A商品保有率
男性	5	60%
女性	5	40%

<方法1>

$$T = \frac{0.6 - 0.4}{\sqrt{0.5(1-0.5)\left(\frac{1}{5}+\frac{1}{5}\right)}}$$

$$= \frac{0.2}{\sqrt{0.5 \times 0.5 \times 0.4}} = \frac{0.2}{\sqrt{0.1}}$$

$$= \frac{0.2}{0.316} = 0.6325 \quad 注:Tは絶対値とする$$

$$p = \frac{5 \times 0.6 + 5 \times 0.4}{5 + 5} = \frac{3+2}{10} = 0.5$$

棄却限界値：z 判定より 1.96

有意差判定：統計量 T 0.6325 ＜ 棄却限界値 1.96 →有意差なし

<方法2>

- p 値を Excel の関数で求める。

  p 値 =2*(1-NORMSDIST(0.6325))　→　0.5271

  有意水準：0.05

  有意差判定：p 値 0.5271 ＞ 有意水準 0.05　→有意差なし

【結論】

母集団におけるA商品保有率は男性と女性で有意な差があるといえない。

注：統計量 T による判定も p 値による判定も、有意差の判定結果は同じになる。

統計学的知識

サンプルサイズと有意差の関係

A商品の保有率は男性が60%、女性が40%と差が20%あるのに、有意な差は見られませんでした。回答人数が少ないので有意な差があるかどうか分からないということです。

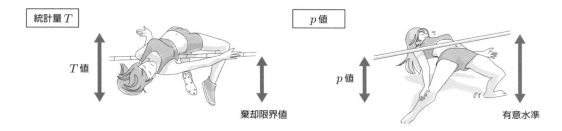

同一集団の母比率をタイプ2で比較する
母比率の差の検定／タイプ2の検定

タイプ2は、同一母集団の割合に差があるかを調べる方法で、有意差判定方式はマクネマー検定を適用します。

タイプ2 対応のある場合の検定

対応のある場合の検定について説明します。対応のある場合の検定には色々な方法がありますが、ここで学ぶのは**マクネマー検定**という方法です。

クロス集計表

			項目2		計
			カテゴリー1	カテゴリー2	
		例	B商品		
			保有	非保有	
項目1	カテゴリー1	A商品	保有	a 人	b 人	$a+b$
	カテゴリー2		非保有	c 人	d 人	$c+d$
			$a+c$	$b+d$	n

A商品保有率 $P_1 = (a+b)/n$　　B商品保有率 $P_2 = (a+c)/n$

有意差判定方式：マクネマー検定

＜方法1＞

統計量 T 　　$T = \dfrac{(b-c)^2}{b+c}$

棄却限界値：マクネマー検定より3.84固定

判定：Tの絶対値≧3.84なら、母集団のA商品保有率とB商品保有率では有意な差があるといえる。

＜方法2＞

p 値　　p 値は T が求められれば自動的に決まる値で、p 値と T は、T が小さい（大きい）場合、p 値が大きく（小さく）なるという関係にある。

`Excel`

p 値は、Excelの関数を用いて計算する。
任意のセルに次の関数を入力して Enter を押す。
=CHIDIST(統計量 T , 1)　　※1は固定

有意水準：0.05

判定：p 値≦0.05なら、母集団のA商品保有率とB商品保有率では有意な差があるといえる。

◆ 計算手順

回答者 No.	商品 A	商品 B
1	○	○
2	○	×
3	○	×
4	×	×
5	×	×
6	○	×
7	○	×
8	×	×
9	×	○
10	×	○

○は保有、×は非保有

クロス集計

回答数		B 商品 保有	B 商品 非保有	計
A 商品	保有	a 1	b 4	$a+b$ 5
A 商品	非保有	c 2	d 3	$c+d$ 5
計		$a+c$ 3	$b+d$ 7	10

商品 A 保有率 → P_1 → (1 + 4) ÷ 10 = 50%
商品 B 保有率 → P_2 → (1 + 2) ÷ 10 = 30%

セル内の n 数（a、b、c、d のいずれか）が 5 未満の場合は統計量 T の計算式は下記のとおりとなります。

$$T = \frac{(|b-c| - 1)^2}{b + c} \quad 注：|| は絶対値のことを示す$$

<方法 1>

統計量 T 　　$T = \dfrac{(|4-2| - 1)^2}{4 + 2} = \dfrac{1}{6} = 0.17$

棄却限界値：マクネマー検定より 3.84
有意差判定：統計量 T　0.17 ＜棄却限界値　3.84　→有意差なし

<方法 2>

- p 値を Excel の関数で求める。
  p 値 =CHIDIST(0.17, 1) → 0.68
  有意水準：0.05
  有意差判定：p 値 0.68 ＞有意水準 0.05 →有意差なし

【結論】

母集団における商品 A 保有率と商品 B 保有率は差があるとはいえない。
※統計量 T による判定も p 値による判定も、有意差の判定結果は同じになる。

母比率の差の検定／タイプ3の検定

同一項目のカテゴリーデータの母比率をタイプ3で比較する

タイプ3は、同一項目の割合に差があるかを調べる方法で、有意差判定方式はz検定を適用します。

タイプ3　従属関係にある場合の検定

従属関係にある場合の母比率の差の検定について説明します。

単純集計表

		項目 A商品	
		回答人数	回答率
カテゴリー1	保有	a人	$p_1 = a \div n$
カテゴリー2	非保有	b人	$p_2 = b \div n$
全体		$n = a + b$	100%

比較：商品A保有率→p_1　商品A非保有率→p_2

有意差判定方式：z検定

<方法1>

統計量T

$$T = \frac{p_1 - p_2}{\sqrt{\dfrac{p_1 + p_2}{n}}}$$

棄却限界値：z検定より1.96

判定：Tの絶対値≧1.96 なら、母集団のA商品の保有率と非保有率は有意な差があるといえる。

<方法2>

p値

p値はTが求められれば自動的に決まる値で、p値とTは、Tが小さい（大きい）場合、p値が大きく（小さく）なるという関係にある。

Excel

p値は手計算では無理なので、Excelの関数を用いて計算する。
任意のセルに次の関数を入力して Enter を押す。
=2*(1-NORMSDIST(統計量T))

有意水準：0.05

判定p値≦0.05 なら、母集団のA商品保有率とA商品非保有率では有意な差があるといえる。

◆ 計算手順

回答者 No.	商品 A
1	○
2	○
3	○
4	×
5	×
6	○
7	○
8	×
9	×
10	×

A 商品		
全体人数 10人	保有 5人	保有率 50%
全体人数 10人	非保有 5人	非保有率 50%

○は保有、×は非保有

＜方法1＞

統計量 T

$$T = \frac{0.5 - 0.5}{\sqrt{\frac{0.5 + 0.5}{10}}} = \frac{0}{\sqrt{0.1}} = \frac{0}{0.3162} = 0$$

棄却限界値：z 検定より 1.96

有意差検定：統計量 T　0 ＜棄却限界値 1.96 →有意差なし

＜方法2＞

- p 値を Excel の関数で求める

  p 値 =2*(1-NORMSDIST(0)) → 2*(1-0.5) → 1

  有意水準：0.05

  有意差判定：p 値 1 ＞有意水準 0.05 →有意差なし

【結論】

母集団における商品 A 保有率と商品 A 非保有率は有意な差があるといえない。

※統計量 T による判定も p 値による判定も、有意差の判定結果は同じになる。

5段階評価において、任意のカテゴリー、例えば第1カテゴリー割合と第5カテゴリー割合の比較も可能だよ。

全体と一部カテゴリーデータの母比率を比較する
母比率の差の検定／タイプ 4 の検定

タイプ 4 は、全体と一部カテゴリーの割合に差があるかを調べる方法で、有意差判定方式は z 検定を適用します。

◆ タイプ 4　一部従属のある場合

一部従属のある場合の母比率の差の検定について説明します。

クロス集計表

			項目 1		横計
			カテゴリー 1	カテゴリー 2	
	例		商品 A 保有 有無		
			保有	非保有	
項目 2	属性 1	性別 男性	a	b	$n_1 = a+b$
	属性 2	女性	c	d	$n_2 = c+d$
全体			$a+c$	$b+d$	$n = a+b+c+d$

比較：全体の割合　$p = (a+c) \div n$　　属性 1 割合　$p_1 = a \div n_1$

有意差判定方式：z 検定

<方法 1>

統計量 T

$$T = \frac{p - p_1}{\sqrt{p(1-p)\dfrac{n - n_1}{n \times n_1}}}$$

棄却限界値：z 検定より 1.96

判定：T の絶対値 ≧ 1.96 なら、母集団の A 商品の全体保有率と男性保有率は有意な差があるといえる。

<方法 2>

p 値　　p 値は T が求められれば自動的に決まる値で、p 値と T は、T が小さい（大きい）場合、p 値が大きく（小さく）なるという関係にある。

Excel

p 値は手計算では無理なので、Excel の関数を用いて計算する。
任意のセルに次の関数を入力して Enter を押す。
=2*(1-NORMSDIST(T 値))

有意水準：0.05

判定：p 値 ≦ 0.05 なら、母集団の A 商品の全体保有率と男性保有率は有意な差があるといえる。

◆ 計算手順

回答者 No.	商品 A	性別
1	○	男性
2	○	男性
3	○	男性
4	×	男性
5	×	男性
6	○	女性
7	○	女性
8	×	女性
9	×	女性
10	×	女性

○は保有、×は非保有

クロス集計表

		商品A保有 有無		横計
		保有	非保有	
性別	男性	3	2	5
		60%	40%	100%
	女性	2	3	5
		40%	60%	100%
全体		5	5	10
		50%	50%	100%

男性保有率　$P_1 = 3 \div 5 = 60\%$
全体保有率　$P = 5 \div 10 = 50\%$

<方法1>

統計量 T

$$T = \frac{0.5 - 0.6}{\sqrt{0.5 \times (1-0.5) \times \frac{10-5}{10 \times 5}}} = \frac{-0.1}{\sqrt{0.5 \times 0.5 \times 5 \div 50}}$$

$$= \frac{-0.1}{\sqrt{0.025}} = \frac{-0.1}{0.158} = -0.63 \rightarrow T\text{は絶対値とするので } 0.63$$

棄却限界値：z 検定より 1.96

有意差検定：統計値 T　0.63 ＜ 棄却限界値 1.96 →有意差なし

<方法2>

- p 値を Excel の関数で求める

  p 値 =2*(1-NORMSDIST(0.63)) → 0.53

  有意水準：0.05

  有意差判定：p 値 0.53 ＞有意水準 0.05 → 有意差なし

【結論】
母集団における商品 A 保有率は全体と男性では有意な差があるといえない。
※統計量 T による判定も p 値による判定も、有意差の判定結果は同じになる。

ある特定のグループが全体平均と比べて違いがあるかを調べる検定だよ。

母集団の2群の平均値について差を調べる
母平均の差の検定の種類

アンケートによる2群の平均値、標準偏差から標準誤差を求め、統計量Tを用いて母集団の2群の平均値に差があるかを調べる方法が母平均の差の検定です。

◆ 母平均の差の検定の種類

「**母平均の差の検定**」は、2つの母集団の平均値に差があるかを調べる方法です。

母平均の差の検定方法は比較する集団のデータが、対応しているか、分散が等しいか、正規分布に従っているかなど、によって異なります。下図はどのようなデータのときどの検定手法の公式を適用するかを示したものです。

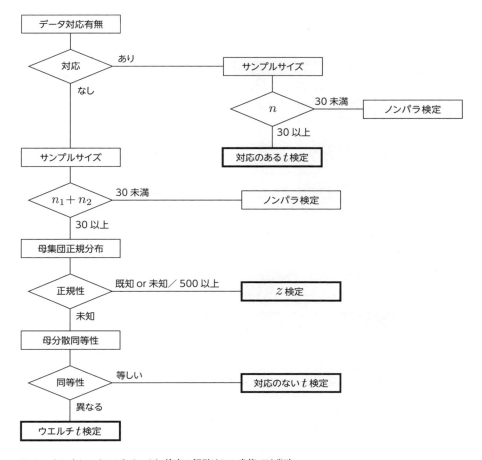

※ノンパラ（ノンパラメトリック）検定の解説はこの書籍では省略。

対応のない、対応のあるとは何かを知ろう
対応のない、対応のあるとは

母平均の差の検定は、比較する対象が同じか否かで解決手法が異なります。

◆ 対応のない、対応のあるとは

2群間のデータを比較するとき、例えば、健康群と患者群は異なる集団の比較です。患者群において薬剤投与前後の体温の比較は同じ患者（同じ集団）の比較です。

異なる集団の比較を「**対応のないデータ**」の比較、同じ集団の比較を「**対応のあるデータ**」の比較といいます。

次のデータで、対応のない、対応のあるとは何かを調べてみましょう。

喫煙している人に1日におよそ何本タバコを吸うかを聞きました。男性の平均は13本、女性は7本でした。調査結果から母集団における喫煙本数の平均は男性と女性で異なるかを明らかにします。

比較する集団は異なるので、対応のないデータといいます。

	男性喫煙本数
A_1	19
A_2	12
A_3	14
A_4	7
A_5	20
A_6	6
A_7	14
A_8	7
A_9	13
A_{10}	18

	女性喫煙本数
B_1	10
B_2	12
B_3	3
B_4	4
B_5	2
B_6	4
B_7	11
B_8	2
B_9	15

調査結果1

	男性喫煙本数	女性喫煙本数
標本平均	13.0	7.0
標本標準偏差	5.1	5.0

対応のないデータという

製薬会社が解熱剤を開発しました。その新薬Yの解熱効果を明らかにするために10人の患者を対象に、薬剤の投与前と投与後の体温を調べました。体温平均値は、投与前が38.0℃、投与後が36.7℃でした。母集団において体温平均値は投与前と投与後で異なるかを明らかにします。

同じ対象者なので、対応のあるデータといいます。

	新薬Y投与前体温	新薬Y投与後体温	差分データ
C_1	38.3	36.4	1.9
C_2	36.7	35.5	1.2
C_3	38.1	36.7	1.4
C_4	38.5	37.8	0.7
C_5	37.4	35.4	2.0
C_6	38.4	37.8	0.6
C_7	37.1	35.7	1.4
C_8	38.2	37.5	0.7
C_9	39.3	38.0	1.3
C_{10}	38.0	36.2	1.8
		標本平均	1.30
		標本標準偏差	0.51

対応のあるデータという

調査結果2

異なる集団の母平均を比較する
母平均の差の検定／対応のない場合のz検定

対応のない場合の検定は、異なる集団の母平均に差があるかを調べる検定方法です。
対応のない場合の検定にはz検定、t検定、ウエルチのt検定がありますが、
ここで学ぶのは対応のない場合のz検定です。

◆ z検定とは

z検定は、標本調査の対応のないデータから統計量T値とp値を算出し、T値が1.96より大きい、あるいはp値が0.05より小さければ「2群の母平均は異なる」と判定する方法です。

<条件>
- AとBの母集団は正規分布である。サンプルサイズ（2群計）はいくつでもよい。
- 母集団が正規分布でない場合、サンプルサイズ（2群計）は500以上。

<標本調査の結果>

2群	サンプルサイズ	標本平均	標本標準偏差
A	n_1	$\bar{X}_1$	s_1
B	n_2	$\bar{X}_2$	s_2

【有意差判定】
<方法1>

検定統計量T

$$T値 = \frac{\bar{X}_1 - \bar{X}_2}{\sqrt{\dfrac{s_1^2}{n_1} + \dfrac{s_2^2}{n_2}}}$$

標本平均の差分$(\bar{X}_1 - \bar{X}_2)$がマイナスの場合プラスの値に変換する

棄却限界値：z検定より1.96
T値≧1.96 「2群の母平均は異なる」はいえる。
T値＜1.96 「2群の母平均は異なる」はいえない。

<方法2>

p値

Excel

p値は手計算では無理なので、Excelの関数を用いて計算する。
任意のセルに次の関数を入力して Enter を押す。
=2*(1-NORMSDIST(T値))

p値≦有意水準0.05 「2群の母平均は異なる」はいえる。
p値＞有意水準0.05 「2群の母平均は異なる」はいえない。
方法1、方法2どちらで行っても結論は同じである。

◆ 計算方法

下記の具体例でz検定の仕方を説明します。

下記はある小学校のお年玉金額を調べた結果である。この小学校の男子と女子ではお年玉金額の平均に違いがあるかを調べよ。

【具体例】		2群	サンプルサイズ	標本平均	標本標準偏差
小学生お年玉金額	お年玉金額は正規分布	男子	200	28,300 円	1,620 円
		女子	150	27,900 円	1,580 円

検定統計量 T

$$T\text{値} = \frac{28,300 - 27,900}{\sqrt{\dfrac{1,620^2}{200} + \dfrac{1,580^2}{150}}} = \frac{400}{\sqrt{13,122 + 16,643}} = \frac{400}{172.53} = 2.32$$

p値

- Excel関数で求める
  =1-NORMSDIST(2.32) [Enter]　0.0102
  p値　0.0102 の2倍　0.02

【有意差判定】

<方法1>
　T値 2.32 > 1.96
　お年玉の平均金額は男子と女子で異なる。

<方法2>
　p値 = 0.02 < 0.05
　お年玉の平均金額は男子と女子で異なる。

統計学的知識

ノンパラメトリック検定

母標準偏差未知、母集団の正規性不明、$n < 30$ の場合、検定統計量T値の分布は標準正規分布、t分布にならず、z検定やt検定を適用できません。

このような場合は**ノンパラメトリック検定**（ノンパラ検定ともいう）を適用します。

ノンパラメトリック検定の利点は、母集団の分布は何でもよく、どんなデータであっても適用可能なことです。このため、データの中に飛び離れた値と思われる外れ値が含まれているような場合でも検定が行えます。一方、弱点としては、分布に関する情報を用いないので、z検定やt検定に比べ検定（検出力）が低下することです。

ノンパラメトリック検定においてはデータの値を直接使わず、これを大きさの順に並べてその順位を用いることが多くあります。このことはデータの持つ情報を全部使い切っていないので情報の損失があることを意味します。他方、外れ値の影響はそれだけ受けにくくなっています。

異なる集団の母平均を比較する
母平均の差の検定／対応のない場合のt検定

対応のない場合の検定は、異なる集団の母平均に差があるかを調べる検定方法です。

対応のない場合の検定にはz検定、t検定、ウエルチのt検定がありますが、ここで学ぶのは対応のない場合のt検定です。

◆ 対応のない場合の t 検定

対応のない場合のt検定は、標本調査の対応のないデータから統計量T値とp値を算出し、T値が棄却限界値より大きい、あるいはp値が0.05より小さければ「2群の母平均は異なる」と判定する方法です。

<条件>
- 2群の母集団は正規分布でない（正規分布であるか分からない）
- サンプルサイズ（2群計）は30～500である
- 母集団において2群の標準偏差が等しいといえる

<標本調査の結果>

2群	サンプルサイズ	標本平均	標本標準偏差
A	n_1	$\bar{X}_1$	s_1
B	n_2	$\bar{X}_2$	s_2

【有意差判定】

<方法1>

検定統計量T

$$T\text{値} = \frac{\bar{X}_1 - \bar{X}_2}{\sqrt{\frac{s^2}{n_1} + \frac{s^2}{n_2}}} \quad s^2\text{は}s_1{}^2\text{と}s_2{}^2\text{の加重平均} \quad s^2 = \frac{(n_1-1) \times s_1{}^2 + (n_2-1) \times s_2{}^2}{(n_1-1) + (n_2-1)}$$

平均値の差分$(\bar{X}_1 - \bar{X}_2)$がマイナスの場合プラスの値に変換する

棄却限界値

自由度fは次式によって求められる値です。
$f = (n_1 - 1) + (n_2 - 1) = n_1 + n_2 - 2$
棄却限界値は自由度によって異なる値です。

T値 ≧ 棄却限界値　「2群の母平均は異なる」はいえる。
T値 < 棄却限界値　「2群の母平均は異なる」はいえない。

f	棄却限界値
10	2.23
20	2.09
30	2.04
40	2.02
50	2.01
60	2.00
70	1.99
80	1.99

f	棄却限界値
90	1.99
100	1.98
200	1.97
300	1.97
400	1.97
500	1.96
1,000	1.96

＜方法２＞

p 値

`Excel`

p 値は手計算では無理なので、Excel の関数を用いて計算する。
任意のセルに次の関数を入力して Enter を押す。
=TDIST(検定統計量 T 値, 自由度, 2)　※2は定数

p 値 ≦ 有意水準 0.05　「2 群の母平均は異なる」はいえる。
p 値 ＞ 有意水準 0.05　「2 群の母平均は異なる」はいえない。

◆　計算方法

下記の具体例で対応のない t 検定の仕方を説明します。

ある地域の喫煙者に喫煙本数を調べた。
「母集団の正規性は分からない」「母集団における 2 群の標準偏差は同じ」として、男性と女性の喫煙本数の平均に違いがあるかを調べよ。

	【具体的】	2 群	サンプルサイズ	標本平均	標本標準偏差
喫煙本数	喫煙本数は正規分布ではない n=90 で 30 以上 500 未満	男性	50	12.5 本	6.7 本
		女性	40	9.8 本	5.9 本

検定統計量 T

s^2 は $s_1{}^2$ と $s_2{}^2$ の加重平均

$$s^2 = \frac{(n_1 - 1) \times s_1{}^2 + (n_2 - 1) \times s_2{}^2}{(n_1 - 1) + (n_2 - 1)} = \frac{(50 - 1) \times 6.7 \times 6.7 + (40 - 1) \times 5.9 \times 5.9}{(50 - 1) + (40 - 1)}$$

$$= \frac{2199.61 + 1357.59}{49 + 39} = 40.42$$

$$T \text{ 値} = \frac{\bar{X}_1 - \bar{X}_2}{\sqrt{\dfrac{s^2}{n_1} + \dfrac{s^2}{n_2}}} = \frac{12.5 - 9.8}{\sqrt{\dfrac{40.42}{50} + \dfrac{40.42}{40}}} = \frac{2.7}{\sqrt{0.8084 + 1.0105}} = \frac{2.7}{1.349} = 2.00$$

棄却限界値

自由度　$f = (n_1 - 1) + (n_2 - 1) = n_1 + n_2 - 2$
棄却限界値表で、$f = 90$ の棄却限界値は前ページ付表より 1.99

p 値

● p 値は Excel 関数で求める
　= TDIST(2.00, 88, 2))　 Enter 　0.0484

【有意差判定】
＜方法１＞
　T 値 = 2.00 ＞ 棄却限界値 1.99
　男性と女性の喫煙本数の母平均は異なるといえる。

＜方法２＞
　p 値 = 0.0484 ＜ 有意水準 0.05
　男性と女性の喫煙本数の母平均は異なるといえる。

異なる集団の母平均を比較する
母平均の差の検定／ウエルチのt検定

対応のない場合の検定は、異なる集団の母平均に差があるかを調べる検定方法です。

対応のない場合の検定にはz検定、t検定、ウエルチのt検定がありますが、ここで学ぶのはウエルチのt検定です。

◆ ウエルチのt検定とは

ウエルチのt検定は、標本調査の対応のないデータから統計量T値とp値を算出し、T値が棄却限界値より大きい、あるいはp値が0.05より小さければ「2群の母平均は異なる」と判定する方法です。

<条件>
- 2群の母集団は正規分布でない（正規分布であるか分からない）
- サンプルサイズ（2群計）は30〜500である
- 母集団において2群の標準偏差が異なるといえる

<標本調査の結果>

2群	サンプルサイズ	標本平均	標本標準偏差
A	n_1	$\bar{X}_1$	s_1
B	n_2	$\bar{X}_2$	s_2

【有意差判定】

<方法1>

検定統計量T

$$T\text{値} = \frac{\bar{X}_1 - \bar{X}_2}{\sqrt{\frac{s_1{}^2}{n_1} + \frac{s_2{}^2}{n_2}}}$$

平均値の差分$(\bar{X}_1 - \bar{X}_2)$がマイナスの場合プラスの値に変換する

棄却限界値

自由度fは次式によって求められる値である。

$$f = \left(\frac{s_1{}^2}{n_1} + \frac{s_2{}^2}{n_2}\right)^2 \div \left(\frac{s_1{}^4}{n_1{}^2(n_1-1)} + \frac{s_2{}^4}{n_2{}^2(n_2-1)}\right)$$

棄却限界値は自由度によって異なる値です。

T値≧棄却限界値　「2群の母平均は異なる」はいえる。
T値＜棄却限界値　「2群の母平均は異なる」はいえない。

f	棄却限界値
10	2.23
20	2.09
30	2.04
40	2.02
50	2.01
60	2.00
70	1.99
80	1.99

f	棄却限界値
90	1.99
100	1.98
200	1.97
300	1.97
400	1.97
500	1.96
1,000	1.96

<方法2>

p値

> p値は手計算では無理なので、Excelの関数を用いて計算する。
> 任意のセルに次の関数を入力して Enter を押す。
> =TDIST(検定統計量T値, 自由度, 2)　※2は定数

Excel

　　p値 ≤ 有意水準 0.05　「2群の母平均は異なる」はいえる。
　　p値 ＞ 有意水準 0.05　「2群の母平均は異なる」はいえない。

◆ 計算方法

下記の具体例で対応のないt検定の仕方を説明します。

> ある地域の喫煙者に喫煙本数を調べた。
> 「母集団の正規性は分からない」「母集団における2群の標準偏差は異なる」として、男性と女性の喫煙本数の平均に違いがあるかを調べよ。

	【具体的】	2群	サンプルサイズ	標本平均	標本標準偏差
喫煙本数	喫煙本数は正規分布ではない n=90で30以上500未満	男性	50	12.5本	6.7本
		女性	40	9.8本	5.9本

検定統計量T

$$T\text{値} = \frac{\bar{X}_1 - \bar{X}_2}{\sqrt{\dfrac{s_1^2}{n_1} + \dfrac{s_2^2}{n_2}}} = \frac{12.5 - 9.8}{\sqrt{\dfrac{6.7^2}{50} + \dfrac{5.9^2}{40}}} = \frac{2.7}{\sqrt{0.8978 + 0.8703}} = \frac{2.7}{1.3297} = 2.03$$

棄却限界値

$$\text{自由度}\ f = \left(\frac{44.89}{50} + \frac{34.81}{40}\right)^2 \div \left(\frac{2,015.11}{122,500} + \frac{1,211.74}{62,400}\right) = 3.126 \div 0.03587 = 87$$

棄却限界値表で、f = 90 の棄却限界値は前ページ付表より 1.99

p値

- p値はExcel関数で求める
　=TDIST(2.03, 87, 2)　Enter　 0.045

【有意差判定】

<方法1>
　　T値 = 2.03 ＞ 棄却限界値 1.99
　　男性と女性の喫煙本数の母平均は異なるといえる。

<方法2>
　　p値 = 0.045 ＜ 有意水準 0.05
　　男性と女性の喫煙本数の母平均は異なるといえる。

同一集団の母平均を比較する
母平均の差の検定／対応のある場合のt検定

対応のある場合のt検定は、対応のあるデータの母平均に差があるかを調べる検定方法で、有意差判定はt検定を適用します。

◆ 対応のある場合のt検定

対応のある場合のt検定は対応のあるデータから統計量T値とp値を算出し、T値が棄却限界値より大きい、あるいはp値が 0.05 より小さければ「2 群の母平均は異なる」と判定する方法である。

<条件>
- 母集団における差分データの分布は正規分布でなくてもよい
- サンプルサイズ（n）は 30 以上

<標本調査の結果>

【有意差判定】
<方法 1>

検定統計量T

$$T 値 = \frac{\bar{X}}{\frac{s}{\sqrt{n}}}$$

平均値の差分（$\bar{X}$）がマイナスの場合プラスの値に変換する。

棄却限界値

自由度　$f = n - 1$
棄却限界値は自由度によって異なる。
T値 ≧ 棄却限界値　「2 群の母平均は異なる」はいえる。
T値 < 棄却限界値　「2 群の母平均は異なる」はいえない。

<方法 2>

p値

p値は手計算では無理なので、Excel の関数を用いて計算する。
任意のセルに次の関数を入力して Enter を押す。
=TDIST(検定統計量T値, 自由度, 2)　※2 は定数

p値 ≦ 有意水準 0.05　「2 群の母平均は異なる」はいえる。
p値 > 有意水準 0.05　「2 群の母平均は異なる」はいえない。

計算方法

下記の具体例で対応のある t 検定の仕方を説明します。

> 製薬会社が解熱剤を開発した。
> その新薬 Y の解熱効果を明らかにするために 50 人の患者を対象に、薬剤の投与前と投与後の体温を調べた。
> 母集団において体温平均値は投与前と投与後で異なるかを明らかにせよ。
>
> | | 新薬 Y 投与前体温 | 新薬 Y 投与後体温 | 差分データ |
> | --- | --- | --- | --- |
> | No.1 | 37.6 | 37.0 | 0.6 |
> | No.2 | 37.3 | 37.2 | 0.1 |
> | No.3 | 36.5 | 35.2 | 1.3 |
> | No.4 | 38.8 | 37.8 | 1.0 |
> | : | : | : | : |
> | No.48 | 38.1 | 36.4 | 1.7 |
> | No.49 | 37.3 | 36.0 | 1.3 |
> | No.50 | 37.0 | 36.0 | 1.0 |
> | | | 平均 | 0.734 |
> | | | 標準偏差 | 0.691 |

＜検定統計量＞

$$T 値 = \frac{\bar{X}}{\frac{s}{\sqrt{n}}} \qquad T 値 = \frac{0.734}{\frac{0.691}{\sqrt{50}}} = \frac{0.734}{0.0977} = 7.51$$

＜棄却限界値＞

　　自由度　$f = 50 - 1 = 49$

　　棄却限界値表で $f = 50$ の値は 2.01 である。

＜p 値＞

- Excel の関数で求める
  =TDIST(7.51, 49, 2)　[Enter]　0.00000000108　p 値 = 0.000

＜有意差判定＞

【方法 1】

　　T 値 = 7.51 ＞棄却限界値 2.01

　　投与前平均体温と投与後平均体温は異なるといえる

【方法 2】

　　p 値 = 0.000 ＜有意水準 0.05

　　投与前平均体温と投与後平均体温は異なるといえる

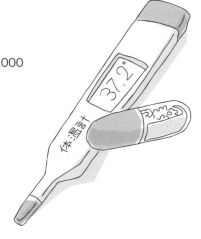

両側検定と片側検定の違いを知る
両側検定、片側検定

ここまで説明してきた検定方法は両側検定です。片側検定は両側検定の公式と同じですが、棄却限界値のみ異なります。

◆ 両側検定、片側検定とは

検定で最初にすることは「主張したいこと」を明確にすることです。
母平均の差の検定の具体例で主張したいことは、次の3つが考えられます。

> <1> 母集団のお年玉金額平均値は男子と女子で異なる
> <2> 母集団のお年玉金額平均値は男子が女子より高い
> <3> 母集団のお年玉金額平均値は男子が女子より低い

<1>の場合、"異なる"というのは、"お年玉金額平均値では男子が女子よりも高いか低いかは分からないが、いずれにしても異なる"という意味です。この仮説のもとでの検定を、**両側検定**といいます。
<2>の"母集団のお年玉金額平均値は男子が女子より高い"、あるいは、<3>の"母集団のお年玉金額平均値は男子が女子より低い"という仮説のもとでの検定を、**片側検定**といいます。
<2>の"母集団のお年玉金額平均値は男子が女子より高い"という仮説のもとでの検定を、特に**右側検定（上側検定）**といいます。
<3>の"母集団のお年玉金額平均値は男子が女子より低い"という仮説のもとでの検定を、特に**左側検定（下側検定）**といいます。

◆ 両側検定、片側検定の棄却限界値

片側検定の方が両側検定より有意差が出やすい検定です。有意差が出やすいという理由だけで片側検定を使うのはよくありません。特に理由がない限り、片側検定は使いません。

「お年玉金額の平均値は、男子は女子より高い」と信じることは悪いことではありませんが、調査をするまでは男子が女子より高いという情報がないのが通常です。したがって、「お年玉金額の平均値は、男子は女子より高い」という片側検定は望ましくありません。

両側検定と片側検定の手順は、何ら変わらないが、棄却限界値のみ異なります。

z検定とt検定の棄却限界値を示します。

<z検定>

両側検定	片側検定
1.96	1.64

<t検定>

f	両側検定	片側検定
10	2.23	1.81
20	2.09	1.72
30	2.04	1.70
40	2.02	1.68
50	2.01	1.68
60	2.00	1.67
70	1.99	1.67
80	1.99	1.66
90	1.99	1.66
100	1.98	1.66
200	1.97	1.65
300	1.97	1.65
400	1.97	1.65
500	1.96	1.65
1000	1.96	1.65

サンプルサイズ決定法

設定した精度に適したサンプルサイズを決める

サンプルサイズ決定法は、統計的推定法の信頼区間、標本誤差を適用し、アンケート調査のサンプルサイズを決める方法です。

◆ 母比率の推定

母集団の割合は p_1％から p_2％の間にあるという言い方で推定する方法を130ページで学びました。公式で表現すると次のようになります。

$$p_1 = p - 1.96\sqrt{\frac{p(1-p)}{n}} \qquad p_2 = p + 1.96\sqrt{\frac{p(1-p)}{n}}$$

（標本誤差）

精度＝標本誤差÷p　　標本誤差＝精度×p
nはサンプルサイズ、pは回答割合

公式における標本誤差は値が小さいほど**精度**が良いといえます。
次の2つの結果を得た場合、精度はAが良く、Bが悪いということになります。

| A | 区間推定 | 50%±3% | 精度 | 3%÷50%＝0.06 → 6% |
| B | 区間推定 | 50%±9% | 精度 | 9%÷50%＝0.18 → 18% |

精度は10％以下であれば推定結果は良かったと判断します。
標本誤差、精度の値はサンプルサイズnが大きくなるほど小さくなります。

◆ サンプルサイズの決め方の考え方

上記に示したことを適用し、次に示す調査のサンプルサイズを決めることができます。下記の例で考えてみましょう。

＜具体例＞

> 有権者が10万人の都市の選挙において、△△政党の支持率を推定するとき、何人以上調査すればよいか。

調査設計者がサンプルサイズを決める場合、まず始めに行うことは調査の精度、想定する割合、標本誤差を定めることです。

精度 …………… 精度を10％とします（特別な理由がなければ10％とします）。
想定する割合 ……… 母集団の△△政党の支持率は分かりませんが、50％と想定します。
標本誤差 ………… 精度を10％と定めたので、標本誤差は次式によって5％です。
　　　　　　　　標本誤差＝想定する割合×精度＝50％×10％＝5％
信頼区間 ………… この場合の信頼区間は50％±5％、45％〜55％です。

サンプルサイズ決定法 159

◆ サンプルサイズ設定の計算方法

前ページの信頼区間を得るためのサンプルサイズnを決めるということです。

このようなnは、標本誤差の式に、想定する割合、標本誤差を代入し、その式を変形することによって求められます。

$$標本誤差 = 1.96 \times \sqrt{\frac{p(1-p)}{n}}$$

標本誤差 $= 5\%$　→　0.05

想定する割合　$p = 50\%$　→　0.5

$$1.96\sqrt{\frac{0.5 \times 0.5}{n}} = 0.05 \quad \blacksquare\!\!\!\triangleright \quad 1.96 \times \frac{0.5}{\sqrt{n}} = 0.05$$

式を変形すると $\sqrt{n} = \dfrac{1.96 \times 0.5}{0.05}$　$\sqrt{n} = 19.6$　$n = 384.16 \to 384$

384 人のアンケート調査を実施し、支持率が 50%だとすれば、

$p_1 = 50\% - 5\%$　$p_2 = 50\% + 5\%$

すなわち、384 人を調査すれば、支持率は 45%から 55%の間になります。

この判断では、まだ、精度が悪いと考え、標本誤差を 1%にしたいほう、すなわち 50%±1%（49%から 51%）のサンプルサイズnは次となります。

$$1.96\sqrt{\frac{0.5 \times 0.5}{n}} = 0.01 \quad 1.96 \times \frac{0.5}{\sqrt{n}} = 0.01$$

$\sqrt{n} = 1.96 \times 0.5 \div 0.01 \to$　$\sqrt{n} = 98 \to n = 9{,}604$

50%±1%（49%から 51%）のサンプルサイズは、9,604 人です。

◆ 母比率を推計するためのサンプルサイズを決定する公式

サンプルサイズの決定は上記の方法で行ってもよいのですが、次の公式を使うと簡単に計算できます。

【公式】		$n \geqq \dfrac{p(1-p)}{\left(\dfrac{e}{1.96}\right)^2}$
n	サンプルサイズ	
p	想定する割合	
e	標本誤差	

◆ 公式を使用してのサンプルサイズの算出

母集団の△△政党の支持率は分かりませんが、仮に50%とした場合、信頼区間が50%±5%となるためのサンプルサイズを求めます。

p	想定する割合	50% → 0.5
e	標本誤差	5% → 0.05
$e \div p$	精度	10%

$$\frac{0.5 \times (1 - 0.5)}{\left(\dfrac{0.05}{1.96}\right)^2} = \frac{0.25}{0.0255^2} = 384$$

◆ サンプルサイズ早見表

想定する割合、標本誤差を変えたときのサンプルサイズを試算しました。

割合を **50%** と想定

標本誤差	n
20%	24
18%	30
16%	38
14%	49
12%	67
10%	96
8%	150
7%	196
6%	267
5%	384
4%	600
3%	1,067
2%	2,401
1%	9,604

割合を **30%** と想定

標本誤差	n
12.0%	56
10.8%	69
9.6%	88
8.4%	114
7.2%	156
6.0%	224
4.8%	350
4.2%	457
3.6%	622
3.0%	896
2.4%	1,401
1.8%	2,490
1.2%	5,602
0.6%	22,409

割合を **10%** と想定

標本誤差	n
4.0%	216
3.6%	267
3.2%	338
2.8%	441
2.4%	600
2.0%	864
1.6%	1,351
1.4%	1,764
1.2%	2,401
1.0%	3,457
0.8%	5,402
0.6%	9,604
0.4%	21,609
0.2%	86,436

表の見方：「割合を50%と想定」した表で標本誤差5%

50%±5%、45%〜55%の範囲で推定したければ、384人を調査する。

50%±1%、49%〜51%の範囲で推定したければ、9,604人を調査する。

◆ 留意点

母集団が10万人を下回る場合のサンプルサイズは下記の公式を適用します。

$$n \geqq \frac{N}{\left(\dfrac{e}{1.96}\right)^2 \left(\dfrac{N-1}{p(1-p)}\right) + 1}$$

N は母集団サイズ

アンケート調査のサンプルを抽出する解析手法
サンプル抽出法と標本割り当て

　サンプル抽出法は母集団から標本を抽出する方法です。よく用いられる方法に単純抽出法と層化抽出法があります。層化抽出法は、同数割り当て、比例割り当て、ネイマン割り当ての3つの方法があります。

◆　サンプル抽出法（sampling）

　サンプルを通して母集団の姿を正確に捉えるためには、サンプルは母集団を代表している必要があります。そのようなサンプルを選ぶ方法が**サンプル（標本）抽出法**です。標本抽出の方法は単純無作為抽出法と層化抽出法がよく用いられます。

① 単純無作為抽出法
　単純無作為抽出法は、調査対象者を母集団からくじ引きで当てるようにランダムに抽出する方法です。

② 層化抽出法
　母集団をいくつかのグループに分割し、各グループからサンプルを抽出する方法を**層化抽出法**といいます。

　ある市の20才～69才の人はインターネットをどの程度利用しているかを推計することにします。インターネットの利用率は年代によって異なります。サンプルを無作為に抽出した場合、若い人が多く抽出されればこの市のインターネット利用率は高めに、年配者が多く抽出されれば低めになるでしょう。

　そこで抽出に先立ち、市民を年代別に分け、それぞれの年代からサンプルを抽出する方法を層化抽出法といいます。

◆　標本割り当て

　層化抽出法で、各層のサンプルサイズ（サンプル数）を決めることを標本割り当てといいます。標本割り当てでよく使われる方法は次の3つです。

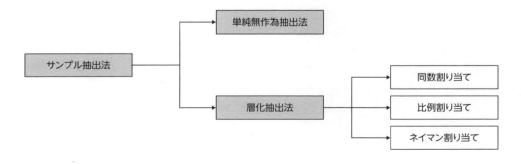

◆ 具体例

医師 360 人のアンケート調査で、360 人を 4 つ診療科へ何人ずつ配分して割り当てるのがよいか？

◆ 同数割り当て

母集団の各層（診療科）の大きさに関わらず、各層のサンプル数を同数とする方法です。

	標本割り当て
全体	360
アレルギー内科	90
呼吸器科	90
耳鼻咽喉科	90
一般内科	90

◆ 比例割り当て

母集団の層別の構成比に合わせて、各層のサンプル数を設定する方法です。

計算例　アレルギー内科 8.3% × 360 = 30

	母集団	構成比	標本割り当て
全体	48,000	100.0%	360
アレルギー内科	4,000	8.3%	30
呼吸器科	3,600	7.5%	27
耳鼻咽喉科	4,400	9.2%	33
一般内科	36,000	75.0%	270

◆ ネイマン割り当て

母集団の各層について推定したい項目（処方患者数など）の標準偏差が予測できる場合、各層の標準偏差の大きさに応じてサンプル数を設定する方法です。

	① 母集団サイズ	② 標準偏差	③ ①×②	④ ③の構成比	⑤ 標本割り当て
アレルギー内科	4,000	40	160,000	29.3%	105
呼吸器科	3,600	28	100,800	18.4%	66
耳鼻咽喉科	4,400	24	105,600	19.3%	70
一般内科	36,000	5	180,000	32.9%	119
			546,400	100.0%	360

アレルギーを専門としている医師が多い診療科は、抗アレルギー薬の処方量のばらつき（標準偏差）が大きくなることが知られています。ばらつきが大きいと予測される層はサンプルサイズを多く設定することにより、調査の精度を高めることができます。

ネイマン割り当ては、ばらつきが大きいと予想される診療科を多めに設定し、調査の精度を高める方法です。

各層の標本割り当て数の構成比が母集団の構成比と異なる場合、集計は母集団補正集計（85ページ）を適用するよ。

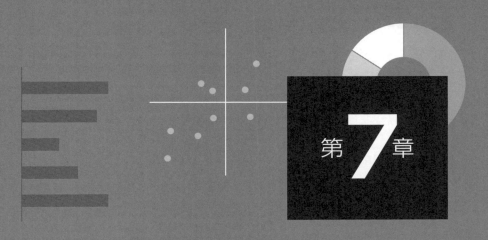

第7章 CS調査と分析方法

CS調査と分析方法

CSグラフや改善度指数を用いて、顧客満足度を上げるための分析を解説します。

KEYWORDS
- CS分析
- 満足度
- 重要度
- CSグラフ
- 改善度指数

顧客満足度を上げるための CS 分析を知ろう
CS 分析とは

　CS 分析は、CS 調査（顧客満足度調査）で得た詳細評価や総合評価のデータを解析し、顧客満足度を上げるためにはどの要素を改善すべきかを把握する方法です。

◆ CS 分析とは

　文具メーカーがシャープペンシルの顧客満足度を明らかにするために、書きやすさとデザインの満足度、次回購入意向を調べるアンケート調査を行いました。

　書きやすさ、デザインどちらも 100 人中 25 人が満足と回答したので満足度は 25% でした。

　皆さんは、書きやすさとデザインのどちらを優先的に改善すべきだと思いますか。ほとんどの方はどちらも満足度が低いので両方とも改善すべきだ、と答えるかも知れません。しかし、その解答は必ずしも正しくありません。

　その理由を考えるために、書きやすさ、デザインと次回購入意向との関係を調べました。

A	書きやすさを「満足」とした人の次回購入意向は、ほとんどの人が「ある」と回答した。一方「不満」とした人の次回購入意向はほとんどの人が「ない」と回答した。
B	デザインを「満足」とした人の次回購入意向は「ある」と「ない」がほぼ同数、「不満」とした人の次回購入意向も「ある」と「ない」がほぼ同数だった。

　上記の A と B から言えることを図解すると、次のようになります。

書きやすさ	次回購入意向
満足な人	○
不満な人	×

デザイン	次回購入意向
満足な人	△
不満な人	△

→ 書きやすいかどうかで、次回購入意向が左右される
→ デザインの満足、不満で、次回購入意向は左右されない

➡ 購入意向を高めるには、書きやすさが重要！

　これから学ぶ **CS 分析**（Customer Satisfaction Analysis）は、「総合評価（この例では購入意向）を高めるのに重要な要素で評価が低い要素を改善する」という考え方をします。この考え方に基づけば、購入意向を高めるためには、デザインの改善より書きやすさの改善を先にするのが正解となります。

書きやすいと思った人は次回も購入してくれる。
デザインが良いと思った人は次回も購入してくれるとは限らない。

◆ CS 分析の進め方

　CS 分析は、顧客満足度調査に基づいて、顧客満足度を上げるために改善すべき要素を把握する方法です。顧客満足度で得た機能、サービス等（詳細要素）の評価や総合評価のデータの解析は、次のようにして進めていきます。

① 詳細評価の各要素について、満足度と重要度を明らかにする。

② 各要素の満足度を縦軸、重要度を横軸とした相関図を作成する。作成した相関図を CS グラフという。

③ CS グラフにおいて右下に位置する要素は、重要度が高いのに満足度が低いので、改善要素となる。

◆ CS グラフとは

　各要素の満足度を縦軸、重要度を横軸として作成した相関図を CS グラフといいます。CS グラフにおいて右下に位置する要素は、重要度が高いのに満足度が低いので改善要素となります。

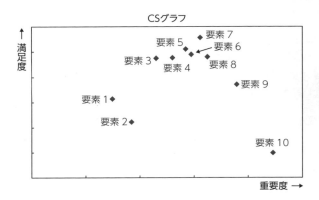

右下に位置する要素ほど改善度は高くなるよ。要素 10 は改善要素だよ。

◆ CS 分析の解説で適用する例題

　38 ページに掲載した顧客満足度調査を例として、実際の CS 分析を見ていくことにしましょう。

テーマ	旅館満足度調査
調査目的	宿泊者減少の原因を顧客満足度の観点から探り、今後のリピート宿泊者数増大の一助とすることを目的とする。
把握内容	総合的評価（再度宿泊したい、他人に紹介したいなど）を上げるためにはどのような要素を改善すればよいか。
質問文	38 ページ参照。

◆ 質問の構造化

旅館満足度調査のように質問数が多い場合は、質問項目を構造化して、詳細評価、中間評価、総合評価に分けます。

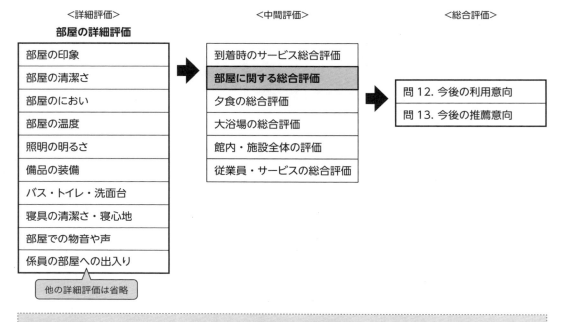

> **要素の絞り込み**
>
> 顧客満足度調査ではきめ細やかな改善ができるよう数多くの要素について質問します。質問した要素の中にはコスト面、物理的制約などから改善できない要素がありますので、質問はしても CS 分析ではこれらの要素を外すのがよいでしょう。
> 旅館満足度調査の部屋に関する要素の中で、部屋の眺望、部屋の広さは改善できない要素と考え除きました。

◆ CS 分析で把握する内容

① 総合評価（今後の利用意向、今後の推薦意向）を高めるのに重要な中間評価は何かを把握する。

② 重要な中間評価（この例題では、部屋に関する総合評価）を高めるのに重要な詳細評価は何か、改善する詳細評価は何かを把握する。

※次ページ以降では、②で例題を作成しました。

満足度と重要度　　167

CS 分析で重要度と満足度を調べる

満足度と重要度

　CS 分析における満足度は回答割合（2Top 回答割合）、重要度は各要素の評価と総合評価の相関係数を用いて解析します。

◆　CS 分析におけるデータ

　CS 分析で適用できるデータは段階評価のデータです。

　段階評価で得たデータはカテゴリーデータ、数量データのどちらでも取り扱うことができます。

◆　CS 分析における満足度

　段階評価のデータから満足度を算出する方法を示します。

① カテゴリーデータとして扱う場合は、満足度は回答割合

② 数量データとして扱う場合は、満足度は平均値

　平均値を適用する場合は、段階評価のデータを次に示す得点で計算します。

	選択肢 1	選択肢 2	選択肢 3	選択肢 4	選択肢 5
5 段階	5 点	4 点	3 点	2 点	1 点
4 段階	4 点	3 点	2 点	1 点	
3 段階	3 点	2 点	1 点		
2 段階	1 点	0 点			

　旅館満足度調査における部屋の詳細評価の満足率を見ましょう。

　満足度は 5 段階評価をカテゴリーデータとして、満足とやや満足を合わせた 2top 割合で算出しました。

	2top 満足度
寝具の清潔さ・寝心地	85.4
備品の装備	80.9
バス・トイレ・洗面台	78.9
部屋の清潔さ	78.0
係員の部屋への出入り	77.7
部屋での物音や声	77.4
部屋の印象	69.4
部屋のにおい	67.1
照明の明るさ	61.4
部屋の温度	52.3

部屋の要素について満足度が最も高いのは「寝具の清潔さ・寝心地」で、次に「備品の装備」が続く。満足度が最も低いのは「部屋の温度」、次に低いのは「照明の明るさ」である。

統計学的知識

回答割合は集団の片側を示す代表値、平均値は集団の真ん中を示す代表値です（64 ページ）。CS 分析の目的は、満足度を上げる（不満を下げる）ことにあるので、集団の片側に着目します。したがって、満足度を把握するには、平均値より回答割合のほうがよいでしょう。

CS 分析における重要度

重要度の測定方法は2つあります。

① 重要度を調査対象者に回答させる（**回答重要度**と呼ぶ）
<例>
あなたが旅館に宿泊して部屋を評価する際、次に示す要素についてどの程度重視しますか。

<重要度を聞く質問>

	重視しない	あまり重視しない	どちらともいえない	やや重視する	重視する
寝具の清潔さ・寝心地	1	2	3	4	5
備品の装備	1	2	3	4	5
以下省略	1	2	3	4	5

② 重要度を解析を通して把握する（**解析重要度**と呼ぶ）
各要素と総合評価との相関係数を解析重要度（以下重要度と省略）とします。
相関係数は数量データに適用できる手法です。
相関係数は選択肢に与えられた得点を用いて算出します。
相関係数の値が大きい要素ほど総合評価の満足度を高めるのに重要な要素であると考えます。
※相関係数は単相関係数（116ページ）、スピアマン順位相関（125ページ）のいずれかを適用します。

旅館満足度調査の部屋に関する各要素の重要度を示します。
重要度は部屋の各要素と部屋の総合評価との単相関係数です。

<各要素と総合評価との相関係数>

	重要度
部屋の印象	0.8670
部屋のにおい	0.7547
部屋の清潔さ・寝心地	0.6393
寝具清潔さ	0.6113
バス・トイレ・洗面台	0.6094
備品の装備	0.5630
係員の部屋への出入り	0.5265
部屋での物音や声	0.4724
照明の明るさ	0.4371
部屋の温度	0.3535

部屋の要素について重要度が最も高いのは「部屋の印象」で、次に「部屋のにおい」が続く。重要度が最も低いのは「部屋の温度」、次に低いのは「照明の明るさ」である。

この表の重要度は、部屋の総合満足度との単相関係数の値。だから、重要度が高い要素ほど、部屋の総合満足度を上げるのに重要ということだよ。

◆ 重要度と相関係数の関係

相関係数の値が大きい要素は総合評価の満足度を高めるのに重要であると述べましたが、このことについて考えてみましょう。

前ページで相関係数が最大の「部屋の印象」について、「部屋に関する総合評価」とのクロス集計表を示します。

<クロス集計表／回答人数表>

		横計	部屋に関する総合評価		
			満足	やや満足	不満
全体		350	101	152	97
部屋の印象	満足	87	84	0	3
	やや満足	156	17	132	7
	不満	107	0	20	87

不満は、「どちらともいえない、やや不満、不満」を統合したものです。

部屋の印象について「満足」を回答した87人中84人が総合評価にも「満足」。
また、「やや満足」を回答した156人中132人が総合評価にも「やや満足」と回答。
一方、部屋の印象を「不満」とした107人中87人が総合評価にも「不満」と回答している。

クロス集計表を見ると、部屋の印象に満足なら部屋の総合評価は満足、逆に、部屋の印象に不満を持てば部屋の総合評価は不満、という関係が見られます。このことから相関係数は大きい値を示し、部屋の印象は総合評価の満足度を高めるのに重要であると判断できます。

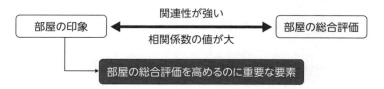

◆ 総合評価を質問してないときの重要度

総合評価を質問していないときは、各回答者について詳細評価の平均値を算出し、その値を総合評価とします。

例えば、部屋に関する質問で、部屋の総合評価を聞いていなければ、各回答者の総合評価の把握には、下記のようにします。

回答No.	部屋の印象	部屋の清潔さ	…	物音や声	係員の出入り	総合評価平均値
1	4	5	…	4	4	4.0
2	5	5	…	3	5	3.7
:	:	:	…	:	:	:
350	3	4	…	4	4	3.5

CSグラフ

CSグラフで改善度を調べる

縦軸が満足度、横軸が重要度の相関図をCSグラフといいます。
CSグラフにおける詳細評価項目のポジションから改善すべき項目が把握できます。

◆ CSグラフとは

各要素（詳細評価項目）の満足度を縦軸、重要度を横軸として作成した相関図を **CSグラフ** といいます。

満足度の平均を横線、重要度の平均を縦線で引き、CSグラフを4つの領域に分けます。右下に位置する要素（詳細評価項目）は、重要な要素であるのに満足度が低いので改善すべき要素です。

旅館満足度調査のCSグラフを作成しました。

	満足度	重要度
部屋の印象	69.4	0.8670
部屋の清潔さ	78.0	0.6393
部屋のにおい	67.1	0.7547
部屋の温度	52.3	0.3535
照明の明るさ	61.4	0.4371
備品の装備	80.9	0.5630
バス・トイレ・洗面台	78.9	0.6094
寝具の清潔さ・寝心地	85.4	0.6113
部屋での物音や声	77.4	0.4724
係員の部屋への出入り	77.7	0.5265
平均	72.9	0.5834

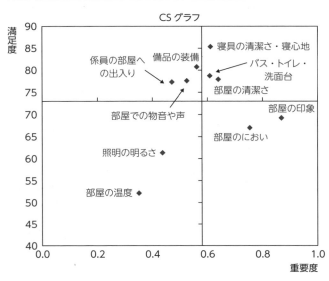

右下に位置する「部屋の印象」「部屋のにおい」が改善項目だよ。

改善度指数について知ろう
改善度指数

改善度指数は CS グラフにおいて右下に位置する項目ほど高い値となります。
改善度指数は改善すべき項目、改善順序を把握する指標です。

◆ 改善度指数の計算方法

各要素の改善度は CS グラフ上の位置で決まり、その強弱を示す値が改善度指数です。改善度指数は次に示す距離と角度で決まると考えます。

① CS グラフ上の原点から改善度を計算する要素までの距離
② [原点と要素とを結んだ線] と [原点と右下最下点を結んだ線] との角度

この線を基準線と呼ぶことにします。
距離が長く、角度が 0 に近いほど、改善度指数は大きくなると考えます。
距離、確度の計算は、満足度、重要度を偏差値にした CS グラフで計算します。

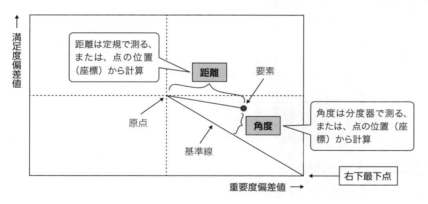

改善度指数は次の手順で算出します。

<1>　満足度、重要度の偏差値を算出する。
<2>　偏差値データで CS グラフを作成する。
<3>　偏差値 CS グラフの中心から散布点までの線を引き、距離を測る。
<4>　CS グラフの座標（縦偏差値 20、横偏差値 80）と中心を結んだ基準線を引く。
　　　<3> の線と <4> の基準線との角度を測る。
<5>　修正角度指数を求める。
<6>　<3> の距離と <5> の修正角度指数から、改善度指数を算出する。

◆ <1> 偏差値の算出

満足度（％）、重要度（相関係数）なので数値の単位が異なります。
数値の単位が異なるデータを取り扱う方法に偏差値があります。
偏差値は次式によって求められます。

> 偏差値 = 10 ×（データ − 平均値）÷ 標準偏差 + 50

<計算例>

部屋の印象の満足度偏差値 = 10 ×（69.4 − 72.9）÷ 9.6 + 50 = 46.4
部屋の印象の重要度偏差値 = 10 ×（0.8670 − 0.5834）÷ 0.1430 + 50 = 69.8
偏差値は点数で表せられ、20 ～ 80 点の間の値となります。

※異常値（外れ値）がある場合、この範囲に収まらないことがあります。

部屋に関する詳細評価項目の満足度と重要度の偏差値を示します。

	満足度	重要度	満足度偏差値	重要度偏差値
部屋の印象	69.4	0.8670	46.4	69.8
部屋の清潔さ	78.0	0.6393	55.3	53.9
部屋のにおい	67.1	0.7547	44.0	62.0
部屋の温度	52.3	0.3535	28.7	33.9
照明の明るさ	61.4	0.4371	38.1	39.8
備品の装備	80.9	0.5630	58.4	48.6
バス・トイレ・洗面台	78.9	0.6094	56.3	51.8
寝具の清潔さ・寝心地	85.4	0.6113	63.0	51.9
部屋での物音や声	77.4	0.4724	54.7	42.2
係員の部屋への出入り	77.7	0.5265	55.0	46.0
平均値	72.9	0.5834	50.0	50.0
標準偏差	9.6	0.1430	10.0	10.0

> 偏差値の平均は 50 点。
> 標準偏差は 10 点。

> 標準偏差は、10 個の詳細評価項目をデータとして計算したものです。標準偏差の分母は n = 10 の公式を適用しました。

◆ <2> 偏差値 CS グラフの作成

縦軸、横軸どちらも、20 ～ 80 の目盛でグラフを作成します。

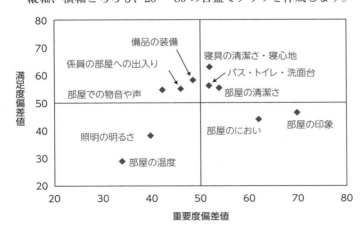

◆ <3> 散布点までの距離

要素の点の位置（座標）を (x,y)、中心を $(\bar{x},\bar{y})$ とすると、三平方の定理より、距離は次式で求められます。x は満足度偏差値、y は重要度偏差値です。

$$距離 = \sqrt{(x-\bar{x})^2 + (y-\bar{y})^2} = \sqrt{(x-50)^2 + (y-50)^2}$$

$$部屋の印象の距離 = \sqrt{(46.4-50)^2 + (69.8-50)^2}$$
$$= \sqrt{(-3.56)^2 + (19.83)^2} = \sqrt{405.79} = 20.14$$

◆ <4> 角度の計算

角度の計算は煩雑です。Excel の関数での計算の仕方を説明します。
「部屋の印象」を例とします。
要素の点の位置（座標）を (x,y) とします。

満足度偏差値 x	重要度偏差値 y	$x-50$	$y-50$
46.4	69.8	-3.56	19.83

下記値は三角関数より求められる定数です。π は円周率です。

$a = -\sin(\pi/4)$	-0.70711	$b = \cos(\pi/4)$	0.70711
$c = \cos(\pi/4)$	0.70711	$d = \sin(\pi/4)$	0.70711

x'	y'
$(x-50) \times a + (y-50) \times b$	$(x-50) \times c + (y-50) \times d$
16.538	11.502

角度
=**ABS**(**ATAN2**(x',y')*180/**PI()**)　太字は Excel の関数

=ABS(ATAN2(16.538,11.502)*180/PI()) = 34.82 度

◆ <5> 修正角度指数の計算

角度を修正角度指数に変換する。修正角度指数とは、基準線からの角度を図に示すように、90 度は 0、45 度は 0.5、0 度は 1 と変換したもので（下図参照）、次の式で算出する。

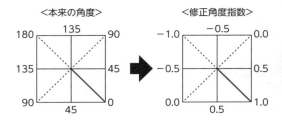

本来の角度は小さいほど改善度指数は大きくなる。
修正角度指数は大きくなるほど改善度指数は大きくなる。
修正確度指数は-1 から 1 の間の値である。

修正角度指数＝（90 度－角度）± 90 度

◆ <6> 改善度指数の計算

改善度指数は、原点から距離と修正角度指数を掛けることによって求められます。

> 改善度指数＝距離×改善度指数

部屋に関する詳細評価の、角度、修正角度指数、距離、改善度指数を示します。

	角度	修正角度指数	距離	改善度指数
部屋の印象	34.82	0.613	20.14	12.35
部屋の清潔さ	98.82	−0.098	6.62	−0.65
部屋のにおい	18.64	0.793	13.37	10.60
部屋の温度	81.96	0.089	26.74	2.39
照明の明るさ	85.76	0.047	15.67	0.74
備品の装備	144.75	−0.608	8.43	−5.13
バス・トイレ・洗面台	118.74	−0.319	6.49	−2.07
寝具の清潔さ・寝心地	126.52	−0.406	13.20	−5.36
部屋での物音や声	166.45	−0.849	9.10	−7.73
係員の部屋への出入り	173.26	−0.925	6.42	−5.94

改善度指数	
10 以上	即改善
5 以上	要改善
5 未満	改善不要

改善度指数は、「10 以上 即改善」、「5 以上 要改善」、「5 未満 改善不要」です。

部屋の総合評価を上げるためには部屋の印象、部屋のにおいは即改善しなければならないということが分かりました。

◆ 拡張的改善度指数

改善領域を決める縦線は満足度の平均値（偏差値は 50 点）、横線は重要度の平均値（偏差値は 50 点）です。縦線、横線を決める値に平均値を適用しないことも可能です。

例えば満足度の平均値は 45％、相関係数の平均値は 0.65 であったとします。縦線、横線の値は 45％、0.65 ですが、これを分析者が設定する 35％、0.6 にして改善度指数を算出することができます（これを拡張的改善度指数と呼ぶ）。

改善度の計算は偏差値を計算するところで平均値を設定値に置き換えるだけです。5 つの詳細評価の満足度、重要度について、改善度指数と拡張的改善度指数を算出します。

	満足度	重要度	改善度指数			拡張的改善度指数		
			満足度偏差値	重要度偏差値	改善度指数	満足度偏差値	重要度偏差値	改善度指数
詳細評価 1	65	0.72	66	64	1.1	71	78	3.2
詳細評価 2	54	0.65	50	56	−3.2	63	62	−0.7
詳細評価 3	48	0.59	36	52	−8.5	59	48	−6.3
詳細評価 4	30	0.66	52	39	6.9	46	64	9.6
詳細評価 5	28	0.63	45	38	3.4	45	57	7.7
平均値	45.0	0.650						
標準偏差	14.2	0.042						
設定値	35.0	0.600						

▨▨▨ は、要改善

第8章

一対比較法の調査と分析方法

一対比較法における質問紙のつくり方、解析の仕方、および、質問の仕方で異なる4つの解析手法について解説します。

KEYWORDS

- 一対比較法
- サーストンの一対比較法
- シェッフェの一対比較法
- 主効果
- 分散分析表
- 中屋変法
- 浦変法
- 芳賀変法
- シェッフェ原法

同時比較ができない複数の味覚製品の順位を決め解析する手法
一対比較法調査とは

　いくつかの味覚製品を試食・試飲させてテストを行うとき、1人の対象者が複数個の味覚製品を同時に評価することができない場合、一対評価で調査します。このデータを解析する手法が一対比較法です。

◆ 一対比較法とは

　いくつかの味覚製品を試食あるいは試飲させて、味のテストを行うとき、1人の対象者が複数個の味覚製品を同時に評価することは困難です。仮に行えたとしても、得られたデータの信憑性は薄いものでしょう。

　今3つの食品A、B、Cがあるとします。この中から2つ、例えばAとBを取り出し、どちらの味が良いか評価させます。少し時間をおいてBとC、さらにCとAというように、全ての組み合わせについて評価します。このような方法でなら、同時に行うことが困難な評価テストのデータを収集することができます。この方法を**一対比較法**といいます。

　評価の方法には二項選択法と段階評価があります。評価方法によって下表のように解析方法は異なります。

評価方法	評価方法に応じた解析手法
二項選択法でどちらがよいかを判定	サーストンの一対比較法
段階評価でどちらがどの程度よいかを判定	シェッフェの一対比較法

二項選択法による比較から各製品の評価を調べる
サーストンの一対比較法

一対比較法を用いて複数の製品の比較を行う際、二項選択法により評価データを解析する手法が、サーストンの一対比較法です。

◆ サーストンの一対比較法とは

サーストンの一対比較法は、二項選択の評価データを解析する手法です。

下記の例で、サーストンの一対比較法の仕方を見ましょう。

＜サーストンの一対比較法の質問紙＞

問．A、B、Cの3つの日本酒についてお聞きします。
2つずつの組（AとB、AとC、BとC）で試飲しどちらが美味しいかお答えください。

AとB	1. Aのほうが美味しい	2. Bのほうが美味しい
AとC	1. Aのほうが美味しい	2. Cのほうが美味しい
BとC	1. Bのほうが美味しい	2. Cのほうが美味しい

＜サーストンの一対比較法の回答データ＞

この例の回答者数は10人です。

組み合わせ＼回答者	1	2	3	4	5	6	7	8	9	10
AとB	1	2	1	1	1	1	1	2	1	2
AとC	2	1	1	1	2	1	2	2	2	2
BとC	2	2	1	1	2	2	1	2	1	2

＜サーストンの一対比較法の単純集計＞

単純集計をした結果を、野球などのリーグ戦の勝敗表と同じような形式でマトリックス表にします。

	A	B	C
A		AとBではAがよい	AとCではAがよい
B	BとAではBがよい		BとCではBがよい
C	CとAではCがよい	CとBではCがよい	

→

	A	B	C	計
A		7	5	12
B	3		4	7
C	5	6		11

◆ サーストンの一対比較法の計算方法

サーストンの一対比較法は評価物（この例では日本酒）を、評価のされ方から得点化する手法です。

① どちらが良いかの確率を計算します。

例えば、AとBの比較でAを美味しいとするのは10人中7人なので、確率は7÷10＝0.7（70％）です。

	A	B	C
A		7÷10	5÷10
B	3÷10		4÷10
C	5÷10	6÷10	

	A	B	C	計
A		0.70	0.50	1.20
B	0.30		0.40	0.70
C	0.50	0.60		1.10
計	0.80	1.30	0.90	3.00

② 求められた確率の標準正規分布における横軸（Z値という）の値を求めます。

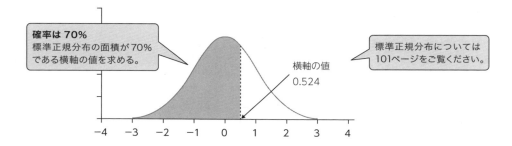

確率は70％
標準正規分布の面積が70％である横軸の値を求める。

横軸の値
0.524

標準正規分布については101ページをご覧ください。

Excel

Z値はExcelの関数で求められます。
任意のセルに次の関数を入力して、Enterキーを押します。
=NORMSINV(確率)
【計算例】 =NORMSINV(0.70) [Enter] 0.524

③ 求められた値の平均値を計算します。この値が美味しさの評価得点です。

	A	B	C	計	平均値
A		0.524	0.000	0.524	0.262
B	−0.524		−0.253	−0.777	−0.389
C	0.000	0.254		0.254	0.127

評価が最も高いのはA、評価の最も低いのはBでした。

サーストンの一対比較法は、調査対象の評価を得点化する手法なんだ。

段階評価による比較から各製品の評価を調べる
シェッフェの一対比較法

一対比較法を用いて複数の製品の比較を行う際、段階評価（主に5段階）のデータを解析する手法が、シェッフェの一対比較法です。

◆ シェッフェの一対比較法とは

t 個の食品があるとき、この中から2つ取り出す**組み合わせ数** r は $t \times (t-1) \div 2$ で与えられます。r 個の組み合わせについて、どの程度良いかを段階評価で調査したデータを解析する手法が**シェッフェの一対比較法**です。

シェッフェの一対比較法の調査方法

1回答者が全ての組み合わせを評価するのが基本ですが、組み合わせ数が多く全てについて評価させるのが困難な場合、回答者1人に対して1個の組み合わせを評価させることがあります。したがって、組み合わせ方法は下記の2つがあります。

1. 1回答者全組み合わせ　　2. 1回答者1組み合わせ

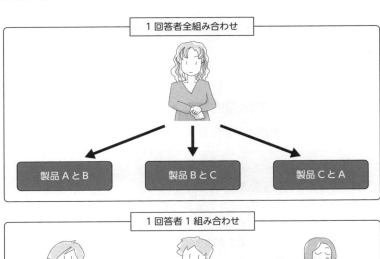

順序なし、順序あり

回答者に評価させる順序方法には、「順序なし」と「順序あり」の2つがあります。

順序なし	AとBの試食順序を決めずに評価を行う。 どちらが先に試食するかは回答者の判断に委ねる。
順序あり	AとBを試食する場合、「Aを先、Bを後」に試食 する評価と、「Bを先、Aを後」に試食する評価を行う。

シェッフェの一対比較法の種類

シェッフェの一対比較法は組み合わせ方法と順序方法に応じて、4つの計算方法があります。計算手法名は考案した人の名前が付けられています。

<シェッフェの一対比較法の4タイプ>

	1回答者 1組み合わせ	1回答者 全組み合わせ
順序あり	シェッフェの原法 (183ページ参照)	浦の変法 (188ページ参照)
順序なし	芳賀の変法 (192ページ参照)	中屋の変法 (195ページ参照)

質問文見本

[AとBを比較するグループに対する質問文]

1回目に試食したアイスクリームに比べ、2回目に試食したアイスクリームの美味しさは、どの程度でしたか。

1回目に試食したアイス クリームのほうが	かなり不味 かった	少し不味 かった	差を感じな かった	少し不味 かった	かなり不味 かった	2回目に試食したアイス クリームのほうが
A	1	2	3	4	5	B

シェッフェの一対比較法の把握内容

シェッフェの一対比較法は、主効果と分散分析表を出力します。

① 主効果

比較する対象製品の評価得点を**主効果**といいます。

主効果によってどの製品がすぐれているかが分かります。

② 分散分析表

主効果で製品間の評価に差があることが分かりますが、この事実は母集団全体についてもいえるかを調べるのが**分散分析表**です。

主効果の数値が求められれば、美味しさの順位が分かるんだ。

◆ 分散分析表の内容

4つの手法で分散分析の出力内容が異なります。

			一回答者 一組み合わせ	一回答者 全組み合わせ	一回答者 一組み合わせ	一回答者 全組み合わせ
			順序あり	順序あり	順序なし	順序なし
			シェッフェの原法	浦の変法	芳賀の変法	中屋の変法
①	全体	（計算に適用）	○	○	○	○
②	主効果	製品間で違いがあるか？	○	○	○	○
③	個体間効果	回答者間で違いがあるか？		○		○
④	組み合わせ間効果	組み合わせ間で違いがあるか？	○	○	○	○
⑤	順序間効果	評価の順序で違いがあるか？	○	○		
⑥	個体間順序間効果	（計算に適用）		○		
⑦	誤差	（計算に適用）	○	○	○	○

○　出力がある

◆ 分散分析表から把握できること

主効果	**母集団における評価は、製品間で違いがあるか？** 自社製品が他社製品を上回っているかを調べることができる。
個体間効果	**母集団における評価は、回答者間で違いがあるか？** メーカーに頼まれそのメーカーの製品のみ高い評価をしたり、いい加減な評価をしたりなど、通常の回答者と異なる評価が存在するかを調べることができる。
組み合わせ効果	**母集団における評価は、組み合わせ間で違いがあるか？** 3つの組み合わせの評価で、A＞B(AのほうがBよりもよい)、B＞Cなら、A＞Cの回答が通常であるが、A＜Cという評価の回答者が存在するかを調べることができる。
順序間効果	**母集団における評価は、評価の順序で違いがあるか？** 試食順序で、どの製品も先に試食したほうを美味しい（あるいは不味い）とする回答者が存在するかを調べることができる。

◆ 分散分析表の見方

分散分析表のフォーマットを示します。

前ページで「違いがあるか？」と表記した効果について説明します。

分散分析表で用いるのは①～④の効果のp値です。その他の数値はp値を算出するための数値です。

要因	偏差平方和	自由度	不偏分散	分散比	p値	判定
全体			—	—	—	—
① 主効果						
② 個体間効果						
③ 組み合わせ間効果						
④ 順序間効果						
個体間順序間効果						
誤差				—	—	—

① 主効果でp値≦ 0.05 なら、母集団における評価は、製品間で違いがあるといえる。

② 個体間効果でp値≦ 0.05 なら、母集団における評価は、回答者間で違いがあるといえる。

③ 組み合わせ間効果でp値≦ 0.05 なら、母集団における評価は、組み合わせ間で違いがあるといえる。

④ 順序間効果でp値≦ 0.05 なら、母集団における評価は、順序間で違いがあるといえる。

②個体間効果、③組み合わせ間効果、④順序間効果のいずれかで違いがあるという結果が出た場合、製品間に差があるという結果が①主効果に現れても、その信憑性は低いといえます。場合によっては、調査のやり直しを検討しなければなりません。

◆ 分散分析表の算出法

4つの手法で計算の仕方が異なります。

次節以降、4つの手法ごとに分散分析表の求め方を解説します。

◆ p値の算出

p値の求め方は4つの手法、共通です。

p値はExcelの関数で求められます。

任意のセルに次の関数を入力して、Enterキーを押します。

```
=FDIST( 分散比、効果の自由度、誤差の自由度 )  Enter
```

シェッフェの原法 183

シェッフェの原法について知ろう
シェッフェの原法

シェッフェの原法は「1回答者1組み合わせ」「順序あり」の回答データで一対比較法を行う方法です。

◆ シェッフェの原法とは

シェッフェの原法は調査対象者に一対（2つ）の例えばアイスクリームAとBを試食してもらい、どちらが美味しいかを段階で評価してもらう手法です。

2つの比較ですが、アイスクリームがA、B、Cの3つあれば、（AとB）、（AとC）、（BとC）、順番を変えた（BとA）、（CとA）、（CとB）の計6つの組み合わせについて試食することになります。

シェッフェの一対比較法は、1人の対象者が、1つの組み合わせだけを評価し、他の組み合わせは別の対象者が評価します。

◆ シェッフェの原法を行うための調査

＜調査名＞

アイスクリーム3商品A、B、Cの味覚テスト

＜調査対象とn数＞

AとBの比較	Aを先に試食するグループ 10人	Bを先に試食するグループ 10人
AとCの比較	Aを先に試食するグループ 10人	Cを先に試食するグループ 10人
BとCの比較	Bを先に試食するグループ 10人	Cを先に試食するグループ 10人　計60人

＜質問文＞

［AとBの比較でAを先に試食するグループに対する質問文］

1回目に試食したアイスクリームに比べ、2回目に試食したアイスクリームの美味しさは、どの程度でしたか。

1回目に試食したアイスクリームのほうが	かなり不味かった	少し不味かった	差を感じなかった	少し不味かった	かなり不味かった	2回目に試食したアイスクリームのほうが
A	1	2	3	4	5	B

＜60人のデータ＞

	1	2	3	4	5	6	7	8	9	10
A-B	1	2	2	2	1	3	2	1	3	2
B-A	4	3	4	5	5	4	5	5	4	4
A-C	2	1	2	1	1	2	1	2	1	1
C-A	4	5	5	5	5	4	5	5	5	4
B-C	3	3	2	2	2	1	2	3	1	3
C-B	3	4	4	5	4	5	3	2	5	2

◆ 5段階評価の得点化

5段階に、次に示す重み付けの得点を与えます。

選択された番号の「1」を−2点、「2」を−1点、「3」を0点、「4」を1点、「5」を2点として前ページのデータを得点に置き換えます。

得点化したデータを示します。

	1	2	3	4	5	6	7	8	9	10
A−B	−2	−1	−1	−1	−2	0	−1	−2	0	−1
B−A	1	0	1	2	2	1	2	2	1	1
A−C	−1	−2	−1	−2	−2	−1	−2	−1	−2	−2
C−A	1	2	2	2	2	1	2	2	2	1
B−C	0	0	−1	−1	−1	−2	−1	0	−2	0
C−B	0	1	1	2	1	2	0	−1	2	−1

◆ 主効果

比較する対象製品の評価得点を**主効果**といいます。

主効果から、どのアイスクリームが最も美味しかったか分かります。

この例の主効果を示します（求め方は次ページ参照）。

アイスクリーム	主効果
A	−0.95
B	0.15
C	0.80

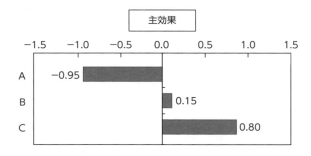

アイスクリームの評価はCが最も高く、次はBといえるよ。

◆ 分散分析表

主効果で製品間の評価に差があることが分かりますが、この事実は母集団全体についてもいえるかを調べるのが**分散分析表**です。

この例の分散分析表を示します。シェッフェの原法では、1回答者1組み合わせの評価なので②個体間効果はありません。

変動因	偏差平方和	自由度	不偏分散	分散比	p値	判定
全体	126.00	60.00				
①主効果	93.90	2.00	46.95	81.26	0.0000	[**]
③組み合わせ間効果	0.60	1.00	0.60	1.04	0.3127	[ ]
④順序間効果	0.30	3.00	0.10	0.17	0.9140	[ ]
誤差	31.20	54.00	0.58			

シェッフェの原法　185

◆　分散分析表から把握できること

分散分析の結果のp値から次のことがいえます。

- 「主効果」のp値＜ 0.05 より、評価は 3 つのアイスクリーム間で違いがあるといえます。
- 「組み合わせ間効果」のp値＞ 0.05 より、評価は組み合わせ間で違いがあるといえません。
- 「順序間効果」のp値＞ 0.05 より、評価は順序間で違いがあるといえません。

「主効果」で有意差があり、「組み合わせ」「順序」で有意差がなかったので、この一対比較調査は母集団における製品間の有意差判定に有効です。

※　p値≦ 0.01[**]　　0.01 ＜ p値≦ 0.05[*]　　p値＞ 0.05[ ]

　　* が 1 つでも付けば有意であるといえます。

◆　主効果の求め方

① 各選択肢の回答人数を算出します（下記上表）。

② 選択された番号の「1」を−2 点、…、「5」を 2 点のウエイトで、合計を算出します。

　【例】AB(−2)×3 人＋ (−1)×5 人＋ 0×2 人＋ 1×0 人＋ 2×0 人＝− 11

③ 合計を下記下表の**一対比較表**に転記します。

④ 一対比較表の横計を算出します。

⑤ 横計、縦計を算出し、横計と縦計の差を算出します。

　差を回答者総数 60 で割った値が、主効果です。

　【例】A の主効果＝− 57÷60 ＝− 0.95

選択肢		1	2	3	4	5	合計
ウエイト		−2	−1	0	1	2	
A	B	3人	5人	2人	0人	0人	−11
B	A	0人	0人	1人	5人	4人	13
A	C	6人	4人	0人	0人	0人	−16
C	A	0人	0人	0人	3人	7人	17
B	C	2人	4人	4人	0人	0人	−8
C	B	0人	2人	2人	3人	3人	7

一対比較表

	A	B	C	横計	縦計	差	主効果
A		−11	−16	−27	30	−57	−0.95
B	13		−8	5	−4	9	0.15
C	17	7		24	−24	48	0.80
縦計	30	−4	−24				

分散分析表における統計量の記号

分散分析表で求める値の記号を定義します。

要因	偏差平方和	自由度	不偏分散	分散比	p 値	判定
全体	S_t	f_t				
①主効果	S_a	f_a	V_a	F_a		
③組み合わせ間効果	S_c	f_c	V_c	F_c		
④順序間効果	S_r	f_r	V_r	F_r		
誤差	S_e	f_e	V_e			

偏差平方和の求め方

分散分析表の偏差平方和の計算方法を示します。

＜全体　S_t＞

S_tは、個々のデータの2乗を求め、回答者60人について合計した値。

$$S_t = (-2)^2 + (-1)^2 + (-1)^2 + \cdots + (2)^2 + (-1)^2 = 126$$

＜主効果　S_a＞

前ページの一対比較表で、差の2乗を求めます。

	A	B	C	横計	縦計	差	差の2乗
A		−11	−16	−27	30	−57	3,249
B	13		−8	5	−4	9	81
C	17	7		24	−24	48	2,304
縦計	30	−4	−24				5,634

3つの「差の2乗」の合計5,634を回答者人数60人で割ります。

$$S_a = 5,634 \div 60 = 93.9$$

＜組み合わせ効果　S_c＞

一対比較表における対角線の右上の要素から、左下の対応する要素を引きます。
求められた値を2乗します。

	A	B	C	対応する上−下			2乗	
A		−11	−16		−24	−33		576	1,089
B	13		−8			−15			225
C	17	7							

合計 1,890

$$S_c = 2乗の合計 \div 1つの組み合わせ回答人数 - S_a$$
$$= 1,890 \div 20 人 - 93.9 = 0.6$$

＜順序効果　S_r＞

一対比較表における対角線の右上の要素と、左下の対応する要素を足します。
求められた値を 2 乗します。

	A	B	C	対応する上＋下			2乗		
A		−11	−16		2	1		4	1
B	13		−8			−1			1
C	17	7							

合計　6

$S_r = 2$ 乗合計 ÷ 1 つの組み合わせ回答人数 $= 6 \div 20 = 0.3$

＜誤差＞

$S_e = S_t - S_a - S_c - S_r$

$\quad = 126 - 93.9 - 0.6 - 0.3 = 31.2$

◆　自由度の求め方

分散分析表の自由度の計算方法を示します。

全体	$f_t = $ 全回答者数 $= 60$
主効果	$f_a = t - 1 = 2 \quad t = $ 商品数
組み合わせ間効果	$f_c = (t - 1)(t - 2) \div 2 = 2 \times 1 \div 2 = 1$
順序間効果	$f_r = t(t - 1) \div 2 = 3 \times 2 \div 2 = 3$
誤差	$f_e = f_t - (f_a + f_c + f_r) = 60 - 2 - 1 - 3 = 54$

◆　不偏分散の求め方

主効果	$V_a = S_a \div f_a = 93.9 \div 2 = 46.95$
組み合わせ間効果	$V_c = S_c \div f_c = 0.6 \div 1 = 0.6$
順序間効果	$V_r = S_r \div f_r = 0.3 \div 3 = 0.1$
誤差	$V_e = S_e \div f_e = 31.2 \div 54 = 0.5778$

◆　分散比の求め方

主効果	$F_a = V_a \div V_e = 46.95 \div 0.5778 = 81.26$
組み合わせ間効果	$F_c = V_c \div V_e = 0.6 \div 0.5778 = 1.04$
順序間効果	$F_r = V_r \div V_e = 0.1 \div 0.5778 = 0.17$

◆　p 値の算出

`Excel`

p 値は Excel の関数で求められます。
任意のセルに次の関数を入力して、Enter キーを押します。

=FDIST(分散比 , 効果の自由度 , 誤差の自由度)

【計算例】=FDIST(81.26, 2, 54) [Enter]　0.0000

第8章 一対比較法の調査と分析方法

浦の変法について知ろう
浦の変法

浦の変法は「1回答者全組み合わせ」「順序あり」の回答データで一対比較法を行う方法です。

◆ 浦の変法とは

浦の変法は調査対象者に一対（2つ）の例えばアイスクリームAとBを試食してもらい、どちらが美味しいかを段階で評価してもらう手法です。

2つの比較ですが、アイスクリームがA、B、Cの3つあれば、(AとB)、(AとC)、(BとC)、順番を変えた(BとA)、(CとA)、(CとB)の計6つの組み合わせについて試食することになります。

浦の変法は、1人の対象者が、全ての組み合わせ（6つ）を評価します。

◆ 浦の変法を行うための調査

＜調査名＞
アイスクリーム3商品A、B、Cの味覚テスト

＜調査対象数＞
10人

＜質問文＞

問．3つのアイスクリームから、2つずつを試食してください。

[1回目]
- 先に試食したアイスクリームAに比べ、後に試食したアイスクリームBの美味しさは、どの程度でしたか。
- 先に試食したアイスクリームBに比べ、後に試食したアイスクリームAの美味しさは、どの程度でしたか。

先に試食したアイスクリームのほうが	かなり不味かった	少し不味かった	差を感じなかった	少し不味かった	かなり不味かった	後に試食したアイスクリームのほうが
A	1	2	3	4	5	B
B	1	2	3	4	5	A

[2回目]
- 先に試食したアイスクリームAに比べ、後に試食したアイスクリームCの美味しさは、どの程度でしたか。
- 先に試食したアイスクリームCに比べ、後に試食したアイスクリームAの美味しさは、どの程度でしたか。

先に試食したアイスクリームのほうが	かなり不味かった	少し不味かった	差を感じなかった	少し不味かった	かなり不味かった	後に試食したアイスクリームのほうが
A	1	2	3	4	5	C
C	1	2	3	4	5	A

[3 回目]

- 先に試食したアイスクリーム B に比べ、後に試食したアイスクリーム C の美味しさは、どの程度でしたか。
- 先に試食したアイスクリーム C に比べ、後に試食したアイスクリーム B の美味しさは、どの程度でしたか。

先に試食したアイスクリームのほうが	かなり不味かった	少し不味かった	差を感じなかった	少し不味かった	かなり不味かった	後に試食したアイスクリームのほうが
B	1	2	3	4	5	C
C	1	2	3	4	5	B

＜ 10 人のデータ＞

10 人の回答者が 6 つの組み合わせについて評価したデータです。

組み合わせ ＼ 回答者	1	2	3	4	5	6	7	8	9	10
A　B	1	2	2	2	1	3	2	1	3	2
B　A	4	3	4	5	5	4	5	5	4	4
A　C	2	1	2	1	1	2	1	2	1	1
C　A	4	5	5	5	5	4	5	5	5	4
B　C	3	3	2	2	2	1	2	3	1	3
C　B	3	4	4	5	4	5	3	2	5	2

◆　5 段階評価の得点化

5 段階に、次に示す重み付けの得点を与えます。

選択された番号の「1」を − 2 点、「2」を − 1 点、「3」を 0 点、「4」を 1 点、「5」を 2 点として上記のデータを得点に置き換えます。

得点化したデータを示します。

	1	2	3	4	5	6	7	8	9	10
A–B	−2	−1	−1	−1	−2	0	−1	−2	0	−1
B–A	1	0	1	2	2	1	2	2	1	1
A–C	−1	−2	−1	−2	−2	−1	−2	−1	−2	−2
C–A	1	2	2	2	2	1	2	2	2	1
B–C	0	0	−1	−1	−1	−2	−1	0	−2	0
C–B	0	1	1	2	1	2	0	−1	2	−1

◆　主効果

主効果はシェッフェの原法と同じです。

アイスクリーム	主効果
A	−0.95
B	0.15
C	0.80

分散分析表

下記の分散分析表が出力されます。

下記表の彩色行はシェッフェの原法と同じ求め方です。

要因	偏差平方和	自由度	不偏分散	分散比	p 値	判定
全体	126.00	60				
①主効果	93.90	2	46.95	150.17	0.0000	[**]
②個体間効果	20.43	18	1.14	3.63	0.0010	[**]
③組み合わせ間効果	0.60	1	0.60	1.92	0.1765	[ ]
④順序間効果	0.07	1	0.07	0.21	0.6477	[ ]
個体・順序間	1.93	9	0.21	0.69	0.7145	[ ]
誤差	9.07	29	0.31			

シェッフェの原法と異なる部分について計算方法を示します。

＜個体間効果の偏差平方和と自由度＞

得点データをマトリックス表に転記します。

	1	2	3	4	5	6	7	8	9	10
A–B	●–2	–1	–1	–1	–2	0	–1	–2	0	–1
B–A	★1	0	1	2	2	1	2	2	1	1
A–C	●–1	–2	–1	–2	–2	–1	–2	–1	–2	–2
C–A	★1	2	2	2	2	1	2	2	2	1
B–C	●0	0	–1	–1	–1	–2	–1	0	–2	0
C–B	★0	1	1	2	1	2	0	–1	2	–1

回答者1について見ると、●は点線枠へ、★は実践枠へコピーします。

回答者1
	A	B	C	横計	縦計	差	2乗
A	-	–2	–1	–3	2	–5	25
B	1	-	0	1	–2	3	9
C	1	0	-	1	–1	2	4
縦計	2	–2	–1	–1	0		38

回答者2
	A	B	C	横計	縦計	差	2乗
A	-	–1	–2	–3	2	–5	25
B	0	-	0	0	0	0	0
C	2	1	-	3	–2	5	25
縦計	2	0	–2	0	0		50

回答者3
	A	B	C	横計	縦計	差	2乗
A	-	–1	–1	–2	3	–5	25
B	1	-	–1	0	0	0	0
C	2	1	-	3	–2	5	25
縦計	3	0	–2	1	0		50

回答者4
	A	B	C	横計	縦計	差	2乗
A	-	–1	–2	–3	4	–7	49
B	2	-	–1	1	1	0	0
C	2	2	-	4	–3	7	49
縦計	4	1	–3	2	0		98

回答者5
	A	B	C	横計	縦計	差	2乗
A	-	–2	–2	–4	4	–8	64
B	2	-	–1	1	–1	2	4
C	2	1	-	3	–3	6	36
縦計	4	–1	–3	0	0		104

回答者6
	A	B	C	横計	縦計	差	2乗
A	-	0	–1	–1	2	–3	9
B	1	-	–2	–1	2	–3	9
C	1	2	-	3	–3	6	36
縦計	2	2	–3	1	0		54

回答者7	A	B	C	横計	縦計	差	2乗
A	-	-1	-2	-3	4	-7	49
B	2	-	-1	1	-1	2	4
C	2	0	-	2	-3	5	25
縦計	4	-1	-3	0		0	78

回答者8	A	B	C	横計	縦計	差	2乗
A	-	-2	-1	-3	4	-7	49
B	2	-	0	2	-3	5	25
C	2	-1	-	1	-1	2	4
縦計	4	-3	-1	0		0	78

回答者9	A	B	C	横計	縦計	差	2乗
A	-	0	-2	-2	3	-5	25
B	1	-	-2	-1	2	-3	9
C	2	2	-	4	-4	8	64
縦計	3	2	-4	1		0	98

回答者10	A	B	C	横計	縦計	差	2乗
A	-	-1	-2	-3	2	-5	25
B	1	-	0	1	-2	3	9
C	1	-1	-	0	-2	2	4
縦計	2	-2	-2	-2		0	38

2乗（白抜き数値）の総計を算出します。

No.	1	2	3	4	5	6	7	8	9	10	合計
2乗	38	50	50	98	104	54	78	78	98	38	686

個体間効果の偏差平方和　＝ 2乗合計 ÷ 組み合わせ数 − 主効果偏差平方和 S_a

$$= 686 ÷ 6 - 93.9 = 20.43$$

個体間効果の自由度 ＝ (製品数 t − 1) × (回答者人数 − 1)

$$= (3 - 1) × (10 - 1) = 18$$

＜個体・順序間の偏差平方和と自由度＞

縦計（白抜き数値）の平方の総計を算出します。

No.	1	2	3	4	5	6	7	8	9	10	合計
縦計	-1	0	1	2	0	1	0	0	1	-2	
縦計 × 縦計	1	0	1	4	0	1	0	0	1	4	12

個体・順序間の偏差平方和　＝ 縦計平方の合計 ÷ 組み合わせ数 − 順序効果 S_r

$$= 12 ÷ 6 - 0.3 = 1.7$$

個体・順序間の自由度 ＝ 回答者人数 − 1 ＝ 10 − 1 ＝ 9

＜誤差の偏差平方和と自由度＞

誤差の偏差平方和、自由度は、全体から右記の彩色部分を引いた値です。

要因	偏差平方和	自由度
全体	126.00	60
①主効果	93.90	2
②個体間効果	20.43	18
③組み合わせ間効果	0.60	1
④順序間効果	0.07	1
個体・順序間	1.93	9
誤差	9.07	29

芳賀の変法について知ろう
芳賀の変法

芳賀の変法は「1回答者1組み合わせ」「順序なし」の回答データで一対比較法を行う方法です。

　芳賀の変法は調査対象者に一対（2つ）の例えばアイスクリームAとBを試食してもらい、どちらが美味しいかを段階で評価してもらう手法です。

　2つの比較ですが、アイスクリームがA、B、Cの3つあれば、（AとB）、（AとC）、（BとC）の計3つの組み合わせについて試食することになります。

　芳賀の変法は、1人の対象者が、1つの組み合わせだけを評価し、他の組み合わせは別の対象者が評価します。

◆ 芳賀の原法を行うための調査

＜調査名＞

　アイスクリーム3商品A、B、Cの味覚テスト

＜調査対象とn数＞

　AとBの比較　　10人

　AとCの比較　　10人

　BとCの比較　　10人

　計30人

＜質問文＞

> **［AとBを比較するグループに対する質問文］**
>
> ● 2つのアイスクリームAとBを試食し、どちらがどの程度美味しかったかをお知らせください。
>
> | こちらのアイスクリームのほうが | かなり不味かった | 少し不味かった | 差を感じなかった | 少し不味かった | かなり不味かった | こちらのアイスクリームのほうが |
> |---|---|---|---|---|---|---|
> | A | 1 | 2 | 3 | 4 | 5 | B |

＜30人のデータ＞

	1	2	3	4	5	6	7	8	9	10
A–B	1	2	2	2	1	3	2	1	3	2
A–C	2	1	2	1	1	2	1	2	1	1
B–C	3	3	2	2	2	1	2	3	1	3

◆ 5段階評価の得点化

5段階に、次に示す重み付けの得点を与えます。

選択された番号の「1」を-2点、「2」を-1点、「3」を0点、「4」を1点、「5」を2点として前ページのデータを得点に置き換えます。

得点化したデータを示します。

	1	2	3	4	5	6	7	8	9	10
A-B	-2	-1	-1	-1	-2	0	-1	-2	0	-1
A-C	-1	-2	-1	-2	-2	-1	-2	-1	-2	-2
B-C	0	0	-1	-1	-1	-2	-1	0	-2	0

◆ 得点の基本集計

各組み合わせについて得点の横計、横計の2乗を算出します。

	1	2	3	4	5	6	7	8	9	10	横計	横計の2乗
A-B	-2	-1	-1	-1	-2	0	-1	-2	0	-1	-11	121
A-C	-1	-2	-1	-2	-2	-1	-2	-1	-2	-2	-16	256
B-C	0	0	-1	-1	-1	-2	-1	0	-2	0	-8	64
										計	-35	441 |(イ)

横計を一対比較表の対角線の右上に転記します。

転記した数値を、符号を変えて、対角線の左下にコピーします。

＜一対比較表＞

	A	B	C	横計	横計の2乗
A		-11	-16	-27	729
B	11		-8	3	9
C	16	8		24	576
				計	1,314 |(ロ)

横計、横計の2乗を求めます。

◆ 主効果

一対比較表の横計を回答人数30で割った値が主効果です。

【計算例】Aの主効果＝-27÷30＝-0.9

主効果はアイスクリームの美味しさを評価する得点です。
Cが最もよく次にBが続きます。

	横計	主効果
A	-27	-0.9
B	3	0.1
C	24	0.8

最も美味かったのはCだよ。

◆ 分散分析表

要因	偏差平方和	自由度	不偏分散	分散比	p 値	判定
全体	57.00	30				
①主効果	43.80	2	21.90	45.84	0.0000	[**]
③組み合わせ間効果	0.30	1	0.30	0.63	0.4350	[ ]
誤差	12.90	27	0.48			

分散分析の結果の p 値から次のことがいえます。

- 「主効果」の p 値 < 0.05 より、評価は 3 つのアイスクリーム間で違いがあるといえる。
- 「組み合わせ間効果」の p 値 > 0.05 より、評価は組み合わせ間で違いがあるといえない。

「主効果」で有意差があり、「組み合わせ間」で有意差がなかったので、この一対比較調査は母集団における製品間の有意差判定に有効です。

◆ 分散分析表の偏差平方和

＜全体の偏差平方和＞
個々のデータの 2 乗を求め、回答者 30 人について合計した値
$$S_t = (-2)^2 + (-1)^2 + (-1)^2 + \cdots + (-2)^2 + (0)^2 = 57$$

＜主効果の偏差平方和＞
一対比較表の（ロ）の値 ÷ 回答者人数
$$S_a = 1,314 \div 30 = 43.8$$

＜組み合わせ間効果の偏差平方和＞
得点表の（イ）の値 ÷ 1 組み合わせの回答人数 $- S_a$
$$S_r = 441 \div 10 - 43.8 = 0.3$$

＜誤差の偏差平方和＞
全体偏差平方和 − 主効果偏差平方和 − 組み合わせ効果
$$S_e = 57 - 43.8 - 0.3 = 12.9$$

◆ 自由度の求め方

全体	$f_t = $ 全回答者数 $= 30$
主効果	$f_a = t - 1 = 2 \quad t = $ 商品数
組み合わせ間効果	$f_c = (t-1)(t-2) \div 2 = 2 \times 1 \div 2 = 1$
誤差	$f_e = f_t - (f_a + f_c) = 30 - 2 - 1 = 27$

◆ 不偏分散の求め方

主効果	$V_a = S_a \div f_a = 43.8 \div 2 = 21.9$
組み合わせ間効果	$V_c = S_c \div f_c = 0.3 \div 1 = 0.3$
誤差	$V_e = S_e \div f_e = 12.9 \div 27 = 0.4778$

◆ 分散比の求め方

主効果	$F_a = V_a \div V_e = 21.9 \div 0.4778 = 45.8$
組み合わせ間効果	$F_c = V_c \div V_e = 0.3 \div 0.4778 = 0.63$

中屋の変法　195

> 中屋の変法を知ろう

中屋の変法

中屋の変法は「1回答者全組み合わせ」「順序なし」の回答データで一対比較法を行う方法です。

◆　中屋の変法とは

中屋の変法は調査対象者に一対（2つ）の例えばアイスクリーム A と B を試食してもらい、どちらが美味しいかを段階で評価してもらう手法です。

2つの比較ですが、アイスクリームが A、B、C の3つあれば、（A と B）、（A と C）、（B と C）の計3つの組み合わせについて試食することになります。

中屋の変法は、1人の対象者が、全ての組み合わせ（3つ）を評価します。

◆　中屋の変法を行うための調査

＜調査対象数＞

10人

＜質問文＞

問．3つのアイスクリームから、2つずつを試食し、どちらがどの程度美味しかったかをお知らせください。

こちらのアイスクリームのほうが	かなり不味かった	少し不味かった	差を感じなかった	少し不味かった	かなり不味かった	こちらのアイスクリームのほうが
A	1	2	3	4	5	B
A	1	2	3	4	5	C
B	1	2	3	4	5	C

＜10人のデータ＞

10人の回答者が3つの組み合わせについて評価したデータです。

組み合わせ ＼ 回答者	1	2	3	4	5	6	7	8	9	10
A　B	1	2	2	2	1	3	2	1	3	2
A　C	2	1	2	1	1	2	1	2	1	1
B　C	3	3	2	2	2	1	2	3	1	3

◆ 5段階評価の得点化

5段階に、次に示す重み付けの得点を与えます。

選択された番号の「1」を−2点、「2」を−1点、「3」を0点、「4」を1点、「5」を2点として上記のデータを得点に置き換えます。

得点化したデータを示します。

	1	2	3	4	5	6	7	8	9	10
A–B	−2	−1	−1	−1	−2	0	−1	−2	0	−1
A–C	−1	−2	−1	−2	−2	−1	−2	−1	−2	−2
B–C	0	0	−1	−1	−1	−2	−1	0	−2	0

◆ 主効果

得点化したデータから主効果を求める方法は、芳賀の変法と同じです。

アイスクリーム	主効果
A	−0.95
B	0.15
C	0.80

◆ 分散分析表

下記の分散分析表が出力されます。

下記表の彩色行は芳賀の変法と同じです。

要因	偏差平方和	自由度	不偏分散	分散比	p 値	判定
全体	57.00	30				
①主効果	43.80	2	21.90	96.93	0.0000	[**]
②個体間効果	10.87	18	0.60	2.67	0.0673	[ ]
③組み合わせ間効果	0.30	1	0.30	1.33	0.2789	[ ]
誤差	2.03	9	0.23			

分散分析の結果のp値から次のことがいえます。

- 「主効果」のp値＜0.05より、評価は3つのアイスクリーム間で違いがあるといえる
- 「個体間効果」のp値＞0.05より、評価は個体間で違いがあるといえない
- 「組み合わせ間効果」のp値＞0.05より、評価は組み合わせ間で違いがあるといえない

分散分析表の求め方

芳賀の変法と異なる部分について計算方法を示します。

得点データをマトリックス表に転記します。

	1	2	3	4	5	6	7	8	9	10
A–B	–2	–1	–1	–1	–2	0	–1	–2	0	–1
A–C	–1	–2	–1	–2	–2	–1	–2	–1	–2	–2
B–C	0	0	–1	–1	–1	–2	–1	0	–2	0

符号を逆転して記入

回答者 1

	A	B	C	横計	2乗
A	-	–2	–1	–3	9
B	2	-	0	2	4
C	1	0	-	1	1
縦計	3	–2	–1	0	14

S1

回答者 2

	A	B	C	横計	2乗
A	-	–1	–2	–3	9
B	1	-	0	1	1
C	2	0	-	2	4
縦計	3	–1	–2	0	14

S2

回答者 3

	A	B	C	横計	2乗
A	-	–1	–1	–2	4
B	1	-	–1	0	0
C	1	1	-	2	4
縦計	2	0	–2	0	8

S3

回答者 4

	A	B	C	横計	2乗
A	-	–1	–2	–3	9
B	1	-	–1	0	0
C	2	1	-	3	9
縦計	3	0	–3	0	18

S4

回答者 5

	A	B	C	横計	2乗
A	-	–2	–2	–4	16
B	2	-	–1	1	1
C	2	1	-	3	9
縦計	4	–1	–3	0	26

S5

回答者 6

	A	B	C	横計	2乗
A	-	0	–1	–1	1
B	0	-	–2	–2	4
C	1	2	-	3	9
縦計	1	2	–3	0	14

S6

回答者 7

	A	B	C	横計	2乗
A	-	–1	–2	–3	9
B	1	-	–1	0	0
C	2	1	-	3	9
縦計	3	0	–3	0	18

S7

回答者 8

	A	B	C	横計	2乗
A	-	–2	–1	–3	9
B	2	-	0	2	4
C	1	0	-	1	1
縦計	3	–2	–1	0	14

S8

回答者 9

	A	B	C	横計	2乗
A	-	0	–2	–2	4
B	0	-	–2	–2	4
C	2	2	-	4	16
縦計	2	2	–4	0	24

S9

回答者 10

	A	B	C	横計	2乗
A	-	–2	–1	–3	9
B	2	-	0	2	4
C	1	0	-	1	1
縦計	3	–2	–1	0	14

S10

◆ 個体間効果、誤差の統計量の計算方法

次表の彩色した2つについての計算方法を示します。

要因	偏差平方和	自由度	不偏分散	分散比	p 値	判定
全体	S_t	f_t				
①主効果	S_a	f_a	V_a	F_a		
②個体間効果	S_b	f_b	V_b	F_b		
③組み合わせ間効果	S_c	f_c	V_c	F_c		
誤差	S_e	f_e	V_e			

要因	偏差平方和	自由度	不偏分散	分散比	p 値	判定
全体	57.00	30				
①主効果	43.80	2	21.90	96.93	0.0000	[**]
②個体間効果	10.87	18	0.60	2.67	0.0673	[ ]
③組み合わせ間効果	0.30	1	0.30	1.33	0.2789	[ ]
誤差	2.03	9	0.23			

＜個体間効果　偏差平方和　S_b＞

$S_b = ($回答者ごとの横計の2乗の $S_1 + S_2 + S_3 \cdots + S_9 + S_{10}) \div$ 組み合わせ数 $- S_a$

$\quad = (14 + 14 + 8 \cdots + 24 + 10) \div 3 - 43.8 = 164 \div 3 - 43.8 = 10.867$

＜誤差　偏差平方和　S_e＞

$S_e = S_t - (S_a + S_b + S_c)$

$\quad = 57 - (43.8 + 10.867 + 0.3) = 2.033$

＜個体間効果　自由度　f_b＞

$f_b = ($製品数 $- 1) \times ($回答者数 $- 1)$

$\quad = (3 - 1) \times (10 - 1) = 18$

＜誤差　自由度　f_e＞

$f_e = f_t - f_b - f_c = 30 - 2 - 18 - 1 = 9$

その他の統計量の計算方法は、シェッフェの原法と同じなので186〜187ページをご覧ください。

第 9 章

コンジョイント調査と分析方法

コンジョイント分析は製品完成予測図を評価させる調査です。コンジョイントカードの作成方法や評価方法について、分析結果の見方について解説します。

KEYWORDS
- コンジョイント分析
- コンジョイントカード
- 直交表
- 部分効用値
- 全体効用値
- 重要度
- 決定係数

製品完成予想図の評価から最良製品を予測
コンジョイント分析とは

コンジョイント分析は複数の製品完成予想図を評価させ、どの製品完成予想図が好まれるか、製品選定の際にどの特性が重視されるかを把握する手法です。

◆ コンジョイント分析とは

私たちは商品を購入（あるいは選択）するとき、その商品の性能や特性などを1つずつ検討し、総合的に購入するかどうかを判断します。

例えば、戸建住宅を購入する場合を考えてみましょう。Aさんは「駅徒歩10分」「LDK15帖」「小学校徒歩10分」の物件を魅力的に感じました。しかし、その物件が南道路に面していないため、Aさんの物件に対する総合評価は低くなりました。Aさんは、評価項目の中で物件が南道路に面しているかを最も重視して、総合評価を決めたからです。

コンジョイント分析は、上記のように商品の総合評価をするとき、つまり消費者が複数の商品から1つ選ぶとき、それぞれの評価項目がどの程度目的変数（戸建住宅の購入）に影響を与えているかを明らかにする解析方法です。

評価項目の目的変数への影響は、相関分析、重回帰分析、数量化1類などでも明らかにできますが、コンジョイント分析は、商品の特性（評価項目）を統合した**コンジョイントカード**（製品完成予想図）を用いてデータを収集し、評価を得るところが特徴です。

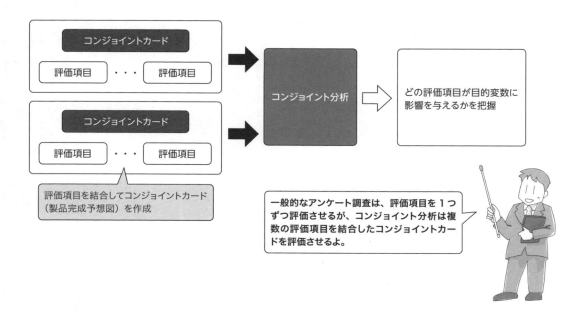

◆ コンジョイント分析における質問の仕方

戸建住宅に関して次の2つのことを明らかにすることにします。
① 戸建住宅を選ぶときに重視される要素は何か。
② どのような物件が好まれるか。

この目的を解決するための質問紙を2つ紹介しましょう。

問1. ＜価格が 6,000 万円で土地面積が 30 坪の戸建住宅を探している方へ＞
戸建住宅を選ぶとき、それぞれについて重視するかしないかをお知らせください。

	重視する	重視しない
南道路に面している	1	2
駅徒歩 10 分以内である	1	2
LDK15 帖以上である	1	2
小学校徒歩 10 分以内	1	2

> 物件を選ぶとき重視する要素は色々ありますが、説明をシンプルにするために要素は4つとしました。

問2. ＜価格が 6,000 万円で土地面積が 30 坪の戸建住宅を探している方へ＞
「南道路に面しているかいないか」「駅徒歩 10 分以内であるかないか」「LDK15 帖以上であるかないか」「小学校徒歩 10 分以内であるかないか」の4つの特性を組み合わせて、8つの物件を想定しました。

物件1	南道路○	駅徒歩○	LDK ×	小学校○
物件2	南道路○	駅徒歩○	LDK ×	小学校 ×
物件3	南道路○	駅徒歩 ×	LDK○	小学校○
物件4	南道路○	駅徒歩 ×	LDK○	小学校 ×
物件5	南道路 ×	駅徒歩○	LDK○	小学校○
物件6	南道路 ×	駅徒歩○	LDK○	小学校 ×
物件7	南道路 ×	駅徒歩 ×	LDK ×	小学校○
物件8	南道路 ×	駅徒歩 ×	LDK ×	小学校 ×

気に入った物件の No. を1位から3位までお知らせください。

1位 ☐　　2位 ☐　　3位 ☐

> これから学ぶコンジョイント分析は質問2の聞き方をするよ。8つの物件をコンジョイントカードというよ。コンジョイントカードに対する評価から①と②の目的が把握できるんだ。

第9章 コンジョイント調査と分析方法

コンジョイントカードに対する評価の仕方を知ろう

コンジョイントカードに対する評価方法

作成したコンジョイントカードを提示し、調査対象者に評価してもらいます。

コンジョイントカードに対する評価方法

作成したコンジョイントカードを提示し、調査対象者に評価してもらいます。

カード1	南道路面である	駅徒歩10分以内である	LDK15帖以上でない	小学校徒歩10分以内である

カード2	南道路面である	駅徒歩10分以内である	LDK15帖以上でない	小学校徒歩10分以内でない

カード3	南道路面である	駅徒歩10分以内でない	LDK15帖以上である	小学校徒歩10分以内である

カード4	南道路面である	駅徒歩10分以内でない	LDK15帖以上である	小学校徒歩10分以内でない

カード5	南道路面でない	駅徒歩10分以内である	LDK15帖以上である	小学校徒歩10分以内である

カード6	南道路面でない	駅徒歩10分以内である	LDK15帖以上である	小学校徒歩10分以内でない

カード7	南道路面でない	駅徒歩10分以内でない	LDK15帖以上でない	小学校徒歩10分以内である

カード8	南道路面でない	駅徒歩10分以内でない	LDK15帖以上でない	小学校徒歩10分以内でない

よく使われる評価方法を示します。

① SA回答法

カードの中で最も良いと思うものを1つ選択してください。

② MA回答法

カードの中で良いと思うものをいくつでも選択してください。

カードの中で良いと思うものを3つまで選択してください。

③ 順位回答法

カードを良いと思う順に、全てのカードに順位を付けてください。

カードを良いと思う順に、3位までの順位を付けてください。

④ 段階評価

各カードについて、5段階評価で、良い悪いの程度をお知らせください。

⑤ 得点評価

各カードについて、カードの良さを0点～10点の得点でお知らせください。

評価得点の計算方法

各カードについて回答割合や平均値などの評価得点を計算します。

評価方法	評価得点
① SA回答法	回答割合
② MA回答法	回答割合
③順位回答法	平均順位得点
④段階評価	平均値あるいは2top割合
⑤得点評価	得点平均

実例の評価得点

8個のコンジョイントカード（前ページ）について、1位〜3位までの順位を付けさせました。回答人数50人について、各カードの順位別回答人数を算出しました。
1位を4点、2位を3点、3位を2点、順位外を1点として、平均順位得点を算出しました。

<平均順位得点>

	1位 4点回答人数	2位 3点回答人数	3位 2点回答人数	順位外 1点回答人数	全回答人数	Σ （得点×人数）	平均順位得点
カード1	40	8	2	0	50	188	3.76
カード2	35	10	4	1	50	179	3.58
カード3	30	12	5	3	50	169	3.38
カード4	20	16	6	8	50	148	2.96
カード5	12	12	8	18	50	118	2.36
カード6	10	10	10	20	50	110	2.20
カード7	6	7	12	25	50	94	1.88
カード8	0	5	15	30	50	75	1.50

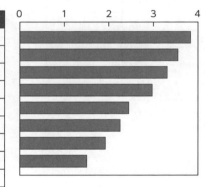

					平均順位得点
物件1	南道路○	駅徒歩○	LDK×	小学校○	3.76
物件2	南道路○	駅徒歩○	LDK×	小学校×	3.58
物件3	南道路○	駅徒歩×	LDK○	小学校○	3.38
物件4	南道路○	駅徒歩×	LDK○	小学校×	2.96
物件5	南道路×	駅徒歩○	LDK○	小学校○	2.36
物件6	南道路×	駅徒歩○	LDK○	小学校×	2.20
物件7	南道路×	駅徒歩×	LDK×	小学校○	1.88
物件8	南道路×	駅徒歩×	LDK×	小学校×	1.50
				全体平均	2.703

コンジョイント分析で把握できることを知ろう
部分効用値、重要度、全体効用値とは

　コンジョイント分析は、部分効用値、重要度、全体効用値を求める解析手法です。これらの見方、解釈の仕方を説明します。

◆ 部分効用値

　戸建住宅の例で解説します。
　部分効用値は、戸建住宅の水準が、物件選択にどれほど影響しているかを示す統計量です。
　戸建住宅における部分効用値を示します。

<部分効用値>

南道路○	0.7175
南道路×	−0.7175
駅徒歩○	0.2725
駅徒歩×	−0.2725
LDK○	0.0225
LDK×	−0.0225
小学校○	0.1425
小学校×	−0.1425

> コンジョイント分析では項目のことを**特性**、カテゴリーのことを**水準**といいます。本書では、特性、水準という言葉を用いることにします。
> 南道路、駅徒歩、LDK、小学校は特性で、特性の数は4個です。
> ○（重視する）、×（重視しない）は水準で、水準の数は2個です。

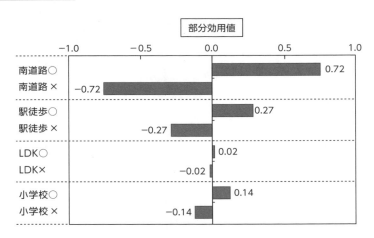

　部分効用値がプラスの水準を備えた物件は高い評価、マイナスの水準を備えた物件は低い評価となります。「南道路○」の部分効用値はプラスで他要素を大きく上回るので「南道路○」の物件はとりわけ高い評価となります。逆に「南道路×」はマイナスで他要素を大きく下回るのでとりわけ低い評価となります。「LDK○」はプラス、「LDK×」はマイナスですが値は小さいので、どちらも物件評価に対する影響度は小さいといえます。

◆ 重要度

特性の中で最大の部分効用値と最小の部分効用値との差をレンジといいます。
レンジのレンジ合計に占める割合を**重要度**といいます。重要度の大きい特性ほど物件の評価・選定に重要な特性です。

<重要度>

特性	省略名	最大値	最小値	レンジ	重要度
南道路面	南道路	0.718	−0.718	1.435	62%
駅徒歩10分以内	駅徒歩	0.273	−0.273	0.545	24%
LDK15帖以上	LDK	0.023	−0.023	0.045	2%
小学校徒歩10分以内	小学校	0.143	−0.143	0.285	12%
			計	2.310	100%

物件評価・選定には南道路面の有無が最も重要で、次に駅徒歩10分以内の有無が続きます。

◆ 全体効用値

全体効用値は、コンジョイントカードに対する評価得点です。
8個のコンジョイントカード（8つの物件）の全体効用値を示します。

<全体効用値>

物件1	南道路○	駅徒歩○	LDK×	小学校○	3.8125
物件2	南道路○	駅徒歩○	LDK×	小学校×	3.5275
物件3	南道路○	駅徒歩×	LDK○	小学校○	3.3125
物件4	南道路○	駅徒歩×	LDK○	小学校×	3.0275
物件5	南道路×	駅徒歩○	LDK○	小学校○	2.4225
物件6	南道路×	駅徒歩○	LDK×	小学校×	2.1375
物件7	南道路×	駅徒歩×	LDK×	小学校○	1.8325
物件8	南道路×	駅徒歩×	LDK×	小学校×	1.5475

評価が最も高いのは物件1、評価の最も低いのは物件8です。
平均順位得点（203ページ）全体効用値を比較します。

	平均順位得点	全体効用値	差
物件1	3.76	3.81	−0.05
物件2	3.58	3.53	0.05
物件3	3.38	3.31	0.07
物件4	2.96	3.03	−0.07
物件5	2.36	2.42	−0.06
物件6	2.20	2.14	0.06
物件7	1.88	1.83	0.05
物件8	1.50	1.55	−0.05

コンジョイント分析から得られた全体効用値は平均順位得点とほぼ一致するんだ。すごいと思うね。

◆ 決定係数

全体効用値と平均順位得点との一致の程度を示す値を決定係数といいます。

決定係数は 0.9945 でした。値が高いほど分析の精度は良いといえます。

決定係数	0.9945

決定係数はいくつ以上あればよいという統計学的基準はありませんが、0.5 を上回ることを目標としています。

◆ 予測

4 つの水準からつくられる組み合わせは 16 通りです。

想定できる物件は 16 個で、このうち 8 個の物件について評価してもらいました。

コンジョイント分析は残りの 8 個の物件の評価得点を予測します。

16 個全ての評価得点を示します。

<物件評価の予測>

予測	南道路○	駅徒歩○	LDK○	小学校○	3.8575
1	南道路○	駅徒歩○	LDK×	小学校○	3.8125
予測	南道路○	駅徒歩○	LDK○	小学校×	3.5725
2	南道路○	駅徒歩○	LDK×	LDK×	3.5275
3	南道路○	駅徒歩×	LDK○	小学校○	3.3125
予測	南道路○	駅徒歩×	LDK×	小学校○	3.2675
4	南道路○	駅徒歩×	LDK○	小学校×	3.0275
予測	南道路○	駅徒歩×	LDK×	小学校×	2.9825
5	南道路×	駅徒歩○	LDK○	小学校○	2.4225
予測	南道路×	駅徒歩○	LDK×	小学校○	2.3775
6	南道路×	駅徒歩○	LDK○	小学校×	2.1375
予測	南道路×	駅徒歩○	LDK×	小学校×	2.0925
予測	南道路×	駅徒歩×	LDK○	小学校○	1.8775
7	南道路×	駅徒歩×	LDK×	小学校○	1.8325
予測	南道路×	駅徒歩×	LDK○	小学校×	1.5925
8	南道路×	駅徒歩×	LDK×	小学校×	1.5475

評価得点の高い順で並べました。

決定係数が 0.9945 と高い値を示しているので予測結果の信憑性は高いといえるよ。

コンジョイントカードの作成方法について知ろう
コンジョイントカードの作成方法

コンジョイントカードは、商品の特性（評価項目）を統合して質問するカードのことです。カードは製品の完成予想図を想定して作成します。

◆ コンジョイントカードにおける特性と水準

コンジョイント調査で最初にすることはコンジョイントカード（製品完成予想図）を作成することです。

コンジョイントカードを作成する場合、まず、評価してもらう製品の特性と水準を設定します。

戸建住宅のコンジョイントカードの特性と水準は以下のようになります。

特性	水準	
南道路に面している	南道路○	南道路×
駅徒歩10分以内である	駅徒歩○	駅徒歩×
LDK15帖以上である	LDK ○	LDK ×
小学校徒歩10分以内である	小学校○	小学校×

◆ コンジョイントカードの数

コンジョイントカードは4つの特性の組み合わせによってつくられます。組み合わせの数は、2×2×2×2＝16になるので、カードの数は16個になります。16個について評価してもらうことは、少し難しいかもしれませんが、実施できない数ではありません。しかし、特性が5つになれば組み合わせ数は32となり、32個のカードに評価してもらうことは現実的に無理だと思います。仮に評価してもらってもその回答の信憑性は低いものでしょう。

コンジョイント分析は、**直交表**という道具を使うことによって、全てのコンジョイントカードを評価してもらわなくても、評価されていない残りについて評価得点を明らかにすることができます。

戸建住宅の例の特性数は4で組み合わせ数は16でしたが、直交表によってコンジョイントカードの数は8個となりました。

16個の中から8個を選ぶとき、統計的ルールに基づいて選ばなければなりません。

> 直交表を適用すると…
> 2水準である特性の数が7個までなら、コンジョイントカードの数は8個です。

特性数が7だと組み合わせ数は128だけど、コンジョイントカードは8個で済むよ。

◆ 直交表

コンジョイントカードの作成は直交表を適用します。

代表的な直交表を示します。

直交表は水準のコードを羅列した表です。

表の列数は特性数、行数はコンジョイントカードの個数です。

戸建住宅は特性が4個、どの特性も水準が2個なので、下記の直交表を適用します。

特性（項目）の個数は最大7まで可

コンジョイントカードの数は8個

	1	2	3	4	5	6	7
1	1	1	1	1	1	1	1
2	1	1	1	2	2	2	2
3	1	2	2	1	1	2	2
4	1	2	2	2	2	1	1
5	2	1	2	1	2	1	2
6	2	1	2	2	1	2	1
7	2	2	1	1	2	2	1
8	2	2	1	2	1	1	2

水準数はどの特性も2個

直交表は色々な種類がありますが、特性数、水準数で適用する直交表が決まります。

2水準の特性2個、3水準の特性が2個の場合、下記の直交表を適用します。

この場合のコンジョイントカードの個数は9個です。

	1	2	3	4
1	1	1	1	3
2	1	1	2	2
3	1	2	3	2
4	1	2	1	1
5	1	2	3	3
6	1	2	2	1
7	2	1	3	1
8	2	2	1	2
9	2	2	2	3
水準数	2	2	3	3

※直交表の詳細については213ページをご覧ください。

◆ コンジョイントカードのつくり方

戸建住宅の例でコンジョイントカードのつくり方を説明します。

① 特性数、水準数で適用する直交表が決まります。この例は特性数が4、全ての特性の水準数は2なので下記の直交表を適用します。

	1	2	3	4	5	6	7
1	1	1	1	1	1	1	1
2	1	1	1	2	2	2	2
3	1	2	2	1	1	2	2
4	1	2	2	2	2	1	1
5	2	1	2	1	2	1	2
6	2	1	2	2	1	2	1
7	2	2	1	1	2	2	1
8	2	2	1	2	1	1	2

カードの数は8個です。

② 直交表の任意の列を特性の数だけ選びます。選んだ列を1～4とし、順に「南道路に面している」「駅徒歩10分以内である」「LDK15帖以上である」「小学校徒歩10分以内である」とします。

③ 水準のコードを水準名に置き換えます。

	1	2	3	4	5	6	7
	1	1	1	1	1	1	1
	1	1	1	2	2	2	2
	1	2	2	1	1	2	2
	1	2	2	2	2	1	1
	2	1	2	1	2	1	2
	2	1	2	2	1	2	1
	2	2	1	1	2	2	1
	2	2	1	2	1	1	2

	1	2	3	4
カード1	南道路○	駅徒歩○	LDK○	小学校○
カード2	南道路○	駅徒歩○	LDK○	小学校×
カード3	南道路○	駅徒歩×	LDK×	小学校○
カード4	南道路○	駅徒歩×	LDK×	小学校×
カード5	南道路×	駅徒歩○	LDK×	小学校○
カード6	南道路×	駅徒歩○	LDK×	小学校×
カード7	南道路×	駅徒歩×	LDK○	小学校○
カード8	南道路×	駅徒歩×	LDK○	小学校×

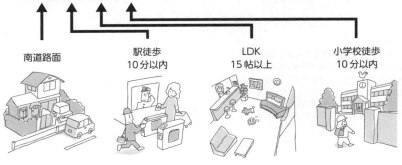

南道路面　　駅徒歩10分以内　　LDK15帖以上　　小学校徒歩10分以内

④ コンジョイントカードの内容を検討します。

前ページにおけるカードを見ると、カード1の水準は全て○です。

このカード（物件）は高い評価になることが想定されるので、調査するまでのことはないと判断します。

そこで、任意の列、ここでは3列目の水準を逆転して、再度水準コードを水準名に置き換えます。

最終のコンジョイントカードを示します。

1	2	3	4	5	6	7
1	1	2	1	1	1	1
1	1	2	2	2	2	2
1	2	1	1	1	2	2
1	2	1	2	2	1	1
2	1	1	1	2	1	2
2	1	1	2	1	2	1
2	2	2	1	2	2	1
2	2	2	2	1	1	2

列No.	1	2	3	4
カード1	南道路○	駅徒歩○	LDK×	小学校○
カード2	南道路○	駅徒歩○	LDK×	小学校×
カード3	南道路○	駅徒歩×	LDK○	小学校○
カード4	南道路○	駅徒歩×	LDK○	小学校×
カード5	南道路×	駅徒歩○	LDK○	小学校○
カード6	南道路×	駅徒歩○	LDK○	小学校×
カード7	南道路×	駅徒歩×	LDK×	小学校○
カード8	南道路×	駅徒歩×	LDK×	小学校×

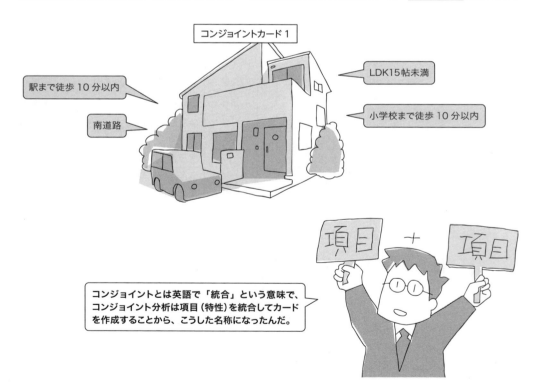

コンジョイント分析の計算方法 **211**

コンジョイント分析の計算方法を知ろう
コンジョイント分析の計算方法

　コンジョイント分析は数量化1類で解析します。目的変数は評価点、説明変数は戸建住宅の特性です。

◆ コンジョイント分析の計算に適用する解析手法

　コンジョイント分析は、数量化1類を用いて計算します。

統計学的知識

　数量化1類という手法は、多変量解析の1つで、重回帰分析と非常によく似た手法です。重回帰分析との違いは、説明変数のデータ形態が重回帰分析は数量データであるのに対し、数量化1類はカテゴリーデータであることです。
　数量化1類は、目的変数と説明変数との関係を調べ、関係式を作成し、その関係式を用いて、次のことを明らかにする手法です。
　　① 説明変数の各カテゴリーの目的変数に対する影響度
　　② 説明変数の重要度
　　③ 予測

　数量化1類を適用するときの目的変数は平均順位得点、説明変数は戸建住宅の特性です。

<数量化1類に適用するデータ>

目的変数	説明変数			
平均順位得点	南道路面	駅徒歩10分以内	LDK15帖以上	小学校徒歩10分以内
3.76	1	1	2	1
3.58	1	1	2	2
3.38	1	2	1	1
2.96	1	2	1	2
2.36	2	1	1	1
2.20	2	1	1	2
1.88	2	2	2	1
1.50	2	2	2	2

1. ○（重視する）　2. ×（重視しない）

数量化 1 類の結果

Excel アドインフリーソフトで出力した結果を示します。

操作方法は 291 ページをご覧ください。

※フリーソフトの必要環境・仕様については 281 ページをご覧ください。

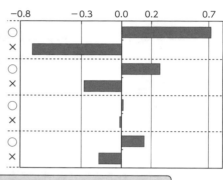

部分効用値

アイテム名	カテゴリー名	n	スコア	平均値
南道路面	○	4	0.718	3.42
	×	4	−0.718	1.99
駅徒歩 10 分以内	○	4	0.273	2.98
	×	4	−0.273	2.43
LDK15 帖以上	○	4	0.023	2.73
	×	4	−0.023	2.68
小学校徒歩 10 分以内	○	4	0.143	2.85
	×	4	−0.143	2.56
定数項		8		2.703

8 物件の平均順位得点の平均（203 ページ参照）

重要度

項目	最大値	最小値	レンジ	重要度
南道路面	0.718	−0.718	1.435	62%
駅徒歩 10 分以内	0.273	−0.273	0.545	24%
LDK15 帖以上	0.023	−0.023	0.045	2%
小学校徒歩 10 分以内	0.143	−0.143	0.285	12%
計			2.310	100%

分析精度

決定係数	0.995
自由度修正済み決定係数	0.987

予測表

No.	実績値	予測値	残差	標準化残差
1	3.76	3.813	−0.052	−0.554
2	3.58	3.528	0.053	0.554
3	3.38	3.313	0.068	0.712
4	2.96	3.028	−0.067	−0.712
5	2.36	2.423	−0.063	−0.659
6	2.20	2.138	0.063	0.659
7	1.88	1.833	0.048	0.501
8	1.50	1.548	−0.047	−0.501

直交表

直交表について詳しく知ろう

色々な直交表があります。直交表の種類と活用場面を解説します。

◆ 直交表の見方

直交表は水準のコードを羅列した表です。表の名称を $L_a b^c$ で表します。

b は水準の数、a は表の行数、c は表の列数を示します。

$L_8 2^7$ 型直交表を示します。

<$L_8 2^7$ 型>

	1	2	3	4	5	6	7
1	1	1	1	1	1	1	1
2	1	1	1	2	2	2	2
3	1	2	2	1	1	2	2
4	1	2	2	2	2	1	1
5	2	1	2	1	2	1	2
6	2	1	2	2	1	2	1
7	2	2	1	1	2	2	1
8	2	2	1	2	1	1	2

特性数が7だと組み合わせ数は128だけど、コンジョイントカードは8個で済むよ。

◆ 直交表の種類

直交表は水準を [1,0] に変換して、示すことができます。水準コードで示したものをコード型直交表、[1,0] の値で示したものを [1,0] 型直交表と呼ぶことにします。

色々な直交表について水準型と [1,0] 型を示します。

<$L_8 2^7$ 型>

	1	2	3	4	5	6	7
1	1	1	1	1	1	1	1
2	1	1	1	2	2	2	2
3	1	2	2	1	1	2	2
4	1	2	2	2	2	1	1
5	2	1	2	1	2	1	2
6	2	1	2	2	1	2	1
7	2	2	1	1	2	2	1
8	2	2	1	2	1	1	2
	2	**2**	**2**	**2**	**2**	**2**	**2**	←水準数

	1		2		3		4		5		6		7	
1	1	0	1	0	1	0	1	0	1	0	1	0	1	0
2	1	0	1	0	1	0	0	1	0	1	0	1	0	1
3	1	0	0	1	0	1	1	0	1	0	0	1	0	1
4	1	0	0	1	0	1	0	1	0	1	1	0	1	0
5	0	1	1	0	0	1	1	0	0	1	1	0	0	1
6	0	1	1	0	0	1	0	1	1	0	0	1	1	0
7	0	1	0	1	1	0	1	0	0	1	0	1	1	0
8	0	1	0	1	1	0	0	1	1	0	1	0	0	1

表記の仕方が異なるけど、左表と右表は同じだよ。

水準が3の直交表を示します。

<$L_9 3^4$型>

	1	2	3	4
1	1	1	1	1
2	1	2	2	2
3	1	3	3	3
4	2	1	2	3
5	2	2	3	1
6	2	3	1	2
7	3	1	3	2
8	3	2	1	3
9	3	3	2	1
	3	3	3	3	←水準数

	1			2			3			4		
1	1	0	0	1	0	0	1	0	0	1	0	0
2	1	0	0	0	1	0	0	1	0	0	1	0
3	1	0	0	0	0	1	0	0	1	0	0	1
4	0	1	0	1	0	0	0	1	0	0	0	1
5	0	1	0	0	1	0	0	0	1	1	0	0
6	0	1	0	0	0	1	1	0	0	0	1	0
7	0	0	1	1	0	0	0	0	1	0	1	0
8	0	0	1	0	1	0	1	0	0	0	0	1
9	0	0	1	0	0	1	0	1	0	1	0	0

水準が4の直交表を示します。

<$L_{16} 4^3$型>

	1	2	3
1	1	1	1
2	1	2	2
3	1	3	3
4	1	4	4
5	2	1	2
6	2	2	3
7	2	3	4
8	2	4	1
9	3	1	3
10	3	2	4
11	3	3	1
12	3	4	2
13	4	1	4
14	4	2	1
15	4	3	2
16	4	4	3
	4	4	4	←水準数

	1				2				3			
1	1	0	0	0	1	0	0	0	1	0	0	0
2	1	0	0	0	0	1	0	0	0	1	0	0
3	1	0	0	0	0	0	1	0	0	0	1	0
4	1	0	0	0	0	0	0	1	0	0	0	1
5	0	1	0	0	1	0	0	0	0	1	0	0
6	0	1	0	0	0	1	0	0	0	0	1	0
7	0	1	0	0	0	0	1	0	0	0	0	1
8	0	1	0	0	0	0	0	1	1	0	0	0
9	0	0	1	0	1	0	0	0	0	0	1	0
10	0	0	1	0	0	1	0	0	0	0	0	1
11	0	0	1	0	0	0	1	0	1	0	0	0
12	0	0	1	0	0	0	0	1	0	1	0	0
13	0	0	0	1	1	0	0	0	0	0	0	1
14	0	0	0	1	0	1	0	0	1	0	0	0
15	0	0	0	1	0	0	1	0	0	1	0	0
16	0	0	0	1	0	0	0	1	0	0	1	0

水準が2と3が混在する直交表を示します。

<$L_9 2^2 3^2$型>

	1	2	3	4
1	1	1	1	3
2	1	1	2	2
3	1	2	3	2
4	1	2	1	1
5	1	2	3	3
6	1	2	2	1
7	2	1	3	1
8	2	1	1	2
9	2	2	2	3
	2	2	3	3	←水準数

	1		2		3			4		
1	1	0	1	0	1	0	0	0	0	1
2	1	0	1	0	0	1	0	0	1	0
3	1	0	0	1	0	0	1	0	1	0
4	1	0	0	1	1	0	0	1	0	0
5	1	0	0	1	0	0	1	0	0	1
6	1	0	0	1	0	1	0	1	0	0
7	0	1	1	0	0	0	1	1	0	0
8	0	1	1	0	1	0	0	0	1	0
9	0	1	0	1	0	1	0	0	0	1

水準が2の特性が2個、水準が3の特性が2個の場合、カード枚数は9個だよ。

◆ 直交表の特色

[1,0] 型直交表において列相互の相関係数を算出します。

$L_8 2^7$ 型の列相互の相関係数を示します。

下記表において、異なる列番号相互の相関係数は 0 となります。

直交表は列相互の相関係数が 0 となる数表です。

> 1 〜 7 はコード型直交表の列番号

		1	2	3	4	5	6	7	8	9	10	11	12	13	14
		1		2		3		4		5		6		7	
1	1	1.00	−1.00	0.00	0.00	0.00	0.00	0.00	0.00	0.00	0.00	0.00	0.00	0.00	0.00
2		−1.00	1.00	0.00	0.00	0.00	0.00	0.00	0.00	0.00	0.00	0.00	0.00	0.00	0.00
3	2	0.00	0.00	1.00	−1.00	0.00	0.00	0.00	0.00	0.00	0.00	0.00	0.00	0.00	0.00
4		0.00	0.00	−1.00	1.00	0.00	0.00	0.00	0.00	0.00	0.00	0.00	0.00	0.00	0.00
5	3	0.00	0.00	0.00	0.00	1.00	−1.00	0.00	0.00	0.00	0.00	0.00	0.00	0.00	0.00
6		0.00	0.00	0.00	0.00	−1.00	1.00	0.00	0.00	0.00	0.00	0.00	0.00	0.00	0.00
7	4	0.00	0.00	0.00	0.00	0.00	0.00	1.00	−1.00	0.00	0.00	0.00	0.00	0.00	0.00
8		0.00	0.00	0.00	0.00	0.00	0.00	−1.00	1.00	0.00	0.00	0.00	0.00	0.00	0.00
9	5	0.00	0.00	0.00	0.00	0.00	0.00	0.00	0.00	1.00	−1.00	0.00	0.00	0.00	0.00
10		0.00	0.00	0.00	0.00	0.00	0.00	0.00	0.00	−1.00	1.00	0.00	0.00	0.00	0.00
11	6	0.00	0.00	0.00	0.00	0.00	0.00	0.00	0.00	0.00	0.00	1.00	−1.00	0.00	0.00
12		0.00	0.00	0.00	0.00	0.00	0.00	0.00	0.00	0.00	0.00	−1.00	1.00	0.00	0.00
13	7	0.00	0.00	0.00	0.00	0.00	0.00	0.00	0.00	0.00	0.00	0.00	0.00	1.00	−1.00
14		0.00	0.00	0.00	0.00	0.00	0.00	0.00	0.00	0.00	0.00	0.00	0.00	−1.00	1.00

$L_9 3^4$ 型の列相互の相関係数を示します。

<$L_9 3^4$ 型の列相互の相関係数>

		1			2			3			4		
1		1	−0.5	−0.5	0	0	0	0	0	0	0	0	0
		−0.5	1	−0.5	0	0	0	0	0	0	0	0	0
		−0.5	−0.5	1	0	0	0	0	0	0	0	0	0
2		0	0	0	1	−0.5	−0.5	0	0	0	0	0	0
		0	0	0	−0.5	1	−0.5	0	0	0	0	0	0
		0	0	0	−0.5	−0.5	1	0	0	0	0	0	0
3		0	0	0	0	0	0	1	−0.5	−0.5	0	0	0
		0	0	0	0	0	0	−0.5	1	−0.5	0	0	0
		0	0	0	0	0	0	−0.5	−0.5	1	0	0	0
4		0	0	0	0	0	0	0	0	0	1	−0.5	−0.5
		0	0	0	0	0	0	0	0	0	−0.5	1	−0.5
		0	0	0	0	0	0	0	0	0	−0.5	−0.5	1

非直交表

　次に示す表は、列相互に 0 でない相関係数が存在します。0 でない相関がある表を**非直交表**といいます。

　コンジョイント分析は非直交表でも列相互の相関係数の絶対値が 0.5 を超えなければ、その非直交表を適用してコンジョイントカードを作成できることが知られています。

$<L_{12}2^13^14^1$型の直交表>

	1	2	3	4	5
1	1	1	1	1	1
2	1	1	2	2	1
3	1	1	2	3	1
4	1	2	1	2	2
5	1	2	1	3	2
6	1	2	2	1	3
7	2	1	1	1	3
8	2	1	2	2	3
9	2	1	2	3	2
10	2	2	1	2	1
11	2	2	1	3	3
12	2	2	2	1	2

2　2　2　3　3　←水準数

1		2		3		4			5		
1	0	1	0	1	0	1	0	0	1	0	0
1	0	1	0	0	1	0	1	0	1	0	0
1	0	1	0	0	1	0	0	1	1	0	0
1	0	0	1	1	0	0	1	0	0	1	0
1	0	0	1	1	0	0	0	1	0	1	0
1	0	0	1	0	1	1	0	0	0	0	1
0	1	1	0	1	0	1	0	0	0	0	1
0	1	1	0	0	1	0	1	0	0	0	1
0	1	1	0	0	1	0	0	1	0	1	0
0	1	0	1	1	0	0	1	0	1	0	0
0	1	0	1	1	0	0	0	1	0	0	1
0	1	0	1	0	1	1	0	0	0	1	0

$<L_{12}2^13^14^1$型の列相互の相関係数>

		1	2	3	4	5	6	7	8	9	10	11	12
		1		2		3		4			5		
1	1	1.00	−1.00	0.00	0.00	0.00	0.00	0.00	0.00	0.00	0.35	0.00	−0.35
2		−1.00	1.00	0.00	0.00	0.00	0.00	0.00	0.00	0.00	−0.35	0.00	0.35
3	2	0.00	0.00	1.00	−1.00	−0.33	0.33	0.00	0.00	0.00	0.35	−0.35	0.00
4		0.00	0.00	−1.00	1.00	0.33	−0.33	0.00	0.00	0.00	−0.35	0.35	0.00
5	3	0.00	0.00	−0.33	0.33	1.00	−1.00	0.00	0.00	0.00	0.00	0.00	0.00
6		0.00	0.00	0.33	−0.33	−1.00	1.00	0.00	0.00	0.00	0.00	0.00	0.00
7	4	0.00	0.00	0.00	0.00	0.00	0.00	1.00	−0.50	−0.50	−0.13	−0.13	0.25
8		0.00	0.00	0.00	0.00	0.00	0.00	−0.50	1.00	−0.50	0.25	−0.13	−0.13
9		0.00	0.00	0.00	0.00	0.00	0.00	−0.50	−0.50	1.00	−0.13	0.25	−0.13
10	5	0.35	−0.35	0.35	−0.35	0.00	0.00	−0.13	0.25	−0.13	1.00	−0.50	−0.50
11		0.00	0.00	−0.35	0.35	0.00	0.00	−0.13	−0.13	0.25	−0.50	1.00	−0.50
12		−0.35	0.35	0.00	0.00	0.00	0.00	0.25	−0.13	−0.13	−0.50	−0.50	1.00

　特性の数が多く、各特性の水準数が異なる場合、列相互の相関係数が 0 となる直交表はありません。このような場合、列相互の相関が 0.5 未満の非直交表を作成しコンジョイント分析を行います。残念ながらこの非直交表は公にされていませんので分析者がつくることになります。

　特に作成するよい方法はありません。相関係数が 0.5 未満になるまで何回も繰り返し作成します。完成したときの喜びを味わってください。

　著者が作成した非直交表を示します。

<$L_{10}2^25^1$型非直交表>

	1	2	3
1	1	1	2
2	1	1	3
3	1	2	1
4	1	2	4
5	1	2	5
6	2	1	1
7	2	1	4
8	2	1	5
9	2	2	2
10	2	2	3
	2	**2**	**5**	←水準数

	1		2		3				
1	1	0	1	0	0	1	0	0	0
2	1	0	1	0	0	0	1	0	0
3	1	0	0	1	1	0	0	0	0
4	1	0	0	1	0	0	0	1	0
5	1	0	0	1	0	0	0	0	1
6	0	1	1	0	1	0	0	0	0
7	0	1	1	0	0	0	0	1	0
8	0	1	1	0	0	0	0	0	1
9	0	1	0	1	0	1	0	0	0
10	0	1	0	1	0	0	1	0	0

<$L_{10}2^25^1$型の列相互の相関係数>

	1		2		3				
1	1.00	−1.00	−0.20	0.20	0.00	0.00	0.00	0.00	0.00
	−1.00	1.00	0.20	−0.20	0.00	0.00	0.00	0.00	0.00
2	−0.20	0.20	1.00	−1.00	0.00	0.00	0.00	0.00	0.00
	0.20	−0.20	−1.00	1.00	0.00	0.00	0.00	0.00	0.00
3	0.00	0.00	0.00	0.00	1.00	−0.25	−0.25	−0.25	−0.25
	0.00	0.00	0.00	0.00	−0.25	1.00	−0.25	−0.25	−0.25
	0.00	0.00	0.00	0.00	−0.25	−0.25	1.00	−0.25	−0.25
	0.00	0.00	0.00	0.00	−0.25	−0.25	−0.25	1.00	−0.25
	0.00	0.00	0.00	0.00	−0.25	−0.25	−0.25	−0.25	1.00

列相互の相関が 0 とならない非直交表でもコンジョイントカードは作成できるのです。

第9章 コンジョイント調査と分析方法

具体例でコンジョイント分析をより深く知ろう

具体例

特性数は5、各特性の水準数は2,2,2,3,3でコンジョイントカードをつくると72個、このうち12個のカードを評価させ、残りを予測し、どのカードが最良かを把握します。

◆ 具体例

出版社が統計解析書を出版するために、次の2点を調べることにしました。

- 読者が本を選ぶとき、本の内容やレベルが重要であることはいうまでもないが、本のサイズ、2色刷り、表紙デザインなどの特性も影響するかを明らかにしたい。
- 特性を組み合わせると色々な本の完成が予想されるが、どのような組み合わせの本が好まれるかを明らかにしたい。

このテーマに対して、次の手順でコンジョイント分析を行いました。

＜１＞本の特性と水準を決めます。

特性	水準
書籍サイズ	B5
	A5
文字色	2色
	1色
ページ数	300ページ
	200ページ

特性	水準
進行人物	温厚博士
	可愛い女子大生
	恐い予備校先生
表紙デザイン	景色
	漫画
	模様

＜２＞直交表あるいは非直交表を決めます。

水準数が2の特性が3つ、水準数が3の特性が2つより$L_{12}2^3 3^2$型を適用。

＜３＞コンジョイントカード（本の完成予想図）を作成します。

本No.	文字色	書籍サイズ	ページ数	表紙デザイン	進行人物
本1	2色	B5	300ページ	漫画	可愛い女子大生
本2	2色	B5	200ページ	景色	可愛い女子大生
本3	2色	B5	200ページ	模様	可愛い女子大生
本4	2色	A5	300ページ	景色	恐い予備校先生
本5	2色	A5	300ページ	模様	恐い予備校先生
本6	2色	A5	200ページ	漫画	温厚博士
本7	1色	B5	300ページ	漫画	温厚博士
本8	1色	B5	200ページ	景色	温厚博士
本9	1色	B5	200ページ	模様	恐い予備校先生
本10	1色	A5	300ページ	景色	可愛い女子大生
本11	1色	A5	300ページ	模様	温厚博士
本12	1色	A5	200ページ	漫画	恐い予備校先生

＜４＞各カードの評価データを取る。

問．本を選ぶ場合どれにするかいくつでもお知らせください。

	本1	本2	本3	本4	本5	本6	本7	本8	本9	本10	本11	本12
1	1	1	1	1	1	0	1	0	1	1	0	0
2	1	0	0	0	1	1	0	1	0	0	0	0
3	1	1	1	1	0	0	1	1	0	0	0	0
4	1	1	0	0	1	1	0	0	0	0	0	0
5	1	1	0	1	1	0	1	0	0	1	0	0
6	0	1	1	0	0	1	0	0	1	0	0	0
7	1	1	1	1	1	0	0	1	0	0	0	0
8	1	1	0	0	1	0	0	0	0	0	0	0
9	1	0	1	1	0	1	0	0	0	0	1	0
10	1	1	1	0	0	0	0	0	0	1	0	0
11	1	1	1	1	1	0	1	0	0	0	0	0
12	1	1	0	0	1	1	0	0	1	0	0	1
13	1	1	0	1	0	0	1	0	0	0	0	0
14	1	1	0	0	0	0	0	1	0	0	0	0
15	1	1	1	1	0	1	0	0	0	0	0	1
16	1	1	1	0	1	0	1	0	0	0	0	0
17	0	1	0	1	0	0	0	0	0	1	1	0
18	0	1	1	0	0	0	0	0	1	0	0	0
19	1	1	1	1	0	0	0	1	0	0	0	0
20	1	1	0	0	1	0	1	0	0	0	1	0
21	1	1	1	1	0	1	0	0	0	0	0	0
22	1	0	0	0	1	0	0	0	0	1	0	0
23	1	1	1	0	0	0	0	1	0	0	0	0
24	1	0	0	1	1	0	1	0	0	0	0	0
25	1	0	1	1	1	1	0	0	1	0	0	0
26	1	1	1	0	0	0	0	0	0	0	0	0
27	0	0	1	0	0	0	1	0	0	0	0	0
28	1	0	1	1	0	1	0	1	0	0	0	0
29	1	0	0	0	0	1	0	0	1	0	0	0
30	0	0	1	1	0	0	1	0	0	0	0	0

回答者は30人

1は本を選択、0は非選択

＜5＞各本の回答割合を計算し、本ごと回答割合を評価得点とする。

説明変数は 218 ページの＜3＞をコード化する。

数量化 1 類用のデータを設定する。

	目的変数		説明変数				
本 No.	本選択人数	評価得点	文字色	書籍サイズ	ページ数	表紙デザイン	進行人物
本 1	25	83%	1	1	1	3	3
本 2	21	70%	1	1	2	2	3
本 3	18	60%	1	1	2	1	3
本 4	15	50%	1	2	1	2	2
本 5	13	43%	1	2	1	1	2
本 6	10	33%	1	2	2	3	1
本 7	10	33%	2	1	1	3	1
本 8	7	23%	2	1	2	2	1
本 9	6	20%	2	1	2	1	2
本 10	5	17%	2	2	1	2	3
本 11	3	10%	2	2	1	1	1
本 12	2	7%	2	2	2	3	2

＜6＞数量化 1 類を行い部分効用値、重要度を解釈

> 読者が統計解析の本を選ぶとき、本の内容やレベルで何を重視するかをコンジョイント分析で調べた結果、重要度の値から、最も重視するのは「文字の色」、次に「書籍サイズ」であることが分かりました。また、部分効用値から、文字の色は 1 色より 2 色、書籍サイズは A5 より B5 がよいという結果を得ました。
> 項目を組み合わせると色々な本の完成が予測されますが、どのような組み合わせの本が好まれるかを調べると、全体効用値から、最もよい組み合わせは「2 色」「B5」「300 ページ」「漫画」「可愛い女子大生」ということが分かります。

部分効用値

2 色	0.176
1 色	−0.176
B5	0.119
A5	−0.119
300 ページ	0.059
200 ページ	−0.059
漫画	0.028
景色	0.013
模様	−0.040
可愛い女子大生	0.049
恐い予備校先生	−0.005
温厚博士	−0.044

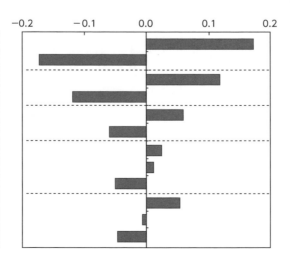

重要度

項目名	最大値	最小値	レンジ	重要度
文字色	0.176	−0.176	0.352	40.5%
書籍サイズ	0.119	−0.119	0.238	27.4%
ページ数	0.059	−0.059	0.118	13.6%
進行人物	0.049	−0.044	0.093	10.7%
表紙デザイン	0.028	−0.040	0.068	7.8%
		計	0.869	100.0%

分析精度

決定係数	0.9888
重相関係数	0.9944

全体効用値（一部省略）

順位	カード No.	文字色	書籍サイズ	ページ数	表紙デザイン	進行人物	全体効用値	評価得点
1	1	2色	B5	300ページ	漫画	可愛い女子大生	81%	83%
2	予測	2色	B5	300ページ	景色	可愛い女子大生	79%	−
3	予測	2色	B5	300ページ	漫画	恐い予備校先生	75%	−
4	予測	2色	B5	300ページ	模様	可愛い女子大生	74%	−
5	予測	2色	B5	300ページ	景色	恐い予備校先生	74%	−
10	2	2色	B5	200ページ	景色	可愛い女子大生	67%	70%
13	3	2色	B5	200ページ	模様	可愛い女子大生	62%	60%
23	4	2色	A5	300ページ	景色	恐い予備校先生	50%	50%
38	7	1色	B5	300ページ	漫画	温厚博士	36%	43%
39	6	2色	A5	200ページ	漫画	温厚博士	36%	33%
52	8	1色	B5	200ページ	景色	温厚博士	23%	33%
54	9	1色	B5	200ページ	模様	恐い予備校先生	21%	23%
55	10	1色	A5	300ページ	景色	可愛い女子大生	20%	20%
65	11	1色	A5	300ページ	模様	温厚博士	5%	17%
66	12	1色	A5	200ページ	漫画	恐い予備校先生	4%	10%
71	予測	1色	A5	200ページ	模様	恐い予備校先生	−2%	7%
72	予測	1色	A5	200ページ	模様	温厚博士	−6%	−

第 **10** 章

因果関係解明調査と
因子分析

因子分析は、データに潜む因子を見出し、因子を用いて集計項目の分類・集約、因子間相互や因子と目的変数との因果関係を解明する解析手法です。
本章ではその手法の適用の仕方や結果の見方、活用法を解説します。

KEYWORDS

- 因子分析
- 因子負荷量
- 因子のネーミング
- 因子得点
- 因子数
- 2乗和
- 固有値
- 寄与率

- スクリープロット
- 共通性
- 主因子法
- 最尤法
- 直交回転
- 斜交回転
- バリマックス法
- プロマックス法

調査における因子分析の役割を知ろう
因果関係解明調査における因子分析の役割

因果関係解明調査とはどのような調査か、調査における因子分析の役割とは何か、因子分析に適用できるのはどのようなデータタイプか、について学びます。

◆ 因果関係解明調査とは

アンケート調査で解決したいメイン項目を目的変数といいます。目的変数の例を挙げると、消費者の製品購入意向、従業員の離職有無、コンビニ来店者のコンビニ総合満足などです。

目的変数、例えば「製品購入意向」を明らかにする場合、購入意向が○○％という割合を出力するだけでは調査目的を解決したとはいえません。

どのような性別、年齢の人、また、価値観、消費意識、流行意識、購買行動の人において購入意向が高いかを解明して、調査目的を解決できたといえます。

価値観、消費意識、流行意識、購買行動などを説明変数といいます。

因果関係解明調査は、説明変数と目的変数の相関関係、因果関係を解明する調査です。

◆ 因果関係解明調査における因子分析の役割は

通常、意識、行動、価値観などの説明変数は質問項目が多岐に渡り、項目数は20個以上になってしまいます。20個以上もあると、因果関係を調べる分析作業が煩雑となるだけでなく、明確な因果関係が見出せません。

因子分析は、そのような数多くの説明変数のデータの中に隠れた（潜む）因子を見つけ出しその因子を介在し、同じ意味合いをもつ説明変数のグループに分類・集約する解析手法です。

英語、国語、数学、理科、社会などの学力テスト得点を例にすると、学力テストに、共通に潜む因子は文系得点、理系得点です。すなわち、因子分析は、テスト得点を文系得点と理系得点に分解する手法です。分解された文系得点、理系得点が各科目へどの程度影響しているかを見ることによって、「英語は文系得点が理系得点より高い、数学は理系得点が文系得点より高い科目である」といったことを把握できます。

さらに、英語、国語、社会は文系の値が大きい科目なので文系のグループ、数学、理科は理系の値が大きい科目なので理系のグループであるといったことも把握できます。

	文系	理系
国語	0.98	0.01
英語	0.85	0.01
数学	0.01	0.99
理科	0.14	0.64
社会	0.47	0.22

文系、理系の各科目に対する影響度を「因子負荷量」という。
因子分析は因子負荷量を求めることが最大の目的である。

因子分析は、どのような質問、データに適用できるか

因子分析に用いるデータは全て数量データでなければなりません。5段階評価は順序尺度のデータですが因子分析に適用できます。

【具体例A】

△△の20店を対象に来店客のアンケート調査を行いました。

＜質問紙＞

問1. このコンビニに関するあなたのお考えを、それぞれお聞かせください。（○は各々1つずつ）

	全然そう思わない	あまりそう思わない	どちらともいえない	ややそう思う	全くそう思う
品揃えが豊富	1	2	3	4	5
新鮮である	1	2	3	4	5
味がよい	1	2	3	4	5
カウンターコーヒーがよい	1	2	3	4	5
お届けサービスが充実	1	2	3	4	5
ATM・コピー機・デジカメ印刷が充実	1	2	3	4	5
処理時間が早い	1	2	3	4	5
品切れがない	1	2	3	4	5

問2. 総合的に見て、このコンビニに関する評価をお知らせください。（○は1つだけ）

1. 非常に悪い　　2. やや悪い　　3. 普通　　4. やや良い　　5. 非常に良い

＜データ＞

下記は、店ごとに、8つの項目の5段階評価の平均値を示したものです。

店No.	品揃えが豊富	新鮮である	味がよい	カウンターコーヒーがよい	お届けサービスが充実	ATM・コピー機・デジカメ印刷が充実	処理時間が早い	品切れがない	総合満足度
1	2.2	2.7	2.0	3.6	3.6	3.1	3.9	2.6	3.3
2	4.0	3.6	3.7	3.5	3.1	3.6	3.3	3.1	3.5
3	2.2	2.2	3.1	2.2	2.7	2.6	2.9	3.6	3.0
4	3.6	4.0	4.2	4.0	3.6	3.0	2.3	2.2	3.7
5	3.9	3.2	3.4	3.7	3.1	3.2	2.2	3.1	3.4
6	3.3	3.5	3.0	3.0	2.6	3.5	3.1	3.2	3.2
7	2.2	2.2	2.7	2.6	4.2	3.6	3.1	3.3	3.5
8	3.4	3.4	2.1	2.2	2.2	2.2	3.6	3.6	4.1
9	3.5	3.2	3.1	3.6	3.9	3.0	3.1	3.1	3.8
10	2.8	2.7	3.1	3.3	2.1	2.1	2.6	2.6	3.0
11	3.2	3.6	2.6	2.5	3.2	4.0	3.1	3.0	3.4
12	3.9	3.5	3.6	3.4	3.2	4.1	4.0	3.6	3.9
13	2.7	3.2	3.1	3.1	2.6	2.6	3.1	3.1	3.4
14	3.6	3.5	3.4	3.6	3.0	2.1	2.2	2.9	3.3
15	2.3	2.6	2.8	2.6	4.0	3.0	3.8	3.1	3.4
16	2.6	2.6	2.7	2.7	2.2	2.3	2.2	2.2	2.6
17	2.8	3.0	3.6	3.6	3.6	2.9	2.4	2.3	3.5
18	3.4	4.0	2.7	2.9	2.4	2.4	3.1	3.5	3.1
19	3.6	3.4	3.2	3.6	2.0	2.5	4.1	4.0	4.0
20	3.1	3.1	3.5	3.5	3.8	3.1	4.1	3.8	3.7

数量データ

【具体例B】

<質問文>

<Aメーカーの化粧品を使用している方へ>

問1. Aメーカーの化粧品について、次の21の質問に対してあなたのお考えに近い選択肢を1つ選んでください。

項目No.	項目名	そうは思わない	あまりそう思わない	どちらともいえない	ややそう思う	そう思う
1	化粧品の価格が手頃である	1	2	3	4	5
2	環境問題に配慮している	1	2	3	4	5
3	通販・コンビニなどで気軽に買える	1	2	3	4	5
4	ファッションをリードしている	1	2	3	4	5
5	化粧品に皮膚トラブルの心配がない	1	2	3	4	5
6	美容部員や相談員の対応がプロ	1	2	3	4	5
7	相談、質問などが気軽・簡単にできる	1	2	3	4	5
8	流行・トレンドを先取りしている	1	2	3	4	5
9	世界的に有名である	1	2	3	4	5
10	親しみやすい	1	2	3	4	5
11	国際的な感覚を持っている	1	2	3	4	5
12	新製品開発に熱心	1	2	3	4	5
13	化粧品の品質がよい	1	2	3	4	5
14	美容部員が親切丁寧である	1	2	3	4	5
15	印象に残る広告が多い	1	2	3	4	5
16	サービスが行き届いている	1	2	3	4	5
17	化粧品の効果・効能がすぐれている	1	2	3	4	5
18	化粧品が安心・安全である	1	2	3	4	5
19	広告・宣伝を活発に行っている	1	2	3	4	5
20	信頼できる会社である	1	2	3	4	5
21	消費者本位である	1	2	3	4	5

問2. Aメーカーを総合的に見て、あなたはどの程度満足されていますか。

非常に不満	不満	やや不満	どちらともいえない	やや満足	満足	非常に満足
1	2	3	4	5	6	7

因子分析の手順を知ろう
因子分析で把握できる内容と因子分析の手順

　因子分析からどのようなことが把握できるか、因子分析はどのような手順で行うかについて学びます。

◆ 因子分析で把握できる内容

多数ある質問項目のデータの中に潜む因子を探りだす。

質問項目が説明変数のどの因子の影響を受けているかを解明する。

因子から、類似した傾向を示す項目をまとめることができる。

因子相互の間で因果関係を検討すれば、多くの質問項目の間の関係を直接扱うより、効率よく扱える。

因子を見出すことによって、因子と目的変数との因果関係を解明できる。

◆ 因子分析の手順

① 因子数の決定、因子の個数を決める
② 因子分析を行う
③ 2乗和を検討し、因子の重要度を調べる
④ 因子負荷量から各因子の名前を付ける
⑤ 質問項目はどの因子から影響を受けているかを把握
⑥ 質問項目の類似度および質問項目のグループを把握
⑦ 回答者ごとに、どの因子得点が高いかを調べ、回答者の特徴を把握
⑧ 各回答者の因子得点と目的変数との相関を調べ、目的変数に影響を及ぼす因子は何かを把握

因子負荷量、因子得点、固有値について知ろう

因子分析の仕方と結果の見方

因子分析の仕方、結果の見方、活用方法について学びます。
因子分析から出力される因子負荷量、因子得点、2乗和、固有値について詳しく解説します。

◆ 因子の個数を決める

具体例Aについて、8項目相互の単相関係数を算出しました。
相関係数が0.3以上の項目相互は類似しています。
項目間に見られる相関関係から、8項目は3個に分類できそうです。

単相関係数

	品揃えが豊富	新鮮である	味がよい	カウンターコーヒーがよい	お届けサービスが充実	ATM・コピー機・デジカメ印刷が充実	処理時間が早い	品切れがない
品揃えが豊富	1.00	0.82	0.50	0.49	−0.19	0.18	−0.04	0.21
新鮮である	0.82	1.00	0.35	0.40	−0.20	0.12	−0.01	0.08
味がよい	0.50	0.35	1.00	0.63	0.18	0.17	−0.29	−0.12
カウンターコーヒーがよい	0.49	0.40	0.63	1.00	0.23	0.07	−0.12	−0.27
お届けサービスが充実	−0.19	−0.20	0.18	0.23	1.00	0.55	0.12	−0.15
ATM・コピー機・デジカメ印刷が充実	0.18	0.12	0.17	0.07	0.55	1.00	0.30	0.12
処理時間が早い	−0.04	−0.01	−0.29	−0.12	0.12	0.30	1.00	0.68
品切れがない	0.21	0.08	−0.12	−0.27	−0.15	0.12	0.68	1.00

※ 0.3以上に彩色

これより、コンビニを評価する因子は3つあると仮定できます。

- 因子1：ソフトサービス評価因子
  品揃えが豊富、新鮮である、味がよい、カウンターコーヒーがよい
- 因子2：システム評価因子
  品切れがない、処理時間が早い
- 因子3：ハードサービス評価因子
  お届けサービスが充実、ATM・コピー機・デジカメ印刷が充実

因子負荷量

具体例 A について、因子数を 3 として、因子分析を行いました。

因子負荷量が算出されます。0.5 以上に彩色しました。

	因子1	因子2	因子3
品揃えが豊富	0.978	0.169	−0.098
新鮮である	0.770	0.110	−0.114
味がよい	0.614	−0.286	0.251
カウンターコーヒーがよい	0.606	−0.297	0.271
品切れがない	0.048	0.822	−0.070
処理時間が早い	−0.105	0.799	0.226
お届けサービスが充実	−0.092	−0.097	0.891
ATM・コピー機・デジカメ印刷が充実	0.153	0.241	0.616

因子負荷量は、質問項目と各因子との相関の程度を示し、さらに因子の質問項目に対する影響の強さを示す量です。

彩色された因子負荷量から因子名を決めます。

因子のネーミング

因子負荷量が 0.5 以上の項目に着目し、**因子のネーミング**をします。

- 因子1：ソフトサービス評価因子
- 因子2：システム評価因子
- 因子3：ハードサービス評価因子

因子の重要度

いくつかの因子負荷量の絶対値は大きく、残りの変数の因子負荷量は 0 に近い小さな値になっています。

因子負荷量を 2 乗して合計した値を**2乗和**といいます。

2 乗和が大きいほど、「彩色されている因子負荷量の絶対値は大きく、残りの変数の因子負荷量は 0 に近い」といえ、因子の解釈が明確になります。

2 乗和の項目総数に占める割合を**寄与率**といいます。

2 乗和、寄与率が大きい因子（通例は 1 以上）ほど重要といえます。

因子負荷量の 2 乗

	因子1 ソフトサービス評価因子	因子2 システム評価因子	因子3 ハードサービス評価因子
品揃えが豊富	0.956	0.029	0.010
新鮮である	0.592	0.012	0.013
味がよい	0.378	0.082	0.063
カウンターコーヒーがよい	0.367	0.088	0.073
品切れがない	0.002	0.676	0.005
処理時間が早い	0.011	0.639	0.051
お届けサービスが充実	0.009	0.009	0.793
ATM・コピー機・デジカメ印刷が充実	0.023	0.058	0.379
合計：2 乗和という	2.338	1.594	1.388
寄与率	29%	20%	17%

◆ 共通性

項目ごとに、各因子の因子負荷量を2乗し、それら合計した値を**共通性**といいます。

共通性は、各項目が見出された全ての因子でどれほど説明できるかを示す値です。

学力テストの共通性を示します。

＜計算例＞ 社会 → $0.47^2 + 0.22^2 = 0.27$

	文系	理系	共通性
国語	0.98	0.01	0.96
英語	0.85	0.01	0.72
数学	0.01	0.99	0.98
理科	0.14	0.64	0.42
社会	0.47	0.22	0.27

国語、数学の共通性は0.9を超え、文系因子と理系因子の2つで説明できます。

理科、社会の共通性は0.5を下回り、文系・理系だけでは説明できず、他の因子もあると推察します。

事例Aの共通性を示します。

	共通性
品揃えが豊富	0.994
新鮮である	0.618
味がよい	0.523
カウンターコーヒーがよい	0.529
品切れがない	0.684
処理時間が早い	0.701
お届けサービスが充実	0.811
ATM・コピー機・デジカメ印刷が充実	0.461

「品揃えが豊富」は0.994で3つの因子で説明できます。

「ATM・コピー機・デジカメ印刷が充実」は0.461で、3つだけの因子では説明できず、4番目の因子があると推察できます。

◆ 固有値

因子の個数は、因子分析に用いた質問項目の数だけあります。因子分析は全ての因子について固有値を算出します。

具体例Aは質問項目が8個なので、固有値は8個存在します。

因子No.	因子1	因子2	因子3	因子4	因子5	因子6	因子7	因子8
固有値	2.67	1.90	1.68	0.67	0.53	0.28	0.19	0.08
寄与率	33.4%	23.8%	21.0%	8.4%	6.6%	3.5%	2.4%	0.9%
累積寄与率	33.4%	57.2%	78.2%	86.6%	93.2%	96.7%	99.1%	100.0%

※寄与率＝固有値÷項目数　累積寄与率＝寄与率の累積

◆ 固有値による因子数の決め方

228ページで、因子の個数は、全項目総当たりの相関係数で決められると説明しました。

この方法は、項目数が多いと煩雑なので、次に示す方法をお奨めします。

固有値による**因子数**の決め方は3つの方法があります。

＜方法1＞
　固有値が1.00以上の因子を適用する。
　→具体例A　因子1～因子3の3個

＜方法2＞
　固有値の累積寄与率が60%以上になるところまでの因子を適用する。
　→具体例A　因子3で60%以上となるので、因子1～因子3の3個

＜方法3＞
　スクリープロットを使って決める。

※固有値は因子数の決定、2乗和は因子の解釈のしやすさに適用します。

◆ スクリープロットとは

固有値の折れ線グラフを**スクリープロット**といいます。

折れ線グラフで、傾きが大きく変わるところまでの因子を適用します。

　→具体例A　因子3から因子4で変わるので、因子1～因子3の3個

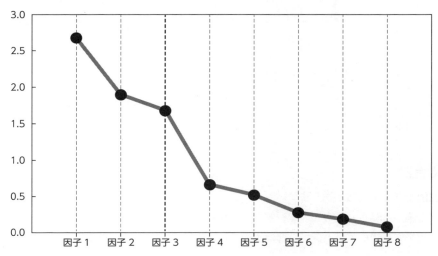

因子は2つか3つか、どうする？

◆ 因子分析の「軸の回転」

因子分析をソフトウェアで行う場合、軸の回転を指定します。

軸の回転で「する／しない」があります。

因子分析は軸の回転をするのが基本です。

「回転する」の場合、**直交回転**か**斜交回転**かを選択します。

因子間相互の相関が、直交回転は「相関がない」、斜交回転は「相関がある」を仮定しています。

直交回転の代表的手法は**バリマックス法**、斜交回転の代表的手法は**プロマックス法**です。

軸の回転とは、因子分析の計算過程で求められた因子負荷量を回転し最終の因子負荷量を導くということです。

回転することによって、いくつかの因子負荷量の絶対値は大きく、残りの変数の因子負荷量は0に近い小さな値になります。

因子の解釈やネーミングは因子負荷量の絶対値が大きい項目を見て行うので、回転したことによって因子が解釈しやすくなります。

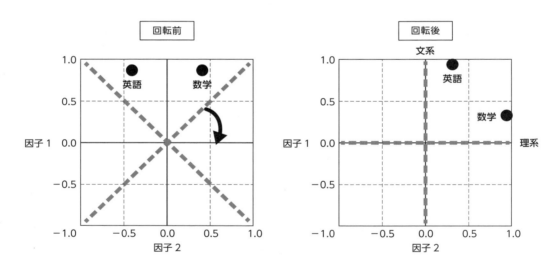

◆ 因子分析の種類

因子分析には、**主因子法**と**最尤法**があります。

両者の結果に大きな違いは見られませんので、どちらを使ってもかまいません。

あえて言うなら、サンプルサイズが小さい場合は主因子法、大きい場合は最尤法ということにします。

因子得点の活用方法を知ろう
因子得点の活用方法

因子得点の見方、因子得点相互の相関関係、因子得点と目的変数との相関について学びます。

◆ 因子得点

因子分析は、因子負荷量、固有値の他に、**因子得点**を算出します。

因子得点はいくつ以上あれば大きい、いくつ以下なら小さいという基準はありませんが＋1と－1を基準にするのが通例です。

下記は学力テストの因子得点です。

文系因子得点が高いのはNo.15、No.17、No.20、低いのはNo.7、No.12、No.13、No.18です。

理系因子得点が高いのはNo.11、No.12、No.18、No.20、低いのはNo.1、No.4、No.6です。

文系科目とされる英語、国語、社会の平均、理系科目とされる数学、理科の平均を算出しました。因子得点と平均を比較すると、両者の大小関係はほぼ同じ傾向になっています。

因子得点

生徒No.	文系	理系
1	−0.618	× −1.566
2	0.925	0.015
3	0.580	−0.886
4	−0.915	× −1.310
5	0.687	−0.828
6	0.672	× −1.640
7	× −1.563	−0.530
8	−0.618	−0.824
9	−0.471	0.586
10	0.966	0.688
11	0.665	◎ 1.265
12	× −1.205	◎ 1.371
13	× −1.495	0.367
14	0.012	0.997
15	◎ 1.098	0.054
16	0.217	−0.755
17	◎ 1.311	0.082
18	× −1.594	◎ 1.083
19	0.143	0.244
20	◎ 1.204	◎ 1.588

平均

生徒No.	英語・国語・社会	数学・理科
1	73.0	64.5
2	79.3	69.0
3	73.7	65.5
4	70.0	66.0
5	78.0	67.5
6	79.0	66.0
7	65.7	70.0
8	73.7	69.5
9	75.0	76.0
10	82.3	76.5
11	78.0	78.0
12	68.7	78.5
13	72.0	77.0
14	76.0	78.0
15	79.7	75.0
16	76.3	74.0
17	80.7	77.0
18	67.0	81.0
19	74.7	79.5
20	79.7	84.5

※因子得点が1以上に◎、−1以下に×

◆ 因子得点相互の相関、因子得点と目的変数との相関

具体例Aの因子得点、総合満足度を示します。

店No.	因子1 ソフトサービス評価	因子2 システム評価	因子3 ハードサービス評価	目的変数 総合満足度
1	−1.444	−0.069	0.712	3.3
2	1.667	0.356	0.382	3.5
3	−1.708	0.137	−0.564	3.0
4	1.216	−1.620	0.787	3.7
5	1.194	−0.581	−0.081	3.4
6	−0.027	0.238	−0.431	3.2
7	−1.652	0.056	1.304	3.5
8	0.284	1.382	−1.358	4.1
9	0.813	0.003	0.932	3.8
10	−0.300	−0.927	−1.267	3.0
11	−0.205	0.337	0.233	3.4
12	1.311	1.284	0.713	3.9
13	−0.831	−0.219	−0.556	3.4
14	0.889	−0.925	−0.416	3.3
15	−1.062	0.450	1.189	3.4
16	−0.613	−1.276	−1.295	2.6
17	−0.161	−1.515	0.667	3.5
18	−0.009	0.462	−1.049	3.1
19	0.593	1.405	−1.065	4.0
20	0.047	1.024	1.161	3.7

因子得点相互の単相関係数、因子得点と目的変数との単相関係数を示します。

具体例の因子分析は直交回転で行ったため、因子間相互の相関はほぼ0となっています。

直交回転　　　単相関係数

因子名	ソフトサービス評価	システム評価	ハードサービス評価	総合満足度
ソフトサービス評価	1.0000	0.0437	−0.0069	0.4635
システム評価	0.0437	1.0000	−0.0038	0.5353
ハードサービス評価	−0.0069	−0.0038	1.0000	0.3293

因子と総合満足との関係を見ると、システム評価が最も高く、次にソフトサービス評価が続きます。

システム評価に影響が高い項目は、品切れがない、処理時間が早いです。コンビニの総合満足度を上げるには品切れがないこと、処理時間が早いことが重要だということが分かりました。

ちなみに斜交回転をしたときの相関係数を示します。

因子間相互の相関に0でないものがあります。

斜交回転　　　単相関係数

因子名	ソフトサービス評価	システム評価	ハードサービス評価	総合満足度
ソフトサービス評価	1.0000	−0.0166	0.0637	0.4679
システム評価	−0.0166	1.0000	−0.1299	0.4992
ハードサービス評価	0.0637	−0.1299	1.0000	0.3019

具体的な事例で因子分析の仕方、結果の見方を知ろう
因子分析の事例

化粧品会社の顧客満足度調査の事例で、因子分析の仕方、結果の見方を、活用方法を学びます。

データ

A 化粧品会社の顧客満足度調査をしました。
A 会社の総合満足度を上げるのにどのような要素（因子）を高めればよいかを解明するために因子分析を適用しました。

<質問紙>

226 ページを参照ください。

<データ>

回答者No.	1 化粧品の価格が手頃である	2 環境問題に配慮している	3 通販・コンビニなどで気軽に買える	4 ファッションをリードしている	5 化粧品に皮膚トラブルの心配がない	6 美容部員の対応がプロ	7 相談、質問などが気軽・簡単にできる	8 流行・トレンドを先取りしている	9 世界的に有名である	10 親しみやすい	11 国際的な感覚を持っている	12 新製品開発に熱心	13 化粧品の品質がよい	14 美容部員が親切丁寧である	15 印象に残る広告が多い	16 サービスが行き届いている	17 化粧品の効果・効能がすぐれている	18 化粧品が安心・安全である	19 広告・宣伝を活発に行っている	20 信頼できる会社である	21 消費者本位である	総合的満足度
1	4	1	3	4	4	2	3	5	1	4	1	1	1	1	5	1	1	4	4	3	3	4
2	1	2	2	1	4	3	2	2	3	1	4	4	3	3	1	3	3	5	3	5	1	3
3	4	4	3	5	3	5	5	4	4	2	5	3	4	4	3	4	3	5	4	2	3	7
4	5	3	5	2	4	3	2	1	3	3	3	2	3	1	2	2	4	5	1	2	3	4
5	3	3	4	3	2	3	3	3	4	4	3	2	1	2	4	4	1	5	4	3
6	3	2	3	3	5	3	4	1	3	1	4	4	3	4	5	4	3	5	4	6
7	5	5	4	2	1	5	4	1	5	4	5	5	3	5	2	4	4	2	1	1	5	6
8	1	3	1	4	2	3	3	2	1	1	2	1	1	3	5	4	1	5	1	1	4
9	2	4	2	1	1	2	4	5	2	4	1	2	2	1	2	1	2	1	2	2	2
10	1	1	2	1	2	1	1	1	3	1	1	2	1	2	1	1	4	1	1	2
11	2	2	3	2	1	3	5	1	3	1	1	2	3	4	1	4	3	2	3	1	1	3
12	4	2	5	4	4	3	4	2	1	5	2	4	4	3	5	3	5	5	4	4	5	6
13	3	2	1	1	2	2	2	1	3	3	2	1	3	1	2	3	1	1	2	3
14	3	1	1	3	2	3	3	4	1	3	1	2	1	3	2	2	1	3	2	1
15	2	2	3	4	2	3	3	1	1	3	2	5	3	2	1	4	1	3	5
16	5	2	5	3	1	5	4	2	2	4	1	2	4	4	4	2	1	4	1	5	5
17	3	2	3	2	4	3	4	2	1	3	3	3	2	1	4	2	2	1	2	5
18	4	3	4	2	5	5	5	3	5	4	2	1	3	4	5	2	5	5	5	4	7
19	4	4	3	3	4	5	3	3	3	3	2	4	2	3	4	2	3	1	1	2	4
20	2	2	2	2	1	2	1	2	2	2	1	1	2	1	1	2	2	1	2	3
21	4	1	3	4	2	3	5	2	1	5	2	2	1	5	2	1	4	4	3	4
22	3	3	4	2	3	3	3	3	4	4	3	2	1	2	4	4	1	5	4	3
23	1	1	2	2	3	2	2	1	3	2	2	2	2	1	2	2	1	4	1	2	2
24	4	2	3	4	5	2	3	3	1	1	3	5	3	2	1	4	1	2	5
25	2	2	2	1	2	1	4	2	2	2	1	2	3	1	1	4	2	4	1	3

◆ 因子数の決定

項目数は 21 項目なので 21 個の固有値を検討しました。

因子の個数は、固有値 1 以上で見ると 7 個、寄与率の累積で見ると 4 個、スクリープロットで見ると 7 個となります。

これらの情報を踏まえて、因子の数は 7 個としました。

因子 No.	固有値	寄与率	累積
1	6.24	29.73%	29.73%
2	3.59	17.07%	46.80%
3	2.73	12.99%	59.79%
4	1.86	8.84%	68.63%
5	1.60	7.63%	76.26%
6	1.33	6.35%	82.61%
7	1.13	5.40%	88.01%
8	0.72	3.44%	91.45%
9	0.51	2.43%	93.88%
10	0.37	1.75%	95.63%
11	0.30	1.42%	97.04%
12	0.21	0.98%	98.02%
13	0.17	0.80%	98.82%
14	0.11	0.51%	99.33%
15	0.05	0.24%	99.57%
16	0.04	0.18%	99.75%
17	0.02	0.09%	99.84%
18	0.01	0.07%	99.91%
19	0.01	0.04%	99.96%
20	0.01	0.04%	100.00%
21	0.00	0.00%	100.00%

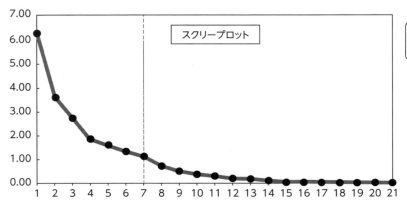

◆ 因子分析の選択

サンプルサイズが小さいので最尤法でなく主因子法を選択しました。

因子間相互の相関はないとして、直交回転バリマックス法を選択しました。

因子数は 7 個としました。

◆ 因子負荷量

0.5以上に彩色しました。

彩色部分の項目でグループをつくり、グループ内で彩色項目を降順で並べ替えました。

「印象に残る広告が多い」における因子7の因子負荷量は0.425で0.5を下回りましたが、この項目は因子7のグループとしました。

質問No.	質問項目名	因子1	因子2	因子3	因子4	因子5	因子6	因子7
16	サービスが行き届いている	0.832	0.042	0.283	0.098	−0.071	0.099	0.254
14	美容部員が親切丁寧である	0.830	−0.041	0.102	0.044	0.116	0.029	−0.154
7	相談、質問などが気軽・簡単にできる	0.786	0.209	0.036	0.174	0.057	0.203	0.079
6	美容部員や相談員の対応がプロ	0.763	0.342	0.280	0.088	−0.167	0.050	0.210
10	親しみやすい	−0.087	0.863	0.084	0.021	0.066	−0.041	0.225
21	消費者本位である	0.262	0.835	0.317	0.051	0.126	0.079	0.051
1	化粧品の価格が手頃である	0.442	0.739	−0.052	−0.016	0.144	0.239	−0.362
3	通販・コンビニなどで気軽に買える	0.138	0.606	0.395	0.101	0.358	0.034	−0.033
17	化粧品の効果・効能がすぐれている	0.128	0.332	0.874	0.098	0.068	−0.101	−0.018
13	化粧品の品質がよい	0.153	0.126	0.838	0.094	0.080	0.161	−0.008
12	新製品開発に熱心	0.245	0.016	0.768	0.137	0.226	0.015	−0.161
9	世界的に有名である	0.098	−0.050	−0.062	0.935	−0.035	−0.225	−0.133
11	国際的な感覚を持っている	0.083	0.165	0.279	0.826	0.192	−0.058	−0.039
2	環境問題に配慮している	0.399	0.081	0.232	0.766	−0.121	0.178	−0.210
18	化粧品が安心・安全である	0.016	0.166	0.117	0.145	0.859	0.140	−0.059
20	信頼できる会社である	−0.133	0.070	0.164	0.022	0.856	−0.075	0.087
5	化粧品に皮膚トラブルの心配がない	0.251	0.191	0.055	−0.421	0.713	0.307	−0.058
4	ファッションをリードしている	0.130	−0.049	0.076	−0.041	−0.032	0.979	0.026
8	流行・トレンドを先取りしている	0.115	0.137	0.011	−0.113	0.187	0.739	0.074
19	広告・宣伝を活発に行っている	0.152	0.058	−0.105	−0.224	−0.030	0.073	0.934
15	印象に残る広告が多い	0.168	0.287	−0.248	−0.355	0.232	0.291	0.425
	2乗和	3.31	2.86	2.75	2.63	2.40	1.96	1.49

◆ 因子名

2乗和は7因子いずれも1を越えているので重要であるとして、因子負荷量の彩色部分を見てネーミングしました。

因子No.	因子名
因子1	サービス・サポート力
因子2	消費者嗜好性
因子3	商品力
因子4	グローバル
因子5	安全性・信頼性
因子6	流行感覚
因子7	営業力

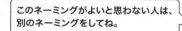

◆ 因子の重要度

重要度のランキングを2乗和、寄与率で見ると、最も重要な因子は「サービス・サポート力」、次に「消費者嗜好性」「商品力」が続きます。

因子 No.	因子名	2乗和	寄与率	累積
因子1	サービス・サポート力	3.31	15.8%	15.8%
因子2	消費者嗜好性	2.86	13.6%	29.4%
因子3	商品力	2.75	13.1%	42.5%
因子4	グローバル	2.63	12.5%	55.0%
因子5	安全性・信頼性	2.40	11.5%	66.5%
因子6	流行感覚	1.96	9.3%	75.8%
因子7	営業力	1.49	7.1%	82.9%

◆ 因子得点と総合満足度との相関

因子とA化粧品会社総合満足度との単相関係数を算出しました。

単相関係数は総合満足度を高めるための影響因子を把握します。

サービス・サポート力の相関が0.69と最大です。

次に単相関係数が0.3を上回る因子は「流行感覚」「消費者嗜好性」でした。

総合満足度と因子との単相関係数

因子 No.	因子名	単相関係数
因子1	サービス・サポート力	0.6853
因子6	流行感覚	0.3382
因子2	消費者嗜好性	0.3305
因子5	安全性・信頼性	0.2760
因子7	営業力	0.1923
因子3	商品力	0.1087
因子4	グローバル	0.0693

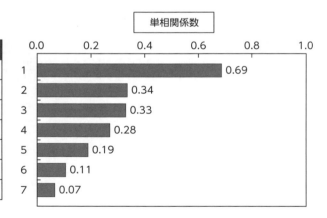

因子の重要度（寄与率）と因子の影響度（単相関係数）の順位は異なるよ。
流行感覚は因子としての重要度は6番だが、総合満足度を上げる因子としては2番である。

質問項目と総合満足度との相関

A化粧品総合満足度を高めるために重要な質問項目は何かを単相関係数で調べました。

相関係数が0.6を超えるのは、「美容部員や相談員の対応がプロ」「美容部員が親切丁寧」「相談、質問などが気軽・簡単にできる」「サービスが行き届いている」「化粧品の価格が手頃である」の5つでした。

因子1の「サービス・サポート力」に属する4項目は全て0.6を越えています。

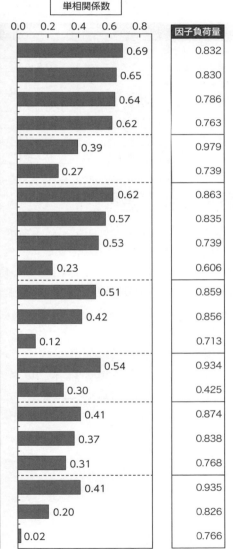

因子No.	因子名	項目No.	項目名	単相関係数	因子負荷量
因子1	サービス・サポート力	6	美容部員や相談員の対応がプロ	0.6883	0.832
		14	美容部員が親切丁寧である	0.6466	0.830
		7	相談、質問などが気軽・簡単にできる	0.6372	0.786
		16	サービスが行き届いている	0.6181	0.763
因子6	流行感覚	4	ファッションをリードしている	0.3946	0.979
		8	流行・トレンドを先取りしている	0.2679	0.739
因子2	消費者嗜好性	1	化粧品の価格が手頃である	0.6237	0.863
		21	消費者本位である	0.5744	0.835
		3	通販・コンビニなどで気軽に買える	0.5284	0.739
		10	親しみやすい	0.2266	0.606
因子5	安全性・信頼性	5	化粧品に皮膚トラブルの心配がない	0.5095	0.859
		18	化粧品が安心・安全である	0.4192	0.856
		20	信頼できる会社である	0.1153	0.713
因子7	営業力	15	印象に残る広告が多い	0.5386	0.934
		19	広告・宣伝を活発に行っている	0.2987	0.425
因子3	商品力	13	化粧品の品質がよい	0.4100	0.874
		12	新製品開発に熱心	0.3690	0.838
		17	化粧品の効果・効能がすぐれている	0.3129	0.768
因子4	グローバル	2	環境問題に配慮している	0.4080	0.935
		11	国際的な感覚を持っている	0.1995	0.826
		9	世界的に有名である	0.0196	0.766

21個の質問項目に対し、因子負荷量と単相関係数があります。
両者の違いは分かるかな。
前者は因子と質問項目との相関、後者は因子得点と総合満足度との相関だよ。

因子得点と総合満足度との重回帰分析

　因子を説明変数、総合満足度を目的変数として重回帰分析を行いました。

　決定係数は 0.724 で、基準としている 0.5 を上回ったので総合満足度を説明（予測）するモデルとして適正であるといえます。

　寄与率 1 位は「サービス・サポート力」、2 位は「安全性・信頼性」、3 位は「流行感覚」で単相関係数の順序と異なります。

　重回帰分析の寄与率は因子間相互の影響を除去して算出したもので、真の影響度といわれています。

	回帰係数	標準回帰係数	寄与率	p 値	判定	相関係数
因子 1　サービス・サポート力	1.075	0.653	37.7%	0.000	[**]	0.685
因子 5　安全性・信頼性	0.511	0.311	18.0%	0.026	[*]	0.276
因子 6　流行感覚	0.351	0.264	15.2%	0.068	[ ]	0.338
因子 2　消費者嗜好性	0.261	0.210	12.1%	0.163	[ ]	0.330
因子 3　商品力	0.302	0.191	11.0%	0.160	[ ]	0.109
因子 4　グローバル	0.117	0.073	4.2%	0.573	[ ]	0.069
因子 7　営業力	0.038	0.031	1.8%	0.829	[ ]	0.192
定数項	4.000					

決定係数	0.724

※重回帰分析は、因子から目的変数（総合満足度）を予測するモデル式を導く多変量解析の手法です。

※回帰係数は予測モデル式の係数です。

※標準回帰係数は、データを基準値（偏差値）にした重回帰分析の結果です。

※寄与率は標準回帰係数の合計に占める割合です。

※ p 値は、因子が目的変数の影響要因であるか（有意であるか）を統計的に検定した値です。

　p 値は、母集団において因子と目的変数の関係が有意であるという判断が誤る確率です。

　p 値が小さいほど、誤る確率が低いので有意といえます。

　判定マークは、p 値 ≤ 0.01 は [**]、$0.01 < p$ 値 ≤ 0.05 は [*] です。

　＊印が付いていれば有意といえます。

※相関係数は、238 ページに示した単相関係数の値です。

第11章

因果関係解明調査と共分散構造分析

共分散構造分析は、アンケート調査のデータにおいて、分析者が質問項目間の因果関係について仮説を立て、これが正しいかどうかを検証する解析手法です。
本章ではその手法の適用の仕方や結果の見方、活用法を解説します。

KEYWORDS

- 共分散構造分析
- 構造方程式モデリング
- SEM
- 因果関係と相関関係
- 探索型因子分析
- 仮説検証型因子分析
- 観測変数
- 潜在変数
- パス図
- パス係数
- 標準化解
- 非標準化解
- 自由度
- 適合度指標
- GFI
- 内生変数
- 外生変数
- 飽和モデル

共分散構造分析とは

共分散構造分析とはどのような解析かを知ろう

共分散構造分析の概要と共分散構造分析で適用できるデータについて学びます。

◆ 共分散構造分析とは

共分散構造分析は、アンケート調査の回答データ、実験データなどのデータにおいて、分析者が質問項目間の因果関係について仮説を立て、これが正しいかどうかを検証する解析手法です。

因果関係の仮説は質問項目間を矢印で結んだパス図と呼ばれる図で表します。共分散構造分析を行うことにより、項目間の関係の強さを表すパス係数と呼ばれる値が求められ、**パス図**の矢印線上に記載されます。パス係数の大小によって因果関係を解明します。

パス係数は、共分散構造分析に組み込まれている相関分析、因子分析、重回帰分析によって導かれます。

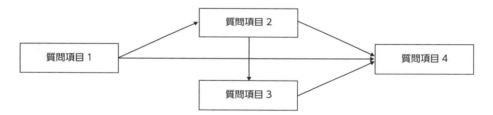

「共分散構造分析」という名称は、Covariance Structure Analysis を訳したものです。「共分散構造分析」という名称は「共分散」や「分散」を連想させますが、この手法での本論でないので「**構造方程式モデリング**」と呼ばれる傾向にあります。

「構造方程式モデリング」という名称は、Structural Equation Modeling を訳したものです。頭文字をとって「**SEM**」と呼ばれることもあります。

共分散構造分析は因果関係を図で見ることができるよ。

◆ 共分散構造分析は、どのような質問、データに適用できるか

共分散構造分析に用いるデータは全て数量データでなければなりません。
段階評価やカテゴリーデータは数値に変換して共分散構造分析を適用します。
- 5段階評価は1点～5点に変換
- カテゴリーデータは1点、0点に変換
  例えば、「赤色、青色、黄色で好きな色」で回答が青色の場合、赤色0点、青色1点、黄色0点とする。

【具体例C】
大相撲力士にアンケート調査を行いました。

＜質問紙＞
1年間6場所90日間、休まなかった方がご回答ください。

問1. 90回戦ったうち、何回、勝ちましたか。
　　　□ 勝　　0～90の数値を入力してください。

問2. 他の力士に比べたときの稽古量をお知らせください。
　　　1. 多い　　2. 普通　　3. 少ない

問3. この1年間とその前の年と比べたときの食事量をお知らせください。
　　　1. 増えた　　2. 同じ　　3. 減った

問4. この1年間における最大の体重は何kgですか。
　　　□ kg

＜データ＞

力士	勝数	稽古量	食事量	体重
1	67	3	3	175
2	59	2	2	168
3	57	2	2	180
4	55	3	2	163
5	54	3	3	172
6	52	2	2	157
7	51	3	1	164
8	51	3	3	183
9	45	2	3	175
10	45	3	2	172
11	45	2	2	169
12	45	2	3	177
13	42	1	1	158
14	38	3	2	161
15	37	2	2	172
16	36	1	2	166
17	36	2	1	158
18	30	2	1	156
19	28	1	1	155
20	27	1	1	153
	勝	点	点	kg

点数	稽古量	食事量
3	1. 多い	1. 増えた
2	2. 普通	2. 同じ
1	3. 少ない	3. 減った

【具体例D】

大学受験進学塾で、有名校T大学に合格した13人と不合格の17人を対象に、アンケート調査を行いました。

調査目的は、塾生の家庭環境、学習方法、知的能力と合格有無との因果関係を明らかにすることです。

<質問文>

問1. あなたの家庭の収入は平均的家庭に比べ高いほうですか。
　　1. 高いほうである　　0. 高いほうとはいえない

問2. 両親のしつけは、世間に比べ厳しいほうですか。
　　1. 厳しいほうである　　0. 厳しいほうとはいえない

問3. あなたの計算力は、この塾の学生に比べ高いほうですか。
　　1. 高いほうである　　0. 高いほうとはいえない

問4. あなたの文章読解力は、この塾の学生に比べ高いほうですか。
　　1. 高いほうである　　0. 高いほうとはいえない

問5. あなたの暗記力は、この塾の学生に比べ高いほうですか。
　　1. 高いほうである　　0. 高いほうとはいえない

問6. あなたは計画的に学習するタイプだと思いますか。
　　1. そう思う　　0. そうは思わない

問7. あなたは解けなかった問題を習得するまで、繰り返し学習するタイプだと思いますか。
　　1. そう思う　　0. そうは思わない

問8. あなたの学習時間はこの塾の学生に比べ多いほうだと思いますか。
　　1. そう思う　　0. そうは思わない

<データ>

塾生 No.	合格有無	収入	親のしつけ	計算力	文章読解力	暗記力	計画的学習	繰り返し学習	学習時間
1	1	0	0	0	1	1	1	1	1
2	1	1	0	0	1	0	1	1	1
3	1	0	1	1	1	1	0	0	1
4	1	1	1	1	0	0	1	1	1
5	1	0	1	0	1	1	0	1	1
6	1	1	1	0	0	0	1	1	1
7	1	0	1	1	1	1	1	1	0
8	1	0	0	0	1	1	1	1	1
9	1	1	1	1	1	0	0	0	1
10	1	1	1	1	1	1	0	0	0
11	1	1	1	1	1	1	0	0	0
12	1	0	0	1	1	1	0	1	1
13	1	1	1	1	1	1	1	1	1
14	0	0	0	0	0	1	1	1	1
15	0	0	0	0	0	0	0	0	0
16	0	1	1	0	0	0	0	0	0
17	0	1	0	1	1	1	0	0	0
18	0	0	0	0	0	0	0	0	0
19	0	0	0	1	0	1	1	1	0
20	0	0	0	1	1	1	0	0	0
21	0	1	1	0	0	0	0	0	0
22	0	0	0	0	0	0	1	0	0
23	0	0	0	1	0	0	1	0	0
24	0	1	0	1	0	1	0	1	0
25	0	0	1	0	0	1	0	0	0
26	0	0	0	0	0	0	0	0	0
27	0	1	1	0	0	1	0	0	0
28	0	1	1	0	0	0	0	1	1
29	0	0	0	1	0	1	1	0	0
30	0	0	0	0	1	0	1	0	0

このデータに共分散構造分析をすると調査目的を解決できるよ。

共分散構造分析からどのようなことが把握できるかを知ろう
共分散構造分析から把握できる内容

因果関係と相関関係の意味と違い、探索型因子分析と仮説検証型因子分析の意味と違いを知り、共分散構造分析からどのようなことが把握できるかを学びます。

◆ 因果関係と相関関係

因果関係は、項目間に原因と結果の関係があると言い切れる関係を意味しています。

力士データについて見ると、大相撲の世界では「稽古量を増やすと勝数が多くなる」が通説です。「稽古量を増やす」という行為が原因で、「勝数が多くなる」という結果が導かれるので、両者の関係は因果関係です。

原因と結果の関係は、「原因→結果」という一方通行です。原因と結果に時間的順序が成り立っています。

食事量と稽古量の関係は、食事量を増やすと稽古量が増えるのか、稽古量を増やすと食事量が増えるか分からないので、両者の因果関係は定かでありません。両者に因果関係があるかは、これから学ぶ共分散構造分析で解明することができます。

相関関係は、一方の値が変化すれば、他方の値も変化するという、2つの値の関連性を意味しています。

大相撲では「食事量が多い力士は勝数が多くなる」も通説ですが、食事量が勝数を増やすための直接的原因といえず、両者に因果関係があるとまでは言い切れない可能性がありますが、少なくとも相関関係はあるといえます。

因果関係があれば必ず相関関係は認められますが、相関関係があるからといって必ずしも因果関係は認められません。

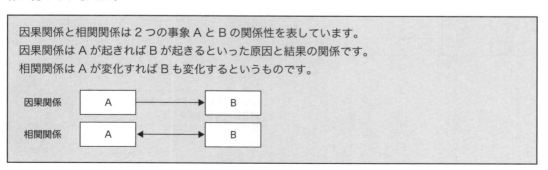

共分散構造分析は因果関係や相関関係を教えてくれます。

探索型因子分析、仮説検証型因子分析とは

10章で、因子分析は、数多くの質問項目の中に隠れた（潜む）因子を見つけ出し、その因子を介在し同じ意味合いをもつ質問項目のグループに分類・集約する解析手法であることを説明しました。

10章で学んだ因子分析と共分散構造分析に組み込まれている因子分析は異なります。10章の因子分析は、「質問項目はいくつのグループに分類できるか」「どのような因子があるか」を探りだすために用いられました。

共分散構造分析の因子分析は、分析者が立てた質問項目間の因果関係が正しいかを検証するために用いられます。

このことから、10章の因子分析は**探索型因子分析**、共分散構造分析の因子分析は**仮説検証型因子分析**といわれています。

観測変数と潜在変数

アンケート調査の回答データや実験で測定されたデータを**観測変数**といいます。

学力テストを例にすると、英語、国語、数学などの得点は観測変数です。

因子分析より算出された文系得点や理系得点は観測されておらず、統計解析の計算式によってつくり出されるものです。計算式によってつくり出されたデータを潜在変数といいます。

因子分析によって導かれた因子は**潜在変数**です。

共分散構造分析から把握できる内容

共分散構造分析から次のことが把握できます。

- 項目間の相関関係、因果関係を解明します。
- 潜在変数を導入することによって、潜在変数と項目との間の因果関係を解明します。
- 潜在変数から、類似した傾向を示す項目をまとめることができます。
- 潜在変数の間で因果関係を検討すれば、多くの項目の間の関係を直接扱うより効率よく扱えます。

難しそうですが次ページ以降を読むと理解できます。

共分散構造分析から出力される統計指標の見方・活用方法を知ろう
共分散構造分析の統計指標の見方・活用方法

パス係数、標準化解、非標準化解、自由度、適合度指標 GFI の意味、見方、活用方法を学びます。

◆ パス図

パス図に適用する図形について説明します。

図形	名称	概要
□	観測変数	アンケートデータ、実験データなど、実際に測定された観測変数（質問項目）を四角で囲む。
○	潜在変数	直接測定されていない潜在変数を楕円で囲む。
→	片方向矢印	2つの変数に因果関係を仮定するとき、原因と結果を示す変数に片方向の矢印を書き、矢印に因果関係の影響力を示す数値を表記する。
⌒	双方向矢印	2つの変数に、因果関係でなく相関関係を仮定したとき、双方向の矢印を書き、矢印に相関を示す数値を表記する。
○	誤差	誤差を円で囲む。誤差は図に表記した以外の「その他」の原因である。

＜パス図の見本＞

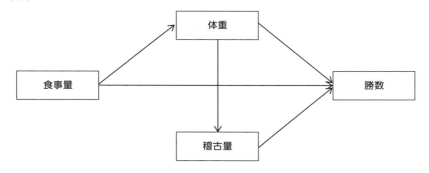

◆ パス係数

パス係数は変数間の相関関係、因果関係を表す値です。パス係数には標準化解と非標準化解の2種類があります。

標準化解は全ての観測変数と潜在変数の分散を1に基準化して求めたときの値、**非標準化解**は基準化しないそのままのデータについて求めたときの値です。分かりやすい例として重回帰分析を取り上げると、回帰係数は非標準化解、標準回帰係数は標準化解です。

下記は具体例Cのパス図です。

上図のパス係数は標準化解、下図のパス係数は非標準化解です。

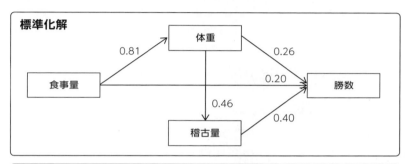

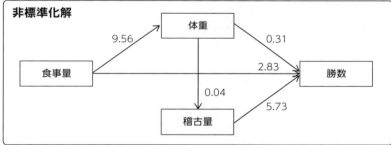

- **標準化解の解釈**

  体重→勝数、食事量→勝数、稽古量→勝数のパス係数を見ると、0.26、0.20、0.40です。

  勝数への影響度が最も強いのは稽古量、次に体重、食事量が続きます。

  標準化解は、稽古量や食事量などの勝数への影響の強さを把握する指標で、「強さ」を把握する指標と言われています。

- **非標準化解の解釈**

  稽古量と食事量のデータは「多い、普通、少ない」「増えた、同じ、減った」の3段階です。稽古量が1段階増えると勝数は5.73勝増える、食事量が1段階増えると2.83勝増えることを意味しています。

  体重から勝数への係数は0.31で、食事量が一定であるならば、体重が1kg増えると勝数は0.31勝増えることを示しています。

  非標準化解は、稽古量や食事量などから見込める勝数を把握する指標で、「大きさ」を把握する指標と言われています。

◆ 適合度指標

　パス図における矢印は仮説に基づいて引きますが、仮説が明確でなくても矢印は適当に引くことができます。したがって、引いた矢印の妥当性を調べなければなりません。そこで登場するのがモデルの**適合度指標**です。

　パス係数と相関係数は密接な関係があり、適合度指標は両者の整合性や近さを把握するためのものです。具体的には、共分散構造分析から導かれた理論的な相関係数（共分散）と観測データの相関係数（共分散）との近さを計ります。近さを指標で表した値が適合度指標です。

　よく使われる適合度指標は、GFI、AGFI、RMSEA、カイ2乗値です。

　GFI は重回帰分析における決定係数（R^2）、AGFI は自由度修正済み決定係数をイメージしてください。GFI、AGFI、RMSEA ともに0〜1の間の値で、GFI が0.9以上なら矢印の引き方が妥当、良いモデルといえます。

　GFI は AGFI より大きい値です。GFI に比べて AGFI が著しく低下する場合は、あまり好ましいモデルといえません。

　RMSEA は GFI の逆で0.1未満なら良いモデルといえます。

　これらの基準は絶対的なものでなく、GFI が0.9を下回ってもモデルを採択する場合があります。GFI は、色々な矢印でパス図を描き、この中で GFI が最大となるモデルを採択するときに有効です。

　カイ2乗値は0以上の値です。値が小さいほど良いモデルです。カイ2乗値を用いて、母集団においてパス図が適用できるかを検定することができます。p 値が0.05以上は母集団においてパス図は適用できると判断します。

　前ページのパス図の適合度指標を示します。

適合度指標	
GFI	0.979
AGFI	0.791
RMSEA	0.000

検定	
カイ2乗値	0.83
自由度	1
p 値	0.362

　GFI ＞ 0.9、RMSEA ＜ 0.1 より、矢印の引き方は妥当で因果関係を的確に表している良いモデルといえます。カイ2乗値は0.83でカイ2乗検定を行うと p 値＞0.05となり、このモデルは母集団において適用できるといえます。

GFI が0.9以上というハードルは高いですよ。

◆ 自由度

　パス図のモデルの中で、どこからも影響を受けていない変数のことを**外生変数**といいます。他の変数から一度でも影響を受けている変数のことを**内生変数**といいます。

　下記パス図において、食事量は外生変数、体重、稽古量、勝数は内生変数です。

　内生変数は矢印で結ばれた変数以外の影響も受けており、その要因を誤差変動として円で示します。したがって、内生変数には必ず円（誤差変動）が付きますが、パス図を描くときは省略してもかまいません。

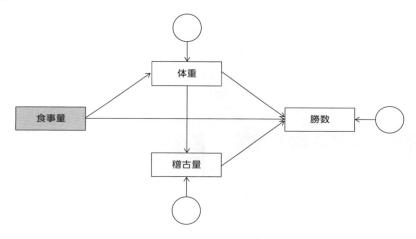

自由度を次の式によって定義します。

自由度 $= K(K+1)/2 + m$
$K =$ 観察変数の個数　　$m =$ 矢印個数＋外生変数＋誤差変動＋潜在変数
誤差変動（円）からの矢印は数えません。

上記パス図の自由度を求めます。
$K = 4$　　$K(K+1)/2 = 4 \times 5 \div 2 = 10$　　$m = 5 + 1 + 3 + 0 = 9$
自由度 $= 10 - 9 = 1$

自由度が 0 のモデルを**飽和モデル**といいます。
飽和モデルは、矢印をどのように引いても、適合度指標は必ず 1 になります。
カイ 2 乗値は必ず 0 になります。
飽和モデルの場合、適合度指標の活用、検定はできませんがパス図は有効です。
自由度がマイナスになるとパス図が作成できないことがあります。

計算過程で自由度は重要な役割があるが、因果関係の解釈には使わないよ。

◆ パス図の検討

具体例Cについて、質問項目間の因果関係が定かでないとして、色々なパス図を描き、この中から最適なパス図を探してみます。

作成したパス図は4個です。パス図のパス係数は標準化解です。非標準化解、適合度指標、カイ2乗検定についても、表に記載しました。

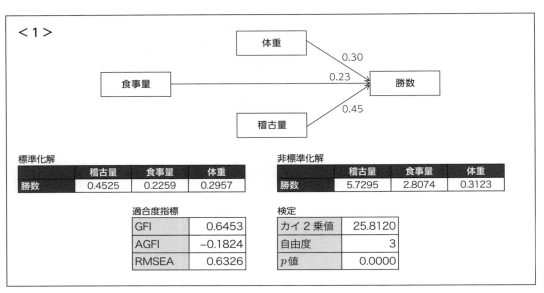

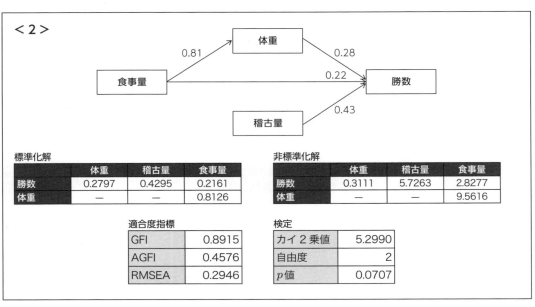

<3>

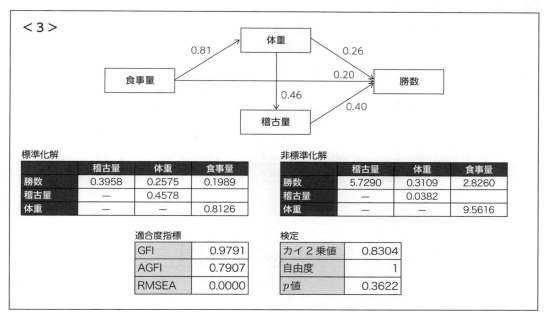

標準化解

	稽古量	体重	食事量
勝数	0.3958	0.2575	0.1989
稽古量	—	—	0.4578
体重	—	—	0.8126

非標準化解

	稽古量	体重	食事量
勝数	5.7290	0.3109	2.8260
稽古量	—	—	0.0382
体重	—	—	9.5616

適合度指標

GFI	0.9791
AGFI	0.7907
RMSEA	0.0000

検定

カイ2乗値	0.8304
自由度	1
p値	0.3622

<4>

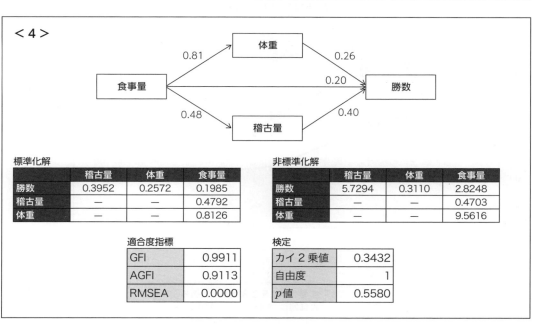

標準化解

	稽古量	体重	食事量
勝数	0.3952	0.2572	0.1985
稽古量	—	—	0.4792
体重	—	—	0.8126

非標準化解

	稽古量	体重	食事量
勝数	5.7294	0.3110	2.8248
稽古量	—	—	0.4703
体重	—	—	9.5616

適合度指標

GFI	0.9911
AGFI	0.9113
RMSEA	0.0000

検定

カイ2乗値	0.3432
自由度	1
p値	0.5580

◆ 適合度指標の比較

4個のGFI、AGFI、p値の一覧表、グラフを作成しました。

GFIが最大、GFIとAGFIの差分が最小、p値が最大のパス図が最適といえるので、4番目パス図を最適とします。

適合度指標	1	2	3	4
GFI	0.645	0.892	0.979	0.991
AGFI	−0.182	0.458	0.791	0.911
RMSEA	0.633	0.295	0.000	0.000
差分	0.828	0.434	0.188	0.080

検定

	1	2	3	4
カイ2乗値	25.8	5.3	0.8	0.3
自由度	3	2	1	1
p値	0.000	0.071	0.362	0.5580

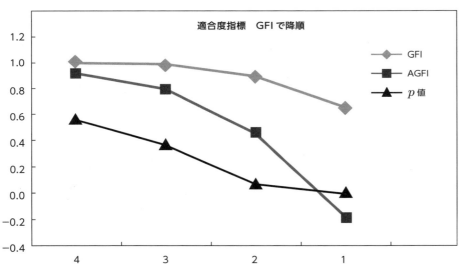

4番目パス図と3番目パス図のGFIは0.9を超えほぼ同じ。だけどGFIとAGFIの差は、4番目パス図のほうが小さい。だから4番目が最適です。

◆ パス図の解釈

GFIの大きさが1位の4番目パス図を示します。

＜標準化解＞

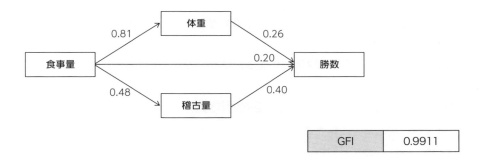

仮説は3番目パス図でしたが、繰り返し共分散構造分析をした結果、4番目パス図が最適であることが分かりました。4番目パス図（標準化解）を解釈します。

- 食事量を増やすと体重や稽古量が増えます。
- 体重、食事量、稽古量が多いと勝数が増える傾向が見られますが、とりわけ稽古量の影響が大きいといえます。

＜非標準化解＞

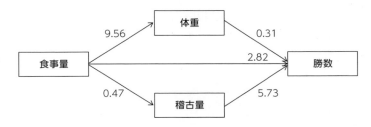

4番目パス図（非標準化解）を解釈します。

- 食事量を1段階増やすと体重は9.56kg増えます。
- 食事量を1段階増やすと稽古量は0.47段階増えます。
- 食事量を一定としたとき、体重が1kg増えると勝数は0.31勝増えます。
- 食事量を1段階増やすと勝数は2.82勝増えます。
- 食事量を一定としたとき、稽古量を1段階増やすと勝数は5.73勝増えます。

食事量や稽古量の勝数への影響度を「大きさ」で表すことができるよ。

潜在変数のある場合の共分散構造分析の仕方を知ろう
潜在変数のある共分散構造分析

　観測データにどのような因子（潜在変数）があるかの仮説をたて、観測変数、潜在変数相互の関係をパス図で表します。
　潜在変数がある場合のパス図の作成法、見方、活用方法を学びます。

◆ 潜在変数のあるパス図の線の引き方

　今までの例題は、観測変数のデータを用いてパス図を作成しました。ここでは潜在変数を含んだパス図について説明します。
　潜在変数から観測変数に向かって矢印を引いた場合のパス係数は、共分散構造分析に組み込まれた因子分析で算出されます。逆方向の矢印を引くと、パス係数は因子分析でなく重回帰分析によって算出されます。
　潜在変数を導く解析手法に因子分析があり、この手法については10章で解説しました。
　因子分析には、**探索的因子分析**と**検証的因子分析**がありますが、10章で解説した因子分析は探索的因子分析です。共分散構造分析における潜在変数は検証的因子分析によって導かれます。
　探索的因子分析と検証的因子分析の違いをパス図で示すと、潜在変数から観測変数への矢印は、探索的因子分析は全ての組み合わせに、検証型因子分析は一部分の組み合わせに引かれています。
　10章の具体例Aにおいて、総合評価を除いた8つの項目に因子分析を行い、探索的因子分析のパス図を作成すると次になります。

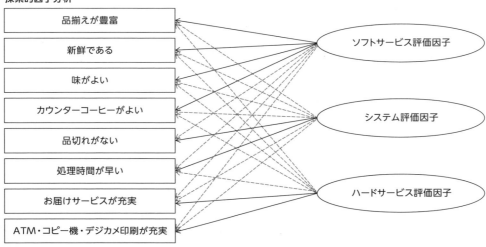

※パス係数（因子負荷量）0.5以上は実線、0.5未満は点線。
※探索的因子分析は、通常パス図は描かず、数表で示します。

◆ 潜在変数のあるパス図のパス係数

検証的因子分析のパス図を示します。

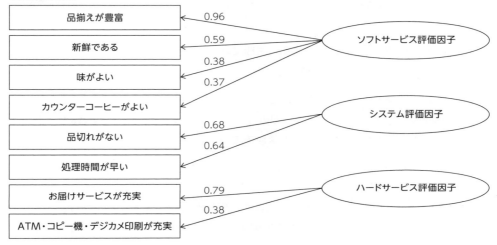

探索的因子分析は、因子がどの観察変数に影響を及ぼすかを仮定せず、どのような因子があるかを探す方法です。

検証的因子分析は、因子と観測変数を結ぶ矢印を全て引くのでなく、仮説に基づいて引いた矢印が妥当であるかを検証する方法です。

具体的にはソフトサービス評価因子は「品揃えが豊富」「新鮮である」「味がよい」「カウンターコーヒーがよい」に影響し、他の5つの観測変数に影響を及ぼさない、システム評価因子は「品切れがない」「処理時間が早い」、ハードサービス評価因子は「お届けサービスが充実」「ATM・コピー機・デジカメ印刷が充実」のみに影響しているという仮説を検証します。

パス係数は－1から1の間の値です。

潜在変数から観測変数へ引いたパス係数に、マイナスの値やプラス0～0.3の値があると、その観測変数は矢印を引いた潜在変数（因子）に属さないと判断し、矢印を引き直し共分散構造分析をやり直します。上記のパス図のパス係数は全て0.3以上です。

0.3は統計学が決めた基準でなく、私の経験値だよ。

潜在変数の役割

- 潜在変数を導入することによって、潜在変数と項目との間の因果関係を解明します。
  【例】コンビニ店舗運営の仕組みであるシステム評価因子は、「品切れがない」「処理時間が早い」に影響を及ぼしています。

- 潜在変数を導入することによって多数の質問項目をまとめ、集約できます。
  【例】8つの項目を3つの因子に集約します。

- 潜在変数から、類似した傾向を示す項目をまとめることができます。
  【例】「品揃えが豊富」「新鮮である」「味がよい」「カウンターコーヒーがよい」は回答のされ方が類似しており、ソフトサービス評価因子としてまとめることができます。

- 潜在変数の間で因果関係を検討すれば、多くの項目の間の関係を直接扱うより効率が良くなります。
  【例】上記パス図は因子間の相関はないとして、因子間の矢印は引かれていません。
  ソフトサービス評価因子とシステム評価因子の関係を見たければ、両因子を矢印で結びます。
  ソフトサービス評価因子の項目数は4つ、システム評価因子の項目数は2つです。前者4項目と後者2項目の関係を見るより、ソフトサービス評価因子とシステム評価因子の関係を見るほうが、効率が良くなります。

共分散構造分析は統計解析の最強のツールだ。

具体的な事例で共分散構造分析の仕方、結果の見方を知ろう
共分散構造分析の事例

大学受験進学塾の生徒を対象としたアンケート調査の事例で、共分散構造分析の仕方、結果の見方を、活用方法を学びます。

◆ 調査目的

大学受験進学塾で、有名校 T 大学に合格した 13 人と不合格の 17 人を対象に、アンケート調査を行い、塾生の家庭環境、学習方法、知的能力と合格有無との因果関係を明らかにすることを目的とします。

質問紙とデータは 244 ～ 245 ページの具体例 D をご覧ください。

◆ 合格有無との質問項目とのクロス集計

共分散構造分析を行う前に、合格有無にどの質問項目が影響しているかを調べます。

合格有無と質問 8 項目とのクロス集計を行い、リスク比を算出しました。

リスク比は、影響要因ごとに合格割合 Yes を No で割った値で、Yes の生徒は No に比べ「何倍合格できる」と解釈できます。

		合格	不合格	%	n	リスク比
	全体	43.3	56.7	100.0	30	
収入	Yes	53.8	46.2	100.0	13	1.5
	No	35.3	64.7	100.0	17	
親のしつけ	Yes	64.3	35.7	100.0	14	2.6
	No	25.0	75.0	100.0	16	
計算力	Yes	57.1	42.9	100.0	14	1.8
	No	31.3	68.8	100.0	16	
文章読解力	Yes	78.6	21.4	100.0	14	6.3
	No	12.5	87.5	100.0	16	
暗記力	Yes	50.0	50.0	100.0	16	1.4
	No	35.7	64.3	100.0	14	
計画的学習	Yes	57.1	42.9	100.0	14	1.8
	No	31.3	68.8	100.0	16	
繰り返し学習	Yes	69.2	30.8	100.0	13	2.9
	No	23.5	76.5	100.0	17	
学習時間	Yes	83.3	16.7	100.0	12	5.0
	No	16.7	83.3	100.0	18	

<計算例>

収入のリスク比 ＝ Yes の合格割合 ÷ No の合格割合
　　　　　　　＝ 53.8% ÷ 35.3% ＝ 1.5

◆ 合格有無との質問項目とのリスク比

リスク比の降順で並べました。

合格有無に影響度が最も高いのは、文章読解力で次に学習時間、繰り返し学習が続きます。

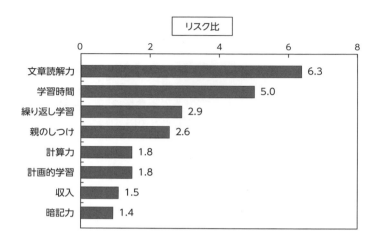

◆ 影響要因相互の相関分析

9項目相互の単相関係数を算出しました。

類似した相関係数が並ぶように質問項目を並べ替えました。

質問項目相互の相関（太線枠内）で0.3以上に着目すると、収入と親のしつけの関係性、計算力と文章読解力と暗記量相互の関係性、計画的学習と繰り返し学習と学習時間との関係性が高いことが分かりました。

相関行列表

	合格有無	収入	親のしつけ	計算力	文章読解力	暗記力	計画的学習	繰り返し学習	学習時間
合格有無	1.000	0.186	0.396	0.261	0.665	0.144	0.261	0.457	0.659
収入	0.186	1.000	0.530	0.126	−0.009	−0.126	−0.279	0.050	0.110
親のしつけ	0.396	0.530	1.000	0.063	0.063	0.071	−0.339	−0.009	0.191
計算力	0.261	0.126	0.063	1.000	0.330	0.339	0.063	−0.009	−0.082
文章読解力	0.665	−0.009	0.063	0.330	1.000	0.339	0.063	0.126	0.327
暗記力	0.144	−0.126	0.071	0.339	0.339	1.000	−0.063	0.144	−0.055
計画的学習	0.261	−0.279	−0.339	0.063	0.063	−0.063	1.000	0.530	0.327
繰り返し学習	0.457	0.050	−0.009	−0.009	0.126	0.144	0.530	1.000	0.659
学習時間	0.659	0.110	0.191	−0.082	0.327	−0.055	0.327	0.659	1.000

質問8項目は3つのグループに分類されることが分かりました。

　　　グループ1　収入、親のしつけ
　　　グループ2　計算力、文章読解力、暗記力
　　　グループ3　計画的学習、繰り返し学習、学習時間

◆ 因果関係の仮説

相関分析の結果から質問項目は3つの群に分類されることが分かりました。これらの3群を潜在変数とみなし、因子名を家庭環境、知的能力、学習方法としました。

家庭環境と学習方法は知的能力に影響し、合格有無は家庭環境、知的能力、学習方法の3因子の影響を受けて決まると考え、下記のパス図を作成しました。

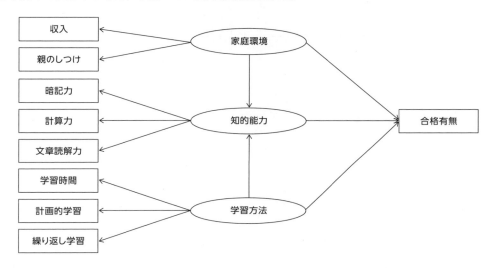

◆ 共分散構造分析の実施

上記パス図で共分散構造分析を行いました。

適合度指標	
GFI	0.84
AGFI	0.64
RMSEA	0.13

カイ2乗検定	
カイ2乗値	29.3
自由度	20
p 値	0.081

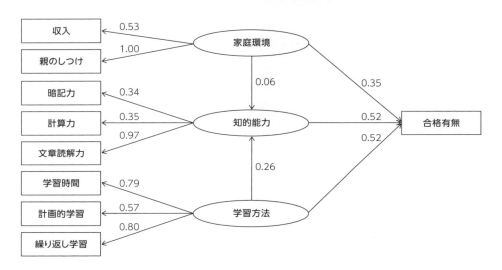

◆ 共分散構造分析を再度実施

GFI は 0.9 を下回りました。

そこで、パス図に合格総合力という潜在変数を加えて共分散構造分析をしてみました。GFI は 0.9 を超えました。

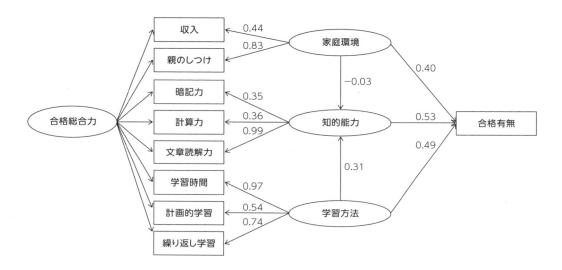

このパス図を最終のものとして解釈します。

- 家庭環境は収入と親のしつけですが、親のしつけが主流です。
- 知的能力は暗記力、計算力、文章読解力の 3 つですが、中でも文章読解力は要です。
- 学習方法は学習時間、計画的学習、繰り返し学習の 3 つですが、学習時間が主流です。
- 知的能力は学習方法の影響を受けていますが、家庭環境の影響は受けていません。
- 家庭環境、知的能力、学習方法から合格有無へのパス係数は 0.4 〜 0.6 の値を示し、合格有無の影響因子といえます。因子の影響順位は知的能力、学習方法、家庭環境の順です。
- 合格の秘訣は、「文章読解力を高めて、学習時間を増やす」となります。

第**12**章

消費者セグメンテーション調査と
数量化３類・クラスター分析

消費者セグメンテーションの目的、質問文、解析
方法、解析手順を知り、消費者セグメンテーショ
ンの仕方について学びます。

KEYWORDS

- 消費者セグメンテーション
- 数量化３類
- カテゴリースコア
- サンプルスコア
- １軸、２軸
- クラスター分析
- 樹形図
- セグメント別人数
- ネーミング

消費者セグメンテーションを知ろう
消費者セグメンテーションとは

消費者セグメンテーションは、消費者を分類する方法です。
消費者セグメンテーションとは何か、消費者セグメンテーションの目的を学びます。

◆ 消費者セグメンテーションとは

消費者セグメンテーションとは、消費者を分類する方法です。

その背景にあるのは「消費者のニーズの多様化」です。

市場が成熟化し生活者のニーズが多様化している現在、万人向けの商品を開発し販売することは効果的とはいえません。なぜなら全てのニーズを一度に満たそうとすればするほど商品コンセプトは平均的なものになってしまいます。

そこで、求められるのが消費者セグメンテーションです。

戦略的に消費者のセグメンテーションを行い、セグメントにフォーカスしてプランをたて、マーケティング活動をすれば、より効果的にビジネス成果を得ることが可能となります。

◆ 消費者セグメンテーションの目的

生活行動、購買行動と新製品選択との関係を明らかにしたいことがあります。

しかしながら、人々の生活行動、購買行動は多種多様で、両者の因果関係の解明はやっかいなテーマといえます。

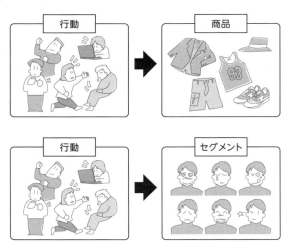

そこで数多くある生活行動や購買行動の項目に多変量解析を適用し消費者をセグメントします。

どのようなセグメントに属する人が、どのような新製品を嗜好するかを明らかにすることを目的とします。

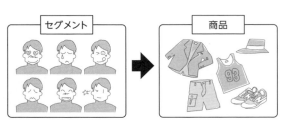

消費者セグメントで使う解析手法について知ろう
消費者セグメンテーションの手順と解析方法

　消費者のセグメント化は多変量解析を適用して行います。統計解析が作成したセグメントに名前を付けねばなりません。この作業は分析者であるあなたが付けます。
　ここでは、セグメント化に適用する解析手法とネーミングの仕方について学びます。

◆ 消費者セグメンテーションの解析手順

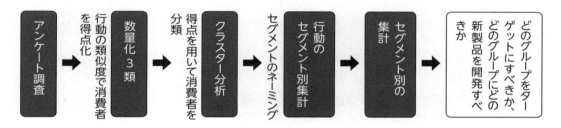

◆ 数量化3類とは

　数量化3類はアンケート調査の回答者と回答選択肢を得点化する解析手法です。
　回答の仕方が似ている消費者には類似した得点、似ていない消費者には異なる得点を付けます。この得点を**サンプルスコア**といいます。
　回答のされ方が似ている選択肢には類似した得点、似ていない選択肢には異なる得点を付けます。この得点を**カテゴリースコア**といいます。

◆ 数量化3類のためのアンケートデータ

　数量化3類を理解するために、簡単なアンケートの回答選択肢と回答データを示します。

【具体例】

問．晩酌で呑むお酒を全てお知らせください。

焼酎	1. 呑む	0. 飲まない
ウイスキー	1. 呑む	0. 飲まない
日本酒	1. 呑む	0. 飲まない
ビール	1. 呑む	0. 飲まない

	焼酎	ウイスキー	日本酒	ビール
青木	1	1	1	1
石田	1	0	1	0
小川	1	0	0	1
大竹	0	1	0	1
加藤	0	0	1	1
木村	0	0	0	1
工藤	1	0	1	0
小林	0	1	0	0
佐藤	0	1	0	1
武田	1	0	0	0

◆ カテゴリースコア、サンプルスコア

　数量化3類は、呑まれ方が似ているお酒には類似した得点を、呑み方が似ている人には類似した得点を付けます。

　回答選択肢（カテゴリー）や回答者（サンプル）を得点化します。

　お酒の得点をカテゴリースコア、回答者の得点をサンプルスコアといいます。

　どちらも2個の得点が付けられます。

　2個の得点を1軸、2軸といいます。

カテゴリースコア

	1軸	2軸
焼酎	1.11	−0.55
ウイスキー	−1.38	−1.34
日本酒	0.88	0.08
ビール	−0.59	1.30

サンプルスコア

	1軸	2軸
青木	0.01	−0.24
石田	1.28	−0.45
小川	0.33	0.71
大竹	−1.27	−0.04
加藤	0.19	1.31
木村	−0.76	2.46
工藤	1.28	−0.45
小林	−1.77	−2.54
佐藤	−1.27	−0.04
武田	1.42	−1.04

　縦軸に1軸のカテゴリースコア、横軸に2軸のカテゴリースコアをとり点グラフを作成します。点グラフの点の配置から軸を解釈します。

- 1軸：「和酒が好きか」「洋酒が好きか」を判別する軸
- 2軸：アルコール度数が「弱い酒が好きか」「強い酒が好きか」を判別する軸

　縦軸に1軸のサンプルスコア、横軸に2軸のサンプルスコアをとり点グラフを作成します　軸の名称はカテゴリースコアグラフと同じです。

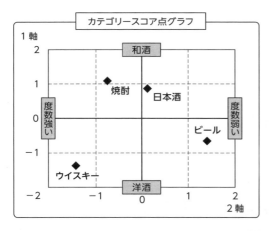 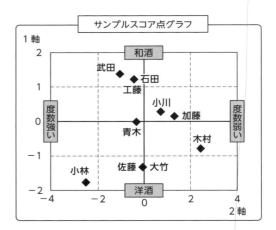

- 和酒（焼酎と日本酒）が好きな石田と工藤は同じ位置
- 洋酒（ウイスキーとビール）が好きな大竹と佐藤は同じ位置
- ウイスキーだけが好きな小林は左下に位置
- 回答が全く異なる武田と小林は離れた位置

◆ クラスター分析

クラスター分析は平面あるいは空間にプロットされた個体間の距離を調べ、距離の近い個体を集めて集落（クラスター）をつくり、個体を分類する方法です。

個体間の距離の近さを**樹形図**で表します。

樹形図は個体間の距離を縦線の高さで表しています。

具体例のサンプルスコアのグラフを見ると、石田と工藤、大竹と佐藤は距離が短いので樹形図の縦線の高さは低くなっています。小林はどの個体からも遠いので縦線の高さは最も高くなっています。

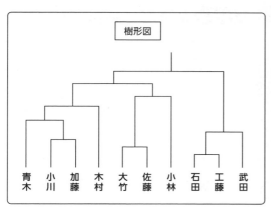
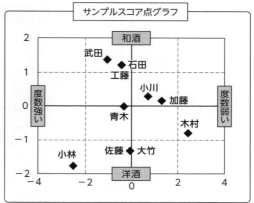

◆ グループ数とグルーピング

グループの個数は分析者が設定します。

具体例のグループ数を3とします。

樹形図に横線を引きます。縦線との交点が定めたグループ数となるように引きます。

縦線と横線の交点から下に位置する個体を同じとします。

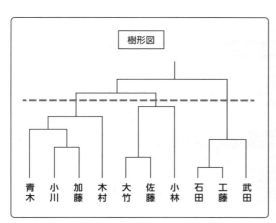
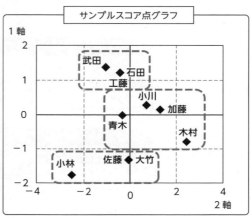

◆ セグメント別人数

回答者は3個のセグメントに分類されました。

セグメント別人数、割合を計算します。

セグメント	名前	人数	割合
1	石田　工藤　武田	3人	30%
2	佐藤　大竹　小林	3人	30%
3	小川　加藤　青木　木村	4人	40%
	計	10人	100%

◆ セグメントのネーミング

セグメントには名前を付けます。

ネーミングは、数量化3類の適用データとセグメントとのクロス集計の結果を用います。

データ

	焼酎	ウイスキー	日本酒	ビール	セグメント
石田	1	0	1	0	1
工藤	1	0	1	0	1
武田	1	0	0	0	1
佐藤	0	1	0	1	2
大竹	0	1	0	1	2
小林	0	1	0	0	2
小川	1	0	0	1	3
加藤	0	0	0	1	3
青木	1	1	1	1	3
木村	0	0	0	1	3

セグメントとお酒とのクロス集計をしました。

お酒嗜好の割合から、セグメントの名前を付けます。

セグメント1
焼酎 100%

和酒派

人数表

セグメント	焼酎	ウイスキー	日本酒	ビール	横計
1	3	0	2	0	3
2	0	3	0	2	3
3	2	1	2	4	4

セグメント2
ウイスキー 100%

洋酒派

横%表

セグメント	焼酎	ウイスキー	日本酒	ビール	横計
1	100%	0%	67%	0%	100%
2	0%	100%	0%	67%	100%
3	50%	25%	50%	100%	100%

セグメント3
ビール 100%

ビール派

セグメント	焼酎	ウイスキー	日本酒	ビール	n
和酒派	100%	0%	67%	0%	3人
洋酒派	0%	100%	0%	67%	3人
ビール派	50%	25%	50%	100%	4人

縦に見て最大に彩色

消費者セグメントで使う解析手法について知ろう
消費者セグメンテーション調査の事例

事例を用いて、多変量解析を適用して消費者をセグメンテーションし、関係を調べてみましょう。

調査設計

① 背景
生活態度、購買行動と新製品選択との関係を明らかにしたいことがあります。しかしながら人々の生活態度、購買行動は多種多様で、両者の因果関係の解明はやっかいなテーマといえます。そこで多変量解析を適用して消費者セグメントし、新製品選択との関係を調べることにします。

② 目的
どのようなセグメントに属する人が、どのような新製品を嗜好するかを明らかにすることを目的とします。

③ 調査対象
20才以上の男女

④ 調査方法
インターネット調査

⑤ 調査対象者の名簿
データベースを保有している会社の名簿

⑥ サンプルサイズ
410人
※480人のデータを回収したが、不良な回答を除いて有効サンプルは410人となりました。

⑦ 標本抽出法
層別抽出法：データベースに登録している100万人を性別年代別の8グループに分類し、各グループに調査票を無作為に配信

⑧ 有効サンプルの内訳

	20才代	30才代	40才代	50才代	計
男性	39	55	58	47	199
女性	42	61	59	49	211
計	81	116	117	96	410

◆ 調査票

問1. あなたの考えや行動で、あてはまるものをお知らせください。（○はいくつでも）

1　人から陽気だと思われている
2　色々な人とすぐ親しくなれるほうである
3　あちこち歩き回って物を見たり探したりするのは苦にならない
4　興味のあることはとことん追いかけるタイプである
5　相手の身になって振る舞うことを心がけている
6　自分の意見をはっきり相手に伝えるほうである
7　好奇心が強く、何でも試してみたいほうである
8　何事に対してもやる気は十分である
9　お金よりもヒマが欲しいほうである
10　相手が話しているのについ口をはさんでしまう
11　気が短いと思うことがある
12　自分には厳しいほうであると思う
13　不幸を自分の力で克服しようとするほうである
14　新しいグループや会に入ってもすぐ慣れることができる
15　他人の行動を見て許せないと感じることが多い
16　話題が豊富なほうである
17　すぐに他人に同情してしまう性格である
18　相手の気持ちに対して敏感なほうである
19　はっきりいって凝り性である
20　人の不幸を黙って見ていられないほうである
21　自分が思うように人が動かないとイライラしてくることがある
22　自信を持って自分の考え方が言えるほうである
23　人を説得することが上手であると思う
24　自分勝手なところが目立つときがある
25　使い捨てが苦手なほうである
26　周りの意見を気にしやすいほうである
27　人からものを頼まれると断りきれないほうである
28　色々な人から相談を受けることがある
29　周囲の人をリードしていくほうである

問2. Web画面の「商品閲覧画面」をクリックして、携帯電話新製品の写真と特色をご覧ください。
あなたは携帯電話を購入するとしたらどの製品を選びますか。（○は1つ）

1　A製品（スタイル・外観が良い）
2　B製品（機能が豊富）
3　C製品（シンプル・使いやすい）
4　D製品（コンパクト・軽量）

```
問3．あなたの性別をお知らせください。（○は1つ）
1．男性      2．女性

問4．あなたの年齢をお知らせください。（○は1つ）
1．20才代   2．30才代   3．40才代   4．50才代

問5．あなたの血液型をお知らせください。（○は1つ）
1．A型     2．O型      3．B型      4．AB型

問6．あなたの一年間のおよその収入をお知らせください。（○は1つ）
1．399万円未満    2．400～799万円    3．800万円以上
```

◆ 消費者基本属性

血液型の割合を調べると、割合の大きい順に、A型35％、O型25％、B型22％、AB型18％でした。

所得分布を調べると、399万円未満の割合は38％、400～799万円は37％、800万円以上は25％でした。年齢別の所得を調べると、年齢が高くなるほど所得が高くなる傾向が見られました。

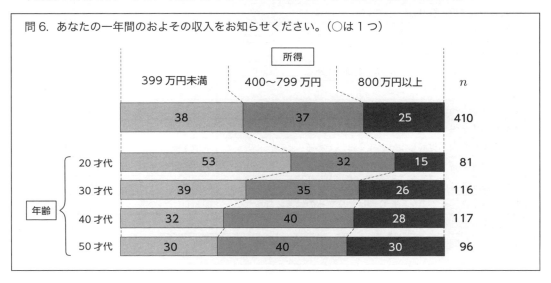

生活態度

価値観、生活態度に関する 29 項目を示し、あなたの考えや行動に近いものはどれかを複数回答で聞きました。各項目の回答率を調べました。回答率が 30％以上の項目数は 3 個、20％台は 12 個、10％台は 10 個、10％未満は 4 個でした。

ちなみに回答率が 30％以上の項目は「興味追及」「周りを気にする」「初対面と慣れる」でした。

問 1. あなたの考えや行動で、あてはまるものをお知らせください。（○はいくつでも）

質問文	省略名	回答率
興味のあることはとことん追いかけるタイプである	興味追求	34
周りの意見を気にしやすいほうである	周りを気にする	34
新しいグループや会に入ってもすぐ慣れることができる	初対面と慣れる	33
相手の気持ちに対して敏感なほうである	他人に敏感	28
周囲の人をリードしていくほうである	リーダー	27
好奇心が強く、何でも試してみたいほうである	好奇心	26
自分の意見をはっきり相手に伝えるほうである	自己主張	26
話題が豊富なほうである	話題豊富	24
相手が話しているのについ口をはさんでしまう	口をはさむ	23
自分が思うように人が動かないとイライラしてくることがある	イライラ	23
自分には厳しいほうであると思う	自己に厳しい	21
お金よりもヒマが欲しいほうである	金よりヒマ	20
相手の身になって振る舞うことを心がけている	相手の身	20
何事に対してもいるもやる気は十分である	やる気十分	20
いろいろな人とすぐ親しくなれるほうである	親交	20
使い捨てが苦手なほうである	使い捨て苦手	19
他人の行動を見て許せないと感じることが多い	許せない	19
気が短いと思うことがある	短気	14
はっきりいって凝り性である	凝り性	14
自身を持って自分の考え方が言えるほうである	考え主張	14
人から陽気だと思われている	陽気	13
いろいろな人から相談を受けることがある	相談を受ける	13
人からものを頼まれると断りきれないほうである	断れない	13
不幸を自分の力で克服しようとするほうである	不幸克服	12
人の不幸を黙ってみていられないほうである	不幸黙認できず	12
人を説得することが上手であると思う	説得上手	9
あちこち歩き回って物を見たり探したりするのは苦にならない	探究心	8
自分勝手なところが目立つときがある	自分勝手	7
すぐに他人に同情してしまう性格である	同情	6

◆ 価値観、生活態度に関する29項目の類似点

価値観、生活行動に関する29項目に数量化3類を適用しました。軸の重要度を示す相関係数が0.5以上の軸を採択しました。

軸No.	固有値	相関係数
1	0.300	0.547
2	0.251	0.501
3	0.226	0.476

1軸を縦軸、2軸を横軸にとり、カテゴリースコアの散布図を作成しました。

枠内の名称は、276ページの分析をもとに付けたものです。

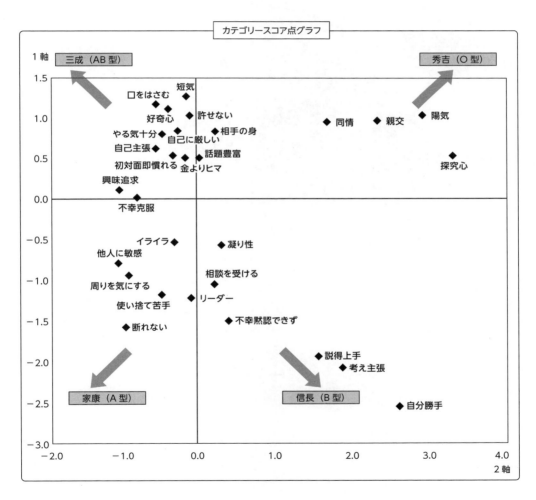

人々のグルーピング

　1軸を縦軸、2軸を横軸にとり、サンプルスコアの散布図を作成しました。サンプルスコアのプロットが近い人を、クラスター分析によってグルーピングしました。グループを生活態度タイプと呼ぶことにします。各タイプの配置は前ページのカテゴリースコアの配置と対応します。

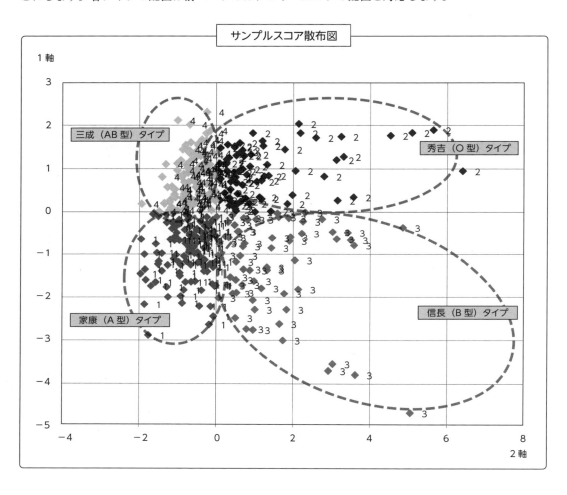

◆ グループの概要

次ページ表の①〜④の列の数値は、各グループにおける29項目の単純集計の回答率です。回答率を横に見て最大に彩色しました。最大値と全体との差を計算し、差が15ポイント以上の項目に着目しました。

家康（A型）タイプは、「周りの意見を気にしやすいほうである」「相手の気持ちに対して敏感なほうである」の回答率が高い。

秀吉（O型）タイプは、「色々な人とすぐ親しくなれるほうである」「人から陽気だと思われている」「あちこち歩き回って物を見たり探したりするのは苦にならない」「他人の行動を見て許せないと感じることが多い」の回答率が高い。

信長（B型）は、「自信を持って自分の考え方が言えるほうである」「自分勝手なところが目立つときがある」「人を説得することが上手であると思う」の回答率が高い。

三成（AB型）タイプは、「好奇心が強く、何でも試してみたいほうである」「相手が話しているのについ口をはさんでしまう」「自分の意見をはっきり相手に伝えるほうである」「興味のあることはとことん追いかけるタイプである」の回答率が高い。

生活態度タイプの名称は、この解釈と277ページの分析より行いました。

	全体	① 家康 (A型)	② 秀吉 (O型)	③ 信長 (B型)	④ 三成 (AB型)	最大値と全体との差
周りの意見を気にしやすいほうである	34	54	24	24	25	19
相手の気持ちに対して敏感なほうである	28	46	12	19	23	18
使い捨てが苦手なほうである	19	32	8	17	12	13
周囲の人をリードしていくほうである	27	39	18	34	13	13
人からものを頼まれると断りきれないほうである	13	25	5	9	6	12
不幸を自分の力で克服しようとするほうである	12	16	13	6	12	3
いろいろな人とすぐ親しくなれるほうである	20	2	62	24	10	42
人から陽気だと思われている	13	0	49	20	2	36
あちこち歩き回って物を見たり探したりするのは苦にならない	8	1	26	17	0	17
他人の行動を見て許せないと感じることが多い	19	6	35	6	30	16
すぐに他人に同情してしまう性格である	6	0	21	6	4	14
相手の身になって振る舞うことを心がけている	20	9	33	13	28	13
話題が豊富なほうである	24	15	36	20	29	12
自身を持って自分の考え方が言えるほうである	14	10	6	51	1	38
自分勝手なところが目立つときがある	7	3	3	33	0	26
人を説得することが上手であると思う	9	10	5	24	0	16
はっきりいって凝り性である	14	11	9	27	15	13
人の不幸を黙ってみていられないほうである	12	19	8	24	2	12
いろいろな人から相談を受けることがある	13	16	13	20	5	7
自分が思うように人が動かないとイライラしてくることがある	23	25	18	26	21	3
好奇心が強く、何でも試してみたいほうである	26	9	36	11	49	23
相手が話しているのについ口をはさんでしまう	23	10	27	10	43	20
自分の意見をはっきり相手に伝えるほうである	26	16	31	13	42	16
興味のあることはとことん追いかけるタイプである	34	34	28	14	50	16
新しいグループや会に入ってもすぐ慣れることができる	33	26	42	14	48	14
何事に対してもやる気は十分である	20	9	24	13	33	13
自分には厳しいほうであると思う	21	14	27	7	34	13
気が短いと思うことがある	14	3	24	7	25	11
お金よりもヒマが欲しいほうである	20	15	22	16	29	8
n	410	140	78	70	122	

※表内の数値は横％

◆ 属性別のグループ規模割合

どのような属性の人でどのような生活態度タイプの割合が大きいかを調べました。

生活態度タイプの割合は男性と女性では差が見られませんでした。

年齢別では、20才代は「秀吉（O型）」と「信長（B型）」、30才代は「三成（AB型）」、40才代以上は「家康（A型）」が他年齢層を上回る割合を示しました。

血液型と生活態度タイプは、A型で家康、O型で秀吉、B型で信長、AB型で三成の割合が高くなる傾向が見られました。この傾向より、タイプ名の後尾に血液型を表記しました。

		家康（A型）	秀吉（O型）	信長（B型）	三成（AB型）	n
	全体	34	19	17	30	410
性別	男性	35	18	18	30	199
	女性	34	20	17	29	211
年齢	20才代	25	23	21	31	81
	30才代	32	14	17	37	116
	40才代	40	22	15	23	117
	50才代	38	18	17	28	96
血液型	A型	43	21	13	23	145
	O型	35	23	14	28	102
	B型	26	17	26	32	90
	AB型	26	14	19	41	73

※縦に見て全体より3ポイント以上に彩色

◆ 新製品意向

携帯電話新製品の使用意向を聞きました。B製品の使用意向が31％で最も高い割合を示しました。他3製品の使用意向は21〜25％で大きな差は見られませんでした。

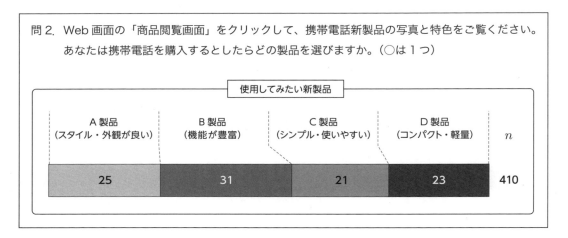

◆ 生活態度タイプの携帯電話新製品の使用意向度

生活態度タイプ別の携帯電話新製品の使用意向度を調べました。

家康（A型）タイプはC製品（シンプル・使いやすい）、秀吉（O型）タイプはA製品（スタイル・外観が良い）、信長（B型）タイプはB製品（機能が豊富）、三成（AB型）タイプはD製品（コンパクト・軽量）の意向率が他タイプに比べ高い値を示しました。

		使用してみたい新製品				n
		A製品 (スタイル・外観が良い)	B製品 (機能が豊富)	C製品 (シンプル・使いやすい)	D製品 (コンパクト・軽量)	
全体		25	31	21	23	410
生活態度タイプ	家康（A型）	10	25	35	30	91
	秀吉（O型）	35	30	25	10	103
	信長（B型）	30	40	20	11	76
	三成（AB型）	25	30	10	35	140

※表内の数値は横％

第13章

Excel アドインフリーソフト「統計解析ソフトウェア」の活用

本書での統計解析を処理できる Excel アドインフリーソフトの使い方を紹介します。

KEYWORDS

- 基本統計量
- クロス集計
- クラメール連関係数
- カイ 2 乗検定
- カテゴリー別平均
- 相関比
- 順位相関係数
- 散布図
- 正規分布のあてはめ
- 対応のない t
- 対応のない母比率の差の検定
- CS 分析
- 数量化 1 類

第13章 Excel アドインフリーソフト「統計解析ソフトウェア」の活用

> アイスタットでは、統計解析が処理できるフリーソフトウェアを提供しています

Excel アドインフリーソフトで行える解析手法

統計解析が処理できるフリーソフトを紹介します。

株式会社アイスタットで開発したフリーソフトは3つあります。

- Excel 統計解析
- Excel 多変量解析
- Excel 実験計画法

それぞれで行える解析手法を紹介します。

◆ Excel 統計解析

- 基本統計量
    - 代表値（平均値、中央値、最頻値など）
    - 散布度（偏差平方和、標準偏差、分散、変動係数、パーセンタイルなど）
    - 分布の形状（尖度、歪度）
- 箱ひげ図（7数要約、外れ値）
- 散布図（散布点の名称）
- 偏差値（基準値、偏差値）
- 相関分析（各種相関係数、無相関検定）
    - 単相関係数
    - クロス集計
    - クラメール連関係数
    - カテゴリー別平均
    - 相関比
    - スピアマン順位相関係数
- クローンバック α 係数
- 正規分布
    - 正規分布グラフ
    - 正規分布統計量（横軸の値に対する確率、確率に対する横軸の値）
    - 正規確率プロット（サンプルから得た t 度数分布の正規性）
    - 正規分布の当てはめ（正規分布の当てはめ、母集団の正規性の検定）
- 対応のない t 検定（個体データの t 検定、統計量データの t 検定）
- 対応のある t 検定
- 対応のない母比率の差の検定（個体データの検定、統計量データの検定）
- 対応のある母比率の差の検定
- 多重比較法（分散分析表、ボンフェローニ検定）

◆ Excel 多変量解析

- 相関分析（各種相関係数、無相関検定）
  - 単相関係数
  - クロス集計
  - クラメール連関係数
  - カテゴリー別平均
  - 相関比
  - スピアマン順位相関係数
- クローンバックα係数
- CS 分析（統計量指定）
- CS 分析（データ指定）
- 主成分分析
- 重回帰分析
- 数量化 1 類
- 拡張型数量化 1 類
- 固有値

◆ Excel 実験計画法

- 1 元配置法
- 2 元配置法（繰り返しがある場合）
- 2 元配置法（繰り返しが一定でない場合）
- 2 元配置法（繰り返しがない場合）
- 多重比較法
- 直交配列実験計画法（繰り返し無し）
- 直交配列実験計画法（完全無作為法）
- 直交配列実験計画法（乱塊法）

【フリーソフトの必要環境・仕様について】

- 日本語版 Microsoft Excel 上で動作するアドインソフト
- 対応する Microsoft Excel は日本語版 Excel（2016、2013、2010）が必要
  - ※ Excel 32bit 版、64bit 版に対応
- 動作 OS は、Windows10、Windows8、Windows8.1、Windows7
- Excel for Mac および Office for Mac には対応していません

Excelアドインフリーソフト「統計解析ソフトウェア」のダウンロード方法

Excelアドインフリーソフト「統計解析ソフトウェア」のダウンロード方法を説明します

　本書での統計解析が処理できるExcelアドインフリーソフト「統計解析ソフトウェア」のダウンロード方法を説明します。

① アイスタットホームページ（http://istat.co.jp/）にアクセスし、上部メニューにある［フリーソフトのダウンロード］を選択してください。

② 表示された画面の上のあたりに統計解析ソフトウェアの［フリーソフトお申し込み］というボタンがありますので、それを選択してください。

③ パスワードお申し込みフォームが表示されますので、ご氏名やご連絡先を記入してください。なお、赤色の※印の箇所は必須事項です。また、お申し込み後のご連絡はメールにて行いますので、メールアドレスに間違いがないようにしてください。

④ 入力が完了しましたら、画面下部にある［確認画面へ］ボタンを選択してください。

＜必要環境・仕様について＞
- 日本語版 Microsoft Excel 上で動作するアドインソフト
- 対応する Microsoft Excel は日本語版 Excel（2016、2013、2010）が必要
  ※ Excel 32bit 版、64bit 版に対応
- 動作 OS は、Windows10、Windows8、Windows8.1、Windows7
- Excel for Mac および Office for Mac には対応していません

⑤ 確認画面が表示されますので、間違いがなければ［送信する］ボタンを選択してください。なお、入力内容に間違いがありましたら、［入力画面に戻る］ボタンを選択すると、③の入力画面に戻りますので、修正して④に進んでください。

⑥ 送信が完了しますと、次のような画面が表示されます。入力されたメールアドレスに⑦以降の手順が書かれたメールが届きますので、しばらくお待ちください。

> お使いのメールソフトによっては、迷惑メールフォルダーに振り分けられる場合がございます。受信箱（受信トレイ）に届いていない場合は、迷惑メールフォルダー内をご確認ください。
> 1 時間以上経過してもメールが届かない場合、送信した入力画面のアドレスに誤りがある可能性があります。再度入力を行い送信してください。

⑦ 「お問い合わせフォームからの送信」というタイトルのメールが届きましたら、その本文に次のように書かれている URL からダウンロードを開始してください。
　なお、このメールには「解凍パスワード」が書かれておりますので、誤って削除しないように注意してください。

<ダウンロード URL >

統計解析ソフトウェアは下記 URL からダウンロードしてください。

```
http://istat.co.jp/*****
```

<パスワードについて>

解凍パスワードは「*****」です。

※実験計画法ソフトウェア、多変量解析ソフトウェア、統計解析ソフトウェア、全て共通のパスワードで、ユーザー登録後メールで受信できます。

<ソフト使用方法>

使用方法につきましては、zip ファイルダウンロード後、フォルダー内の「ソフトウェアの使い方.pdf」をご参照ください。

<ダウンロードについての注意事項>

下記の手順に従ってダウンロードおよびフォルダーの解凍を行ってください。

1) zip ファイルをブラウザからダウンロードする。
2) 必要に応じてウイルス検査をする。
3) zip ファイルを解凍する。
4) Excel を起動し、解析するデータ（任意の Excel ファイル）を開く。
5) 4 の解析するデータファイルの［ファイル］タブから、「統計解析ソフトウェア .xlsm」を開く。

<アドインタブが表示されない場合>

上記方法で zip ファイルを解凍後、「統計解析ソフトウェア .xlsm」ファイルを起動しても［アドイン］タブが表示されない場合は、以下の方法をお試しください。

1) USB フラッシュメモリー、ネットワークサーバー、デスクトップなどに「統計解析ソフトウェア .xlsm」をコピーする。
2)「エクスプローラー」からコピー先の「統計解析ソフトウェア .xlsm」のアイコンを右クリックし、プロパティの［全般］タブを表示させる。右下にある［ブロックの解除］ボタン→［適用］→［OK］をクリック。以下、上記 4 〜 5 の作業を行う。

<その他>

［ブロックの解除］ボタンが表示されない場合を含み、上記操作を行っても［アドイン］タブが表示されない場合や、その他ご不明な点やお気付きの点がございましたら、株式会社アイスタット（http://istat.co.jp）までお問い合わせください（アイスタットホームページのトップページ右上に、お問い合わせフォームがあります）。

⑧ [ダウンロード URL]をクリックすると、次の画面が表示されます。画面の下のほうにある[統計解析]のリンクを選択してください。

⑨ お使いのブラウザによっては、次のように表示されることがあります。[保存]ボタンの右にある▼マークを選択し、保存場所を選んで、本ソフトウェアを保存してください。

以上で、統計解析ソフトウェアのダウンロードは完了いたしました。

◆ 統計解析ソフトウェアの実行上の注意

　ご利用されている Excel の環境によっては、本ソフトウェアを実行した際に、次のような警告が表示されることがあります。

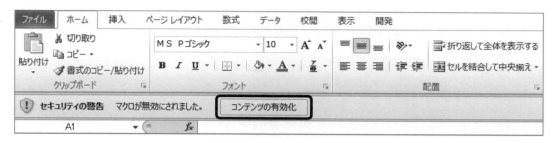

　これは、ソフトウェア内に含まれている Excel のマクロが、PC のセキュリティ上問題があるかどうかを、ご利用される方に確認していただく警告です。ご利用の環境によっては表示されない場合もありますが、上記の手順で入手されたソフトウェアには問題ありませんので、［コンテンツの有効化］ボタンを選択して、マクロを有効にしてください。

　以上で、本書でご利用する「統計解析ソフトウェア」の環境は整いました。本書の説明に沿って学習を進めてください。

ダウンロードした「統計解析ソフトウェア」の起動と終了方法を説明します

Excel アドインフリーソフト「統計解析ソフトウェア」起動と終了方法

ダウンロードした「統計解析ソフトウェア」の起動方法と終了方法を説明します。

◆ 起動方法

① Excel を起動して、解析するデータ（任意の Excel ファイル）を開きます。

② 解析するデータファイルの［ファイル］タブから「統計解析ソフトウェア .xlsm」を開きます。

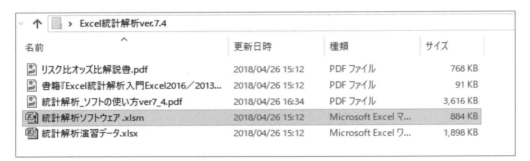

下記の画面が表示される場合、［マクロを有効にする］ボタンをクリックします。

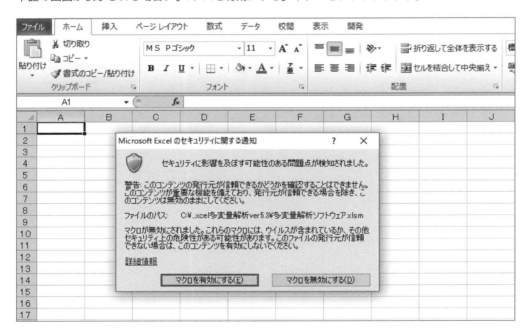

＜マクロの設定について＞

本ソフトウェアは、Excel マクロを使用しています。

現在のマクロ設定は以下の手順で確認できます。

1) Excel の［ファイル］タブから［オプション］を選択する。
2)［セキュリティセンター］の［セキュリティセンターの設定］を選択する。
3)［マクロの設定］を選択する。ここで［警告を表示して全てのマクロを無効にする］を選択し、［OK］ボタンでオプションを終了する。

③ Excel のメニューバーにアイスタットソフトウェアが組み込まれます。［アドイン］タブをクリックすると下記が表示されます。

※解析方法を選択し、実行ボタンをクリックすると、ダイアログボックスが表示されます。

◆ 上記の操作により起動ができない場合

① ダウンロード方法を下記の手順で再度行ってください。
  1) zip ファイルをブラウザからダウンロードする。
  2) 必要に応じてウイルス検査をする。
  3) zip ファイルを解凍する。
  4) Excel を立ち上げて、対象ファイルを開く。

② 上記①を実施しても、Excel 上に［アドイン］タブが表示されない場合、下記の方法を試行してください。
  1) USB フラッシュメモリー、ネットワークサーバー、デスクトップなどに「統計解析ソフトウェア .xlsm」をコピーする。
  2) エクスプローラーから「統計解析ソフトウェア .xlsm」を選択する。
     右クリックでプロパティを表示する。［全般］タブ右下に［ブロックの解除］というボタンが表示されている場合は、こちらをクリックし、続けて［適用］、［OK］ボタンをクリックする。
  3) Excel を起動し、解析する任意の Excel ファイルまたは「空白のブック」を開く。続けて、［ファイル］タブから「統計解析ソフトウェア .xlsm」を開く。

③ 上記作業を行っても、［アドイン］タブが表示されない場合、「統計解析ソフトウェア .xlsm」を開いた後、[表示]タブから[再表示]を指定します。ダイアログボックス内の「統計解析ソフトウェア .xlsm」を選択し、［OK］ボタンをクリックします。

◆ 終了方法

① [アドイン] タブ、[終了] ボタン、[実行] ボタンの順にクリックします。

② [実行] ボタンをクリックすると、ソフトウェアは終了します。

統計解析の処理ができる「統計解析ソフトウェア」の操作方法を説明します
Excel アドインフリーソフト「統計解析ソフトウェア」の操作方法

本書で説明しています統計解析の処理の操作方法を説明します。

◆ 基本統計量

第 3 章 55 ページ「平均値・中央値・最頻値」のデータで操作方法を説明します。

① 「Excel 統計解析」フォルダー→「書籍掲載演習データ」フォルダー内の「アンケート分析入門演習用データ .xlsx」を開き、シート名「基本統計量」を指定してください。

② 「Excel 統計解析」フォルダー内の「統計解析ソフトウェア .xlsm」を起動します。

③ メニューバーの［アドイン］タブから［基本統計量］を選択し、［実行］ボタンを押します。表示されたダイアログボックスに次に示す指定を行ってください。

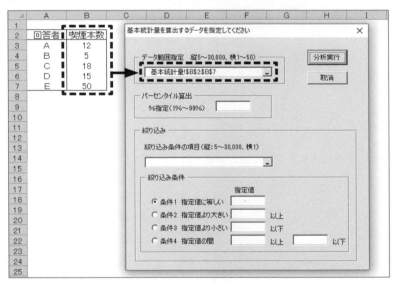

ラベル・データ範囲指定
破線のラベルとデータを範囲指定します（※ラベル指定は必須）。
縦（個体数）は 5 以上 30,000 以下です。
横（項目数）の個数は 1 以上 50 以下です。
ブランク、文字のセルは除外して集計します。
計算できない統計量は「－」を表記します。
「パーセンタイルの算出」および「絞り込み条件」は、目的に応じて任意で指定します。

出力結果は省略します。

◆ 相関分析

メニューバーの［相関分析］を選択すると、［1 個体データ］［2 クロス集計表］と表示されます。相関分析では、入力方法が異なる2つのデータを解析できます。

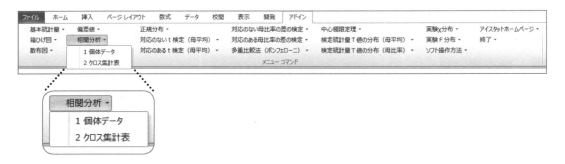

＜1 個体データ＞

学生	身長	体重
A	146	45
B	145	46
C	147	47
D	149	49
E	151	48
F	149	51
G	151	52
H	154	53
I	153	54
J	155	55

＜2 クロス集計表＞

	A 政党	B 政党	C 政党
低所得層	30	45	75
中所得層	60	45	45
高所得層	60	80	60

［1 個体データ］もしくは［2 クロス集計表］を選択すると、それぞれ下記のダイアログボックスが表示されます。

＜1 個体データ＞

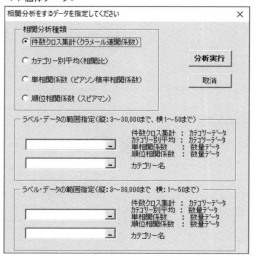

＜2 クロス集計表＞

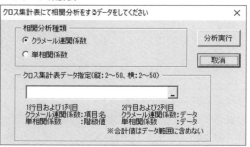

［1 個体データ］では下記の4つの相関分析が実行できます。
- 件数クロス集計（クラメール連関係数）
- カテゴリー別平均（相関比）
- 単相関係数（ピアソン積率相関係数）
- 順位相関係数（スピアマン）

［2 クロス集計表］では下記の2つの相関分析が実行できます。
- クラメール連関係数
- 単相関係数

◆ クロス集計、クラメール連関係数、カイ二乗検定

＜個体データの場合＞

既に入力されているデータで操作方法を説明します。

① 「Excel 統計解析」フォルダー→「書籍掲載演習データ」フォルダー内の「アンケート分析入門演習用データ .xlsx」を開き、シート名「件数クロス集計1」を指定してください。

② Excel 統計解析フォルダー内の「統計解析ソフトウェア .xlsm」を起動します。

③ メニューバーの［アドイン］タブから［相関分析］→［1 個体データ］を選択し、［実行］ボタンを押します。表示されたダイアログボックスに次に示す指定を行ってください。

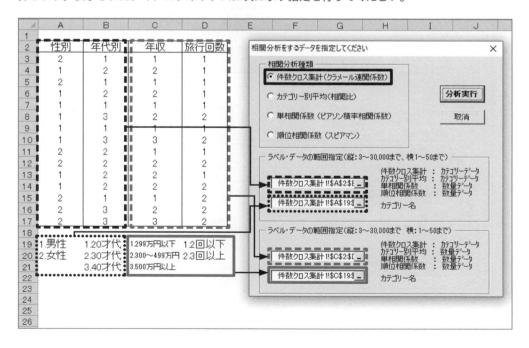

ラベル・データ範囲指定

件数クロス集計を算出するラベルとデータを範囲指定します（※ラベル指定は必須）。

個体数はそれぞれ 3 以上 30,000 以下です。

中央のボックスでは、分類項目（表側項目、原因項目、説明変数）のラベル（項目名）とデータを範囲指定してください。ここで適用できるデータはカテゴリーデータです。

下段のボックスでは、集計項目（表頭項目、結果項目、目的変数）のラベル（項目名）とデータを範囲指定してください。ここで適用できるデータはカテゴリーデータです。

いずれも、1 項目だけでなく複数項目（最大 50 項目）指定できます。

いずれも、カテゴリー数は 50 以下です。

項目内のデータがすべて同じ場合（同じカテゴリー）は解析できません。

中央のカテゴリーデータの項目を p 個、下段のカテゴリーデータの項目を q 個指定すると、$p \times q$（個）の件数クロス集計表を出力します。

カテゴリー名

カテゴリーデータのカテゴリー名を範囲指定します。

※中央のカテゴリー数（表側項目）と下段カテゴリー数（表頭項目）がどちらも 2 つの場合、イエイツの補正 _ 相関・検定表、リスク比・オッズ比表が出力されます。

④ ［分析実行］ボタンをクリックすると新規シートに下記の結果が出力されます。

出力結果（一部）

性別　　　　　　　　　　　　　　年収

クロス集計件数表

カテゴリー名	1.299 万円以下	2.300〜499 万円	3.500 万円以上	横計
1. 男性	2	5	1	8
2. 女性	4	2	1	7
縦計	6	7	2	15

クロス集計横％表

カテゴリー名	1.299 万円以下	2.300〜499 万円	3.500 万円以上	横計
1. 男性	25.0	62.5	12.5	100.0
2. 女性	57.1	28.6	14.3	100.0
縦計	40.0	46.7	13.3	100.0

相関・検定表

クラメール連関係数	0.3554
カイ二乗値	1.8941
自由度	2.0000
p 値	0.3879
判定	[ ]

他の出力結果は省略します。

◆ クロス集計表の場合

第5章111ページ「クラメール連関係数」のデータで操作方法を説明します。

① 「Excel 統計解析」フォルダー→「書籍掲載演習データ」フォルダー内の「アンケート分析入門演習用データ .xlsx」を開き、シート名「件数クロス集計2」を指定してください。

② Excel 統計解析フォルダー内の「統計解析ソフトウェア .xlsm」を起動します。

③ メニューバーの［アドイン］タブから［相関分析］→［2 クロス集計表］を選択し、［実行］ボタンを押します。表示されたダイアログボックスに次に示す指定を行ってください。

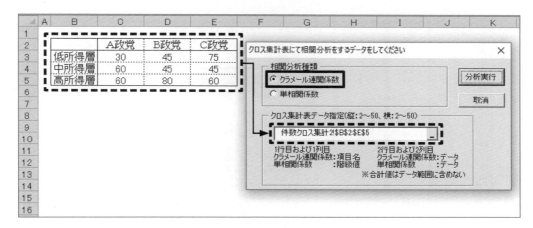

クロス集計表範囲指定

クラメール連関係数を算出するクロス集計表を範囲指定します（※ラベル指定は必須）。

行数、列数はそれぞれ50以下です。

※合計値はデータ範囲に含めないでください。

出力結果は省略します。

◆ カテゴリー別平均、相関比

第5章120ページ「相関比」のデータで操作方法を説明します。

① 「Excel統計解析」フォルダー→「書籍掲載演習データ」フォルダー内の「アンケート分析入門演習用データ.xlsx」を開き、シート名「数量クロス1」を指定してください。

② Excel統計解析フォルダー内の「統計解析ソフトウェア.xlsm」を起動します。

③ メニューバーの［アドイン］タブから［相関分析］→［1個体データ］を選択し、［実行］ボタンを押します。表示されたダイアログボックスに次に示す指定を行ってください。

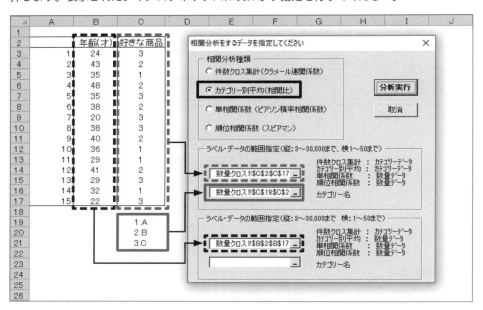

ラベル・データ範囲指定
- 数量クロスを算出するラベルとデータを範囲指定します（※ラベル指定は必須）。
個体数はそれぞれ3以上30,000以下です。
- 中央のボックスでは、分類項目（表側項目、原因項目、説明変数）のラベル（項目名）とデータを範囲指定してください。ここで適用できるデータはカテゴリーデータです。
- 下段のボックスでは、集計項目（表頭項目、結果項目、目的変数）のラベル（項目名）とデータを範囲指定してください。ここで適用できるデータは数量データです。
- いずれも、1項目だけでなく複数項目（最大50項目）指定できます。
- カテゴリーデータ・数量データいずれも、項目内のデータが同じ場合は解析できません。
- 中央のカテゴリーデータの項目（表側項目）を p 個、下段の数量データの項目（表頭項目）を q 個指定すると、$p \times q$（個）の数量クロス集計表（カテゴリー別平均値表）を出力します。

カテゴリー名
カテゴリーデータのカテゴリー名を範囲指定します。

出力結果は省略します。

◆ 順位相関係数

＜個体データの場合＞

既に入力されているデータで操作方法を説明します。

① 「Excel 統計解析」フォルダー→「書籍掲載演習データ」フォルダー内の「アンケート分析入門演習用データ .xlsx」を開き、シート名「順位相関1」を指定してください。

② Excel 統計解析フォルダー内の「統計解析ソフトウェア .xlsm」を起動します。

③ メニューバーの［アドイン］タブから［相関分析］→［1 個体データ］を選択し、［実行］ボタンを押します。表示されたダイアログボックスに次に示す指定を行ってください。

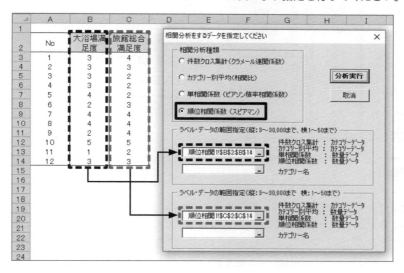

データ範囲指定

順位相関係数を算出するラベルとデータを範囲指定します（※ラベル指定は必須）。

個体数はそれぞれ 3 以上 30,000 以下です。

中央のボックスでは、表側項目（原因項目、説明変数）のラベル（項目名）とデータを範囲指定してください。ここで適用できるデータは数量データです。

下段のボックスでは、表頭項目（結果項目、目的変数）のラベル（項目名）とデータを範囲指定してください。ここで適用できるデータは数量データです。

いずれも、1 項目だけでなく複数項目（最大 50 項目）指定できます。

項目内のデータがすべて同じ場合解析できません。

1 つが a 項目、他が b 項目の場合、$a \times b$ 個の順位相関係数を算出します。

この例は、1×1 項目なので、順位相関係数は 1 つの出力です。

出力結果は省略します。

◆ 散布図

第5章117ページ「単相関係数」のデータで操作方法を説明します。

① 「Excel 統計解析」フォルダー→「書籍掲載演習データ」フォルダー内の「アンケート分析入門演習用データ .xlsx」を開き、シート名「散布図」を指定してください。

② Excel 統計解析フォルダー内の「統計解析ソフトウェア .xlsm」を起動します。

③ メニューバーの［アドイン］タブから［相関分析］→［1個体データ］を選択し、［実行］ボタンを押します。表示されたダイアログボックスに次に示す指定を行ってください。

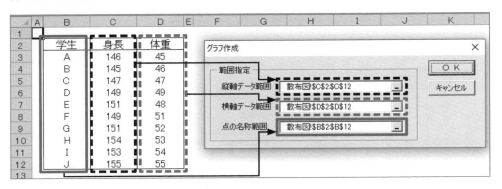

ラベル・データ範囲指定

縦軸データ、横軸データのラベルとデータを範囲指定します。
演習データでは縦軸に「身長」、横軸に「体重」を範囲指定します。
ラベルとデータを指定してください（※ラベル指定は必須）。

④ ［分析実行］ボタンをクリックすると新規シートに下記の結果が出力されます。

出力結果

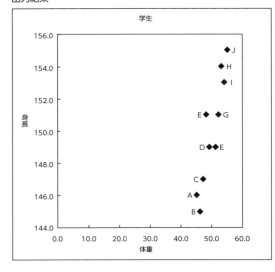

学生	体重	身長
A	45	146
B	46	145
C	47	147
D	49	149
E	48	151
F	51	149
G	52	151
H	53	154
I	54	153
J	55	155

◆ 正規分布のあてはめ

＜個体データの場合＞

既に入力されているデータで操作方法を説明します。

① 「Excel 統計解析」フォルダー→「書籍掲載演習データ」フォルダー内の「アンケート分析入門演習用データ .xlsx」を開き、シート名「正規分布のあてはめ 1」を指定してください。

② Excel 統計解析フォルダー内の「統計解析ソフトウェア .xlsm」を起動します。

③ メニューバーの［アドイン］タブから［正規分布］→［4 正規分布のあてはめ］を選択し、［実行］ボタンを押します。表示されたダイアログボックスに次に示す指定を行ってください。

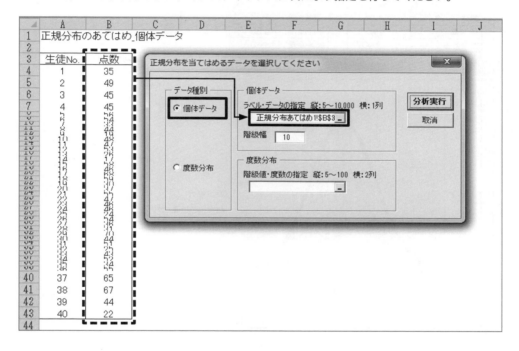

ラベル・データ範囲指定

正規分布のあてはめを作成するためのデータが個体データか度数分布のいずれであるかを指定します。

この例題は個体データです。

個体データの場合、データ 1 列を範囲指定します。

ラベルを含めて縦に 1 列指定してください（※ラベル指定は必須）。

個体数は 5 以上 10,000 以下です。

※データには文字、記号、ブランクがあってはいけません。ある場合はそのデータを除外して集計します。
　階級幅の指定では、作成するグラフ目盛の幅を指定します。

④ [分析実行] ボタンをクリックすると新規シートに下記の結果が出力されます。

出力結果

階級幅	階級値	度数	相対度数	上限値	基準値	累積確率	相対度数	理論度数
10 以上 20 未満	15	2	0.050	20.000	−1.827	0.034	0.034	1.353
20 以上 30 未満	25	4	0.100	30.000	−1.082	0.140	0.106	4.237
30 以上 40 未満	35	7	0.175	40.000	−0.336	0.369	0.229	9.153
40 以上 50 未満	45	13	0.325	50.000	0.410	0.659	0.291	11.624
50 以上 60 未満	55	10	0.250	60.000	1.156	0.876	0.217	8.680
60 以上 70 未満	65	3	0.075	70.000	1.902	0.971	0.095	3.809
70 以上 80 未満	75	1	0.025	80.000	2.648	0.996	0.025	0.981
合計		40						

個体データ
平均値	44.50
標準偏差	13.407

度数分布
平均値	44.50
標準偏差	13.407

統計量	1.3652
自由度	4
p 値	0.8502

正規分布である

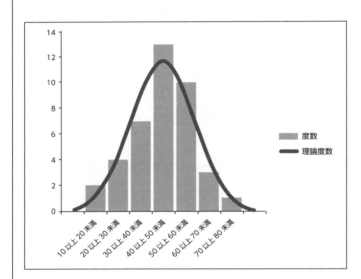

<グラフ用データ>

階級幅	度数	基準値	累積確率	相対度数	理論度数	理論度数
		−2.573	0.005			0.000
10 以上 20 未満	2	−1.827	0.034	0.029	1.151	1.162
20 以上 30 未満	4	−1.082	0.140	0.106	4.237	4.275
30 以上 40 未満	7	−0.336	0.369	0.229	9.153	9.237
40 以上 50 未満	13	0.410	0.659	0.291	11.624	11.731
50 以上 60 未満	10	1.156	0.876	0.217	8.680	8.760
60 以上 70 未満	3	1.902	0.971	0.095	3.809	3.844
70 以上 80 未満	1	2.648	0.996	0.025	0.981	0.990
						0.000

<度数分布の場合>

第 5 章 101 ページ「正規分布」のデータで操作方法を説明します。

① 「Excel 統計解析」フォルダー→「書籍掲載演習データ」フォルダー内の「アンケート分析入門演習用データ .xlsx」を開き、シート名「正規分布のあてはめ 2」を指定してください。

② Excel 統計解析フォルダー内の「統計解析ソフトウェア .xlsm」を起動します。

③ メニューバーの［アドイン］タブから［正規分布］→［4 正規分布のあてはめ］を選択し、［実行］ボタンを押します。表示されたダイアログボックスに次に示す指定を行ってください。

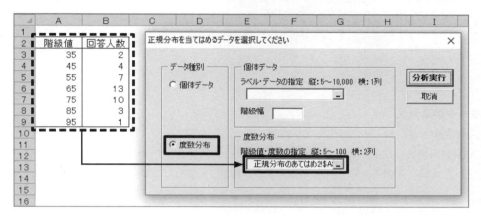

> **ラベル・データ範囲指定**
> 正規分布のあてはめを作成するためのデータが個体データか度数分布のいずれであるかを指定します。
> この例題は度数分布です。
> 度数分布の場合、階級値とデータ 2 列を範囲指定します。
> ラベルを含めて縦に 2 列指定してください（※ラベル指定は必須）。

出力結果は省略します。

◆ 対応のない t 検定

メニューバーの［対応のない t 検定（母平均）］を選択すると、［1 個体データ］［2 統計量データ］と表示されます。

［対応のない t 検定（母平均）］では、入力方法が異なる 2 つのデータを解析できます。

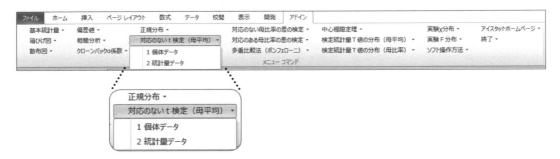

<個体データの場合>

既に入力されているデータで操作方法を説明します。

① 「Excel 統計解析」フォルダー→「書籍掲載演習データ」フォルダー内の「アンケート分析入門演習用データ .xlsx」を開き、シート名「対応のない t 検定 1」を指定してください。

② Excel 統計解析フォルダー内の「統計解析ソフトウェア .xlsm」を起動します。

③ メニューバーの［アドイン］タブから［対応のない t 検定（母平均）］→［1 個体データ］を選択し、［実行］ボタンを押します。表示されたダイアログボックスに次に示す指定を行ってください。

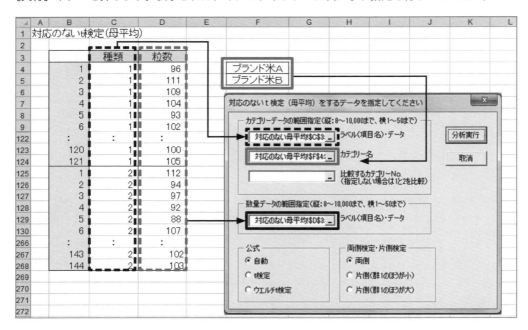

カテゴリーデータ範囲指定

上段のボックスには、カテゴリーデータのラベルを含めて縦に一列指定してください（※ラベル指定は必須）。

個体数は 8 以上 10,000 以下です。

項目数は 50 項目以下です。

中段のボックスには、カテゴリーデータのカテゴリー名を範囲指定します。

カテゴリー名の指定は省略できます。

下段のボックスには、比較するカテゴリー No. が入力されている範囲を指定します。

比較にするカテゴリー No. は 2 つのみです。

指定しない場合はカテゴリー No.1 と No.2 を比較します。

数量データ範囲指定

検定を行う数量データのラベルを含めて縦に指定してください（※ラベル指定は必須）。

個体数は 8 以上 10,000 以下です。

項目数は 1 から 50 項目までです。

公式

どの公式を使って検定を行うかを選びます。

自動を選択すると、どちらの公式で検定すればよいか判断して結果を算出します。

両側検定・片側検定

対立仮説を選択します。例題では、「異なる」がいえるかを検定するため両側を選択します。

※ 個体数は 8 以上ですが、群 1 の個体数は 4 以上、群 2 の個体数は 4 以上となります。例えば、群 1 の個体数が 2、群 2 の個体数が 6 では解析できません。

④ ［分析実行］ボタンをクリックすると新規シートに下記の結果が出力されます。

出力結果

種類		粒数

要約統計量

	ブランド米 A	ブランド米 B
n	121	144
平均値	104.5	102.1
標準偏差	5.8510	5.5503

等分散性も検定（母分散の比の検定）

分散比 F 値	1.1113	分散加重平均
棄却限界値（右側）	1.4078	32.3705
棄却限界値（左側）	0.7066	
p 値	0.5436	
判定	[ ]	
	母分散は同じ	

t 検定　差分統計量

平均値差分	2.4
自由度 f	263
標準誤差（SE）	0.7017

t 検定　検定統計量　両側検定

信頼度	95%	99%
棄却限界値	1.9690	2.5947
棄却限界値 ×SE	1.3816	1.8206
下限値＝平均値－棄却限界値 ×SE	1.0201	0.5811
上限値＝平均値＋棄却限界値 ×SE	3.7832	4.2222
T 値	3.4228	3.4228

p 値	0.0007
判定	[**]

$p < 0.01$[**]　$0.01 \leq p < 0.05$　[*]　$p \geq 0.05$[ ]

種類	n_ブランド米 A	n_ブランド米 B	平均値 _ブランド米 A	平均値 _ブランド米 B	平均値差分	p 値	判定
粒数	121	144	104.47	102.07	2.40	0.0007	[**]

＜統計量データの場合＞

第6章152ページ「母平均の差の検定／対応のない場合のt検定」のデータで操作方法を説明します。

＜データ入力方法＞

下記のようにデータを入力してください。

	サンプルサイズ	標本平均	標本標準偏差
男性	50	12.5	6.7
女性	40	9.8	5.9

	男性	女性
サンプルサイズ	50	40
標本平均	12.5	9.8
標本標準偏差	6.7	5.9

① 「Excel 統計解析」フォルダー→「書籍掲載演習データ」フォルダー内の「アンケート分析入門演習用データ.xlsx」を開き、シート名「対応のないt検定2」を指定してください。

② Excel 統計解析フォルダー内の「統計解析ソフトウェア.xlsm」を起動します。

③ メニューバーの［アドイン］タブから［対応のないt検定（母平均）］→［2 統計量データ］を選択し、［実行］ボタンを押します。表示されたダイアログボックスに次に示す指定を行ってください。

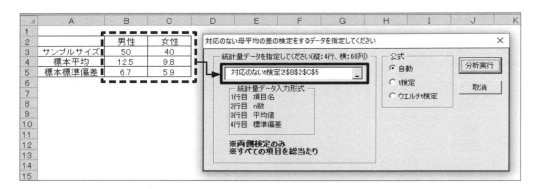

統計量データ範囲指定

統計量データを範囲指定します。
1行目は「項目名」、2行目は「n数（サンプルサイズ）」、3行目は「平均値（標本平均）」、4行目は「標準偏差（標本標準偏差）」を指定してください。

※検定方法は両側検定のみです。
※全ての項目を総当たりで検定します。
　3列指定した場合、1列目と2列目、1列目と3列目、2列目と3列目の3通りの結果が算出されます。

出力結果は省略します。

◆ 対応のない母比率の差の検定

メニューバーの［対応のない母比率の差の検定］を選択すると、［1 個体データ］［2 統計量データ］と表示されます。

［対応のない母比率の差の検定］では、入力方法が異なる 2 つのデータを解析できます。

＜個体データの場合＞

既に入力されているデータで操作方法を説明します。

① 「Excel 統計解析」フォルダー→「書籍掲載演習データ」フォルダー内の「アンケート分析入門演習用データ .xlsx」を開き、シート名「対応のない母比率 1」を指定してください。

② Excel 統計解析フォルダー内の「統計解析ソフトウェア .xlsm」を起動します。

③ メニューバーの［アドイン］タブから［対応のない母比率の差の検定］→［1 個体データ］を選択し、［実行］ボタンを押します。表示されたダイアログボックスに次に示す指定を行ってください。

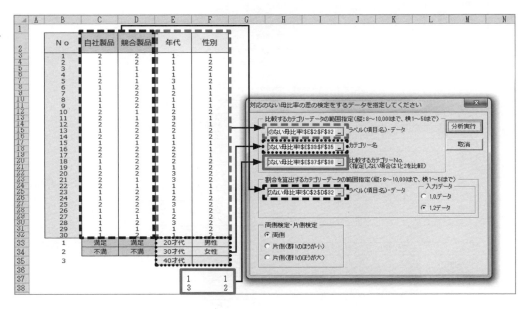

カテゴリーデータ範囲指定

上段のボックスには、カテゴリーデータのラベルを含めて縦に一列指定してください（※ラベル指定は必須）。

個体数は 8 以上 10,000 以下です。

項目数は 50 項目以下です。

中段のボックスには、カテゴリーデータのカテゴリー名を範囲指定します。

カテゴリー名の指定は省略できます。

下段のボックスには、比較するカテゴリー No. が入力されている範囲を指定します。

比較するカテゴリー No. は 2 つのみです。

指定しない場合はカテゴリー No.1 と 2 を比較します。

割合を算出するカテゴリーデータ範囲指定

割合を算出するカテゴリーデータのラベルを含めて縦に指定してください（※ラベル指定は必須）。

個体数は 8 以上 10,000 以下です。

項目数は 1 から 50 項目までです。

割合を算出するカテゴリーデータの入力データを指定します。

例題は 1,2 データで入力されているので、1,2 データを指定します。

両側検定・片側検定

対立仮説を選択します。例題では、「異なる」がいえるかを検定するため両側を選択します。

④ ［分析実行］ボタンをクリックすると新規シートに下記の結果が出力されます。

出力結果（一部）

◆母比率の差の検定
対立仮説：両側検定
公式：対応なし（Z）
検定項目名：［年代］［自社製品］

	20 才代	40 才代	差
n	15	6	9
割合	0.80	0.17	0.63
加重平均	0.6190		
統計量	2.6999		
0.5% 点	2.5758		
2.5% 点	1.9600		
p 値	0.0069		
判定	[**]		

＜信頼区間＞

	下限値	比率の差	上限値	± 値
95%	0.17	0.63	1.09	0.46
99%	0.03	0.63	1.24	0.60

年代

	n_20 才代	n_40 才代	割合 _20 才代	割合 _40 才代	割合差分	p 値	判定
自社製品	15	6	0.80	0.17	0.63	0.0069	[**]
競合製品	15	6	0.33	0.50	0.17	0.4774	[ ]

性別

	n_ 男性	n_ 女性	割合 _ 男性	割合 _ 女性	割合差分	p 値	判定
自社製品	13	17	0.54	0.65	0.11	0.5474	[ ]
競合製品	13	17	0.31	0.35	0.05	0.7945	[ ]

他の出力結果は省略します。

＜統計量データの場合＞

第6章140ページ「母比率の差の検定／タイプ1の検定」のデータで操作方法を説明します

＜データ入力方法＞

下記のようにデータを入力してください。

	回答人数	A商品 保有率
男性	200	40%
女性	300	30%

	男性	女性
回答人数	200	300
保有率	0.4	0.3

① 「Excel 統計解析」フォルダー→「書籍掲載演習データ」フォルダー内の「アンケート分析入門演習用データ .xlsx」を開き、シート名「対応のない母比率2」を指定してください。

② Excel 統計解析フォルダー内の「統計解析ソフトウェア .xlsm」を起動します。

③ メニューバーの［アドイン］タブから［対応のない母比率の差の検定］→［2 統計量データ］を選択し、［実行］ボタンを押します。表示されたダイアログボックスに次に示す指定を行ってください。

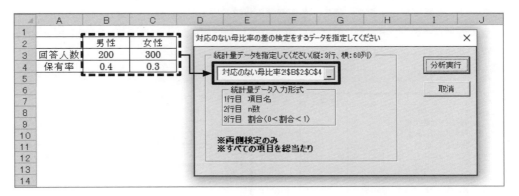

統計量データ範囲指定

統計量データを範囲指定します。

1行目は「項目名」、2行目は「n数（サンプルサイズ）」、3行目は「割合（標本比率）」を指定してください。

※割合（標本比率）は0より大きく、1より小さい値で入力してください。
※検定方法は両側検定のみです。
※すべての項目を総当たりで検定します。
　3列指定した場合、1列目と2列目、1列目と3列目、2列目と3列目の3通りの結果が算出されます。

出力結果は省略します。

◆ CS分析

CS分析は株式会社アイスタットのExcelフリーソフト「多変量解析ソフトウェア」を使用します。
ダウンロードはアイスタットホームページよりダウンロードできます。ダウンロード方法または起動、終了方法は「統計解析ソフトウェア」を参考に行ってください。

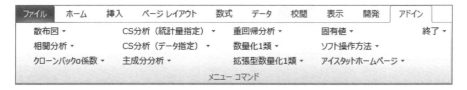

＜CS分析（統計量指定）＞

第7章170ページ「CSグラフ」のデータで操作方法を説明します。

① Excel多変量解析フォルダー→「書籍掲載演習データ」フォルダー内の「アンケート分析入門演習用データ.xlsx」を開き、シート名「CS分析1」を指定してください。
② Excel多変量解析フォルダー内の「多変量解析ソフトウェア.xlsm」を起動します。
③ メニューバーの［アドイン］タブから［CS分析（統計量指定）］を選択し、［実行］ボタンを押します。表示されたダイアログボックスに次に示す指定を行ってください。

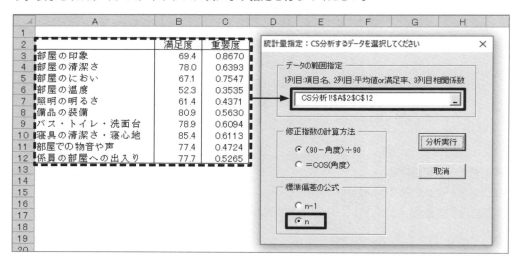

データ範囲指定
統計量データを範囲指定します。
1列目は「項目名」、2列目は「平均値または満足率」、3列目は「相関係数」を指定してください。
演習データでは2列目に「満足度」、3列目に「重要度」となります。

修正指数の計算方法
改善度指数を求めるときに使用する修正指数の計算方法を指定します。

標準偏差の公式
標準偏差を求めるときの分母を指定します。

④ ［分析実行］ボタンをクリックすると新規シートに下記の結果が出力されます。

出力結果

改善度指数表

項目名	満足度	重要度	改善度指数
部屋の印象	69	0.8670	12.4
部屋の清潔さ	78	0.6393	−0.6
部屋のにおい	67	0.7547	10.6
部屋の温度	52	0.3535	2.4
照明の明るさ	61	0.4371	0.7
備品の装備	81	0.5630	−5.1
バス・トイレ・洗面台	79	0.6094	−2.1
寝具の清潔さ・寝心地	85	0.6113	−5.4
部屋での物音や声	77	0.4724	−7.7
係員の部屋への出入り	78	0.5265	−5.9

＜ CS 分析（データ指定）＞

既に入力されているデータで操作方法を説明します。

① Excel 多変量解析フォルダー→「書籍掲載演習データ」フォルダー内の「アンケート分析入門演習用データ.xlsx」を開き、シート名「CS 分析 2」を指定してください。

② Excel 多変量解析フォルダー内の「多変量解析ソフトウェア.xlsm」を起動します。

③ メニューバーの［アドイン］タブから［CS 分析（データ指定）］を選択し、［実行］ボタンを押します。表示されたダイアログボックスに次に示す指定を行ってください。

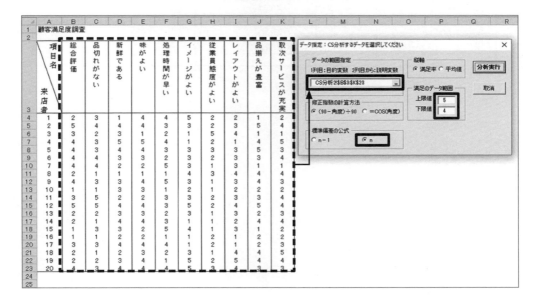

範囲指定

目的変数（この例題では総合評価）のデータを1列目、説明変数のデータを2列目以降に入力します。

ラベルとデータを範囲指定します。

注：No.の列は指定しません。

説明変数の個数は2以上60以下です。

個体数（回答者数）は5以上10,000以下です。

満足度のデータ範囲

満足率の計算で、非常に良い（5点）とやや良い（4点）を統合して満足率を算出する場合、指定画面のように5と4を指定します。

④［分析実行］ボタンをクリックすると新規シートに下記の結果が出力されます。

出力結果

n数	20		
改善度指数表			
項目名	満足率	相関係数	改善度指数
品切れがない	25.0	0.7313	14.9
新鮮である	35.0	0.4915	2.6
味がよい	50.0	0.4044	−5.4
処理時間が早い	35.0	0.4090	0.4
イメージがよい	30.0	0.1392	−4.9
従業員態度がよい	5.0	0.2403	7.0
レイアウトがよい	30.0	0.1745	−4.0
品揃えが豊富	45.0	0.4890	−1.1
取次サービスが充実	45.0	0.2512	−10.2

◆ 数量化 1 類

第 9 章 211 ページ「コンジョイント分析の計算方法」のデータで操作方法を説明します。

⑤ Excel 多変量解析フォルダー→「書籍掲載演習データ」フォルダー内の「アンケート分析入門演習用データ.xlsx」を開き、シート名「数量化 1 類」を指定してください。

⑥ Excel 多変量解析フォルダー内の「多変量解析ソフトウェア.xlsm」を起動します。

⑦ メニューバーの［アドイン］タブから［数量化 1 類］を選択し、［実行］ボタンを押します。表示されたダイアログボックスに次に示す指定を行ってください。

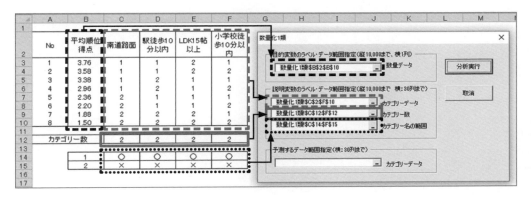

目的変数のラベル・データ範囲
平均順位得点のラベル（項目名）とデータの 1 列を範囲指定します。

説明変数のラベル・データ範囲
南道路面、駅徒歩 10 分以内、LDK15 帖以上、小学校徒歩 10 分以内のラベル（項目名）とデータの 4 列を範囲指定します。

- カテゴリー数
  各項目のカテゴリー数をあらかじめ任意の場所に入力しておきます。
  横 1 行に入力されているカテゴリー数を範囲指定します。
- カテゴリー名の範囲
  各項目のカテゴリー名をあらかじめ任意の場所に入力しておきます。
  カテゴリー名は、項目ごとに縦に入力します。
  入力されているカテゴリー名を矩形（長方形）で範囲指定します。

■予測するデータ範囲
予測する個体の各項目のカテゴリーコードを、あらかじめ任意の場所に入力しておきます。

出力結果は本文をご参照ください。

巻末
資料

価値観

生きる上では宗教や哲学が絶対に必要だ

今の社会では地位や名声を得ることが最も重要だ

将来はなるようにしかならないから現在を中心に考えるべきだ

生きるための仕事よりも、一生続ける趣味を大切にすべきだ

物事には原則はないのでその場その場で判断すべきだ

自分が正しいと思ったら世のしきたりに反してそれを押し通すべきだ

物事の判断をそのときの感情に従って行うべきでない

他人は利用できるだけ利用すべきだ

生き方・暮らし方

心の豊かさやゆとりのある生活をしたい

平凡でもおだやかな人生を送りたい

会社における地位・出世よりも平凡な暮らしを望みたい

お金がなくても心の充実した生活を送りたい

はっきりとした自分の人生目標を持っている

収入が増えるよりも余暇が増えるほうがいい

やはり、人生お金次第だと思う

地位や財産を築いてよりよい暮らしをしたい

特技や才能を示して世間に認められ、少しでも有名になりたい

社会・世間のために少しでも役に立つ人になるため努力する

出世より平凡に生きたい（生きてきた）

世の中の不正に負けず、どこまでも信念を持って正しく生きたい

財産や名誉にこだわらず、自分の趣味や好みに合った生活をしたい

その日その日をのんきに、気楽に楽しく過ごしたい

人生は退屈なものだから、何か面白いことや刺激がほしい

一戸建ての家よりマンションに住みたい

にぎやかな都会よりも自然に恵まれた場所で暮らしたい

生活態度

インターネットをすることが多い

余暇はゲームをしている

休日は家族と過ごすことが多い

日常の暮らしには、時間的ゆとりがある

日常生活の中でイライラやストレスを感じる

外出が好きだ

休日は外出することが多い

休日には積極的に何かをしたり外に出て過ごしたい

一人でいるほうが好きだ

休日の過ごし方はあらかじめ計画を立てる

生活の仕方については色々工夫する

家へ帰るとほっとくつろげる

外出などのときは、よく夫婦で一緒に出かける

生活は楽しみながらしたい

生きていることに特に楽しみも意識も感じない

細かいことを気にしても始まらないので、のんびりと生きている

自分専用の部屋を持っている

日記をつけている

信仰を持っている

火事や地震のとき逃げ方を考えている

自分の自由になる時間がないほう

コミュニティー

ボランティアとか地域の活動に積極的に参加している

どちらかというと仲間で行動するときはリーダーとなるほうだ

近所との付き合いは面倒なほう

気の合った人と静かに過ごすのが好き

世間体を気にするほう

パソコン通信やインターネットで知り合った友達がいる

公害問題に関心がある

来客が多い

生きがいを感じるとき

子供、孫などの家族団らん

趣味やスポーツに熱中しているとき

仕事に打ち込んでいるとき

友人や知人との食事、雑談

夫婦団らん

美味しいものを食べているとき

他人から感謝されたとき

勉強や教養などに身を入れているとき

社会奉仕や地域活動

若い世代との交流

買い方

借りられるものでも自分で買って持ちたい

カタログや人の話などで色々検討した上で買うことが多い

有名なメーカーのものを買うことが多い

新製品を買うことが多い

よく広告しているものを買うことが多い

店で人がすすめるものを買うことが多い

できるだけ安いものを選んで買うことが多い

いつも使いなれているもの（買いなれたもの）を買うことが多い

多少高くても品質やデザインのすぐれたものを買うことが多い

まわりの人が使っているものや、評判のよいものを買うことが多い

家庭や仕事に対する考え方

女の幸せは家庭にある

仕事は生活に張りを持たせる

出来れば仕事をせずに優雅に暮らしたい

多少嫌な仕事でも収入が多ければ我慢する

やりがいのある仕事をしたい

家庭を大切にし、仕事のために家庭を犠牲にすることはしたくない

女性も積極的に仕事や社会活動をすべきだ

レジャーや趣味のために時間がとれない仕事をする気になれない

収入や社会的地位が不満でも好きな仕事を楽しみながらやりたい

趣味に対する考え方

趣味やスポーツは生きがいの1つだ

多趣味のほうだ

趣味やスポーツ仲間との付き合いが多い

趣味やスポーツにお金をかけるほう

何か流行すると、すぐ自分でもしたくなるほう

余暇が増えたら自分の身になる勉強をしたい

常に新しいことを学んでいきたいと思う

TVを見るより本を読みたいほうである

流行意識

有名ブランド品を多く持っているほう

ブランド品でないとちょっと肩身が狭いときがある

やはりブランド品は味がある

好きなブランドにこだわる

ブランド品は、やはり海外デザイナーのほうを選ぶ

ブランド品は、魅力はあるが高くてちょっと手が出ない

流行より質のよさを重視する

流行を積極的に取り入れるほう

世の中の流行や周りの動きに敏感である

何が流行するか予感できるほう

かなり大胆なものでも流行を取り入れる

服装などのファッションに興味がある

週に一度はオシャレをして出かけたい

さりげないオシャレをしたい

オシャレへの関心が薄いほう

あまり目立たない感じの服が好き

人がどう言おうが自分が好きなら気にしない

年齢にとらわれず自分に合った身なりや行動をする

年をとっても気だけは若くあるべきだと思う

新しいモノをとり入れるのが早い

新しいショッピングや店舗ができたとき、よく出かけるほう

話題のモノや新製品は、すぐに試してみることが多い

消費意識・態度

目についてパッと買ってしまうほう

よく考えてからものを買うようにしている

高額なものを買うときは何軒かの店を調べたりカタログなどを比較する

買うまでにあれこれ迷うほう

買ってから、後悔したり失敗したと感じたことがよくある

予定外の買い物をすることが多い

いつも余計なものを買ってしまう

買い物をするときは、あらかじめ何をどのくらい買うかを決めて行く

買い物をするときは、常に予算や家計を考慮している

ローンなどを利用するより現金をためて買いたい

何となく人の持ち物が気になるほう

ムシャクシャすると、ついやけ買いをするほう

欲しいものがあっても、お金がたまるまでガマンする

買い物ならば都心へ行くのも苦にはならない

欲しいものは無理をしても手に入れる

値段が少し高くても品質のよいものを買う

気に入ったものは高くても買う

ある程度高いものでも、良質のものを購入するようにしている

身の周り品は値段が高くても一流品を揃える

とにかく価格の安いものを購入するようにしている

いつも決まったものを購入することが多い

古くなったものはどんどん捨ててしまう

人があまり使っていない変わったものを買う

人と違ったものを持ちたい

はやりすたれのないものを買いたい

デザインは簡素であるよりも華やかなものの方がよい

新しい商品をとり入れるのが早い

外国メーカーの商品よりもなじみのある日本メーカーの商品を選ぶ

無理して貯蓄するよりも現在の生活を豊かにするためにお金を使う

ものを買うより旅行や外食などの楽しみにお金を使ったほうがよい

ものを買うより趣味などの楽しみにお金を使いたい

ちょっと高くても有名ブランド品の方が安心

買いだめ・まとめ買いをすることが多い

カタログ・通信販売をよく利用する

テレビオンラインショッピングをよく利用する

ネット販売をよく利用する

買い物するのは好きだ・楽しい

クレジットカードで買い物をするほう

バーゲンセールはよく利用する

性格

明るい	親切な	能率のよい
いい加減な	神経質な	のんびりした
移り気な	心配性	話し好き
内気な	社交的な	恥ずかしがりや
温和な	慎重な	派手な
寛大な	渋い	人のよい
革新的な	シャープな	控えめな
外交的	しめっぽい	不安になりやすい
機転のきく	地味な	保守的な
気まぐれな	素直な	ミーハーな
傷つきやすい	誠実な	無責任な
気配りのある	素朴な	無口な
気分屋な	怠惰な	めだちたがり屋な
きばつな	大胆な	やさしい
クールな	デリケートな	ユニークな
個性的な	とげのある	ユーモアな
行動的な	洞察力のある	陽気な
孤独な	動揺しやすい	臨機応変な
さわやかな	悩みがち	ルーズな

性格タイプ

人の不幸を黙ってみていられないほうである

人からものを頼まれると断りきれないほうである

不幸を自分の力で克服しようとするほうである

相手の気持ちに対して敏感なほうである

新しいグループや会に入ってもすぐ慣れることができる

人から陽気だと思われている

相手の身になって振る舞うことを心がけている

すぐに他人に同情してしまう性格である

自分の意見をはっきり相手に伝えるほうである

他人の行動を見て許せないと感じることが多い

自信を持って自分の考え方が言えるほうである

自分自身は努力家であると思う

人から根気があると言われたことがある

色々な人とすぐ親しくなれるほうである

色々な人から相談を受けることがある

自分が思うように人が動かないとイライラしてくることがある

何事に対してもいつもやる気は十分である

気が短いと思うことがある

人を説得することが上手であると思う

話題が豊富なほうである

周囲の人をリードしていくほうである

自分勝手なところが目立つときがある

相手が話しているのについ口をはさんでしまう

自分には厳しいほうであると思う

周りの意見を気にしやすいほうである

お金よりもヒマが欲しいほうである

好奇心が強く、何でも試してみたいほうである

興味のあることはとことん追いかけるタイプである

はっきりいって凝り性である

あちこち歩き回ってものを見たり探したりするのは苦にならない

使い捨てが苦手なほうである

索引
INDEX

◆ 記号・数字

0除き平均値	56
0含み平均値	56
2top割合	63
2乗和	229
2変量解析	109

◆ C

CSグラフ	170
CS分析	164

◆ F

FA回答法	15

◆ G

GFI	250
GT	49

◆ M

MA回答法	15, 23

◆ O

OA回答法	15

◆ S

SA回答法	15, 22
SD法	35
SEM	242

◆ Z

Z検定	149
Z値	101

◆ い

意識質問	16
一対比較表	185
一対比較法	34, 176
因果関係	110, 246
因子数	231
因子得点	233
因子のネーミング	229
因子負荷量	229
因子分析	224

◆ う

ウエイト値	87
ウエルチのt検定	153

◆お

親元項目	15

◆か

カイ2乗検定	115
カイ2乗値	114
階級	61
階級幅	62
外生変数	251
解析重要度	168
回答個数ベース	52
回答重要度	168
回答タイプ	15
回答人数	49, 51
回答人数ベース	52
回答割合	49, 51
価格決定試算表	108
価格決定分析	108
仮説検証型因子	247
片側検定	157
カテゴリー数	48
カテゴリースコア	265
カテゴリーデータ	48
間接質問	16
観測変数	247

◆き

棄却限界値	135
基準値	94
期待度数	113
共通性	230
寄与率	229

◆く

区間推定法	128
組み合わせ数	179
クラスター分析	267
クラメール連関係数	111
クロス集計	45, 73
クロス集計表	73
群間変動	122
群内変動	122

◆け

結果変数	73
原因変数	73
検証的因子分析	256
限定項目	15

◆こ

構造方程式モデリング	242
項目関連図	10
コンジョイントカード	200
コンジョイント分析	200

◆さ

サーストンの一対比較法	35, 177
最頻値	55
最尤法	232
サンプル	128
サンプルサイズ	6
サンプルスコア	265
サンプル（標本）抽出法	161

◆し

シェッフェの一対比較法	35, 179
実測度数	113
実態質問	16
質的データ	48
斜交回転	232
主因子法	232
自由回答法	15
集計項目	73
従属関係にある場合の母比率の差の検定	143
自由度	251
重要度	205
樹形図	267
主効果	180, 184
順位回答法	15, 27
順序性がある	65
順序性がない	65
消費者セグメンテーション	264
信頼度	129

◆す

数値回答	29
数量化3類	265
数量データ	48
スクリープロット	231
スピアマン順位相関係数	125

◆せ

正規確率プロット	101
正規分布	96
制限法	24
精度	131, 158

セグメント別人数	268
説明変数	73
潜在変数	247
全数調査	6, 128

◆そ

層化抽出法	161
相関関係	246
相関比	120, 123
相関分析	109
相対誤差	131
相対度数	61

◆た

対応のあるデータ	148
対応のある場合のt検定	155
対応のないデータ	148
対応のない場合のt検定	151
対応のない場合の母比率の差の検定	139
代表値	49
多項選択法	22
縦％表	74
段階評価	30
探索型因子分析	247
探索的因子分析	256
単純集計	45, 49
単純無作為抽出法	161
単数回答法	15
単相関係数	116

◆ち

中央値	55

調査集計 44

調査目的 2

直接質問 16

直交回転 232

直交表 207, 213

◆て

ディテール集計 69

データタイプ 48

適合度指標 250

◆と

等間隔性がある 65

等間隔でない 65

統計的推定 128

統計量T 135

度数 61

度数分布 49

度数分布表 61

◆な

内生変数 251

◆に

二項選択法 22

◆ね

ネーミング 268

◆の

ノンパラメトリック検定 150

◆は

把握内容 2

%ベースの回答数 75

パス係数 242, 249

パス図 242

ばらつき 49

バリマックス法 232

判別要因 79

判別要因探索クロス集計表 78

◆ひ

ピアソン積率相関係数 116

非該当除き 54

非該当含み 54

左側検定（下側検定）...........................157

非直交表 216

非標準化解 249

表側項目 73

標準化解 249

標準正規分布 101

標準偏差 60

表頭項目 73

標本誤差 130

標本調査 6, 128

◆ふ

複数回答法 15

部分効用値 204

不偏分散 60

プリコード回答法 15

プロフィール把握クロス集計表 81

プロマックス法 232

分散 60

分散分析表 180, 184

分離表 75

分類項目 73

◆へ

併記表 75

平均値 55

変曲点 97

偏差 59, 92

偏差値 95

偏差平方 59

偏差平方和 59

◆ほ

飽和モデル 251

母集団 128

母比率の推定 129

母平均 132

母平均の差の検定 147

母平均の推定 129

◆ま

マクネマー検定 141

◆み

右側検定（上側検定）.................................157

◆む

無回答 52

無制限法 23

◆も

目的変数 73

◆よ

要約統計量 49

横％表 74

◆り

離散量データ 62

両側検定 157

量的データ 48

◆る

累積相対度数 61

累積度数 61

◆れ

連続量データ 62

著者略歴

菅　民郎（かん　たみお）

1966 年	東京理科大学理学部応用数学科卒業
	中央大学理工学研究科にて理学博士取得
2005 年	ビジネス・ブレークスルー大学院教授
2011 年	市場調査・統計解析・予測分析・統計ソフトウェア、統計解析セミナーを行う会社として、株式会社アイスタットを設立、代表取締役会長

〈主な著書〉

『初心者からららくらく読める 多変量解析の実践（上・下)』

『すべてがわかるアンケートデータの分析』

『ホントにやさしい多変量統計分析』

　　（以上、現代数学社）

『Excel で学ぶ統計解析入門 Excel2016/2013 対応版』

『Excel で学ぶ多変量解析入門 第 2 版』

『Excel で学ぶ統計的予測』

『らくらく図解統計分析教室』

『らくらく図解アンケート分析教室』

『例題と Excel 演習で学ぶ実験計画法とタグチメソッド』

『例題と Excel 演習で学ぶ多変量解析〜生存時間解析・ロジスティック回帰分析・時系列分析編』

『例題と Excel 演習で学ぶ多変量解析〜回帰分析・判別分析・コンジョイント分析編』

『例題と Excel 演習で学ぶ多変量解析〜因子分析・コレスポンデンス分析・クラスター分析編』

　　（以上、オーム社）

『すぐに使える統計学』（共著）

　　（以上、ソフトバンククリエイティブ）

『ドクターも納得！医学統計入門〜正しく理解、正しく伝える〜』（共著・志賀保夫）

　　（以上、エルゼビア・ジャパン）

• 本文イラスト：廣　鉄夫

• 本書の内容に関する質問は，オーム社書籍編集局「(書名を明記)」係宛に，書状または FAX（03-3293-2824），E-mail（shoseki@ohmsha.co.jp）にてお願いします．お受けできる質問は本書で紹介した内容に限らせていただきます．なお，電話での質問にはお答えできませんので，あらかじめご了承ください．
• 万一，落丁・乱丁の場合は，送料当社負担でお取替えいたします．当社販売課宛にお送りください．
• 本書の一部の複写複製を希望される場合は，本書扉裏を参照してください．
JCOPY ＜出版者著作権管理機構 委託出版物＞

アンケート分析入門
Excel による集計・評価・分析

| 2018 年 6 月 25 日 | 第 1 版第 1 刷発行 |
| 2019 年 4 月 10 日 | 第 1 版第 2 刷発行 |

著　者　菅　民郎
発行者　村上和夫
発行所　株式会社　オーム社
　　　　郵便番号　101-8460
　　　　東京都千代田区神田錦町 3-1
　　　　電話　03(3233)0641(代表)
　　　　URL　https://www.ohmsha.co.jp/

© 菅　民郎 2018

組版　トップスタジオ　　印刷・製本　壮光舎印刷
ISBN978-4-274-22239-9　Printed in Japan

好評関連書籍

Excelで学ぶ 統計解析入門
[Excel 2016/2013対応版]

菅　民郎 [著]
B5変判／376ページ／定価(本体2,700円【税別】)

統計解析は最強のツールである！

Excel 関数を使った例題をとおして学ぶことで統計の基礎知識が身に付くロングセラー『Excel で学ぶ統計解析入門 Excel2013/I2010 対応版』の Excel2016/2013 対応版です。本書は例題を設け、この例題に対して、分析の仕方と、Excel を使っての解法の両面を取り上げ解説しています。
Excel の機能で対応できないものは、著者が開発した Excel アドインで対応できます。本書に掲載されている Excel アドインは、(株)アイスタットのホームページからダウンロードできます。

このような方におすすめ
○Excel で統計解析の勉強をしたい人
○統計学のサブテキストとして

Pythonによる統計分析入門

山内　長承 [著]
A5判／256ページ／定価(本体2,700円【税別】)

Python・統計分析、どちらも初心者でも気軽に使える書籍！

本書は、Python を使った統計解析の入門書です。Python についてはインストールから基本文法、ライブラリパッケージの使用方法などについてもていねいに解説し、Python に触れたことがない方でも問題なく使用できます。また、統計解析は、推測統計学の基礎から多変量解析、応用統計学分野（計算機統計学）の決定木まで解説しており、Python を使ってデータ分析したい方に向けて、まず統計解析の基礎を学び、実践的な問題を解決できるように構成しています。

このような方におすすめ
○Python でデータ分析をしたい人
○統計学を学ぶ学生
○企業のマーケティング・情報企画部門

もっと詳しい情報をお届けできます。
◎書店に商品がない場合または直接ご注文の場合も右記宛にご連絡ください。

ホームページ　https://www.ohmsha.co.jp/
TEL／FAX　TEL.03-3233-0643　FAX.03-3233-3440

(定価は変更される場合があります)

F-1806-244